建设工程常用图表手册系列

建筑机械常用图表手册

曹丽娟　主编

机 械 工 业 出 版 社

本书依据《起重机械　控制装置布置形式和特性》（GB/T 24817.1～24817.5—2009/2010）、《混凝土搅拌运输车》（GB/T 26408—2011）、《混凝土搅拌站（楼）》（GB/T 10171—2005）、《钢筋机械连接技术规程（附条文说明）》（JGJ 107—2010）等现行标准编写而成。主要内容包括起重机械及运输机械、土方工程机械、桩工机械、钢筋机械、混凝土机械、压实机械、装修机械和高层建筑施工机械。

本书是建筑工程机械专业人员必备的常用小型工具书。

图书在版编目（CIP）数据

建筑机械常用图表手册/曹丽娟主编．—北京：机械工业出版社，2013.6
（建设工程常用图表手册系列）
ISBN 978-7-111-42646-2

Ⅰ．①建…　Ⅱ．①曹…　Ⅲ．①建筑机械—技术手册　Ⅳ．①TU6-62

中国版本图书馆 CIP 数据核字（2013）第 110646 号

机械工业出版社（北京市百万庄大街 22 号　邮政编码 100037）
策划编辑：闫云霞　责任编辑：闫云霞　王海霞
版式设计：霍永明　责任校对：刘志文
封面设计：张　静　责任印制：张　楠
北京振兴源印务有限公司印刷
2013 年 7 月第 1 版第 1 次印刷
184mm×260mm・12.25 印张・300 千字
标准书号：ISBN 978-7-111-42646-2
定价：36.00 元

凡购本书，如有缺页、倒页、脱页，由本社发行部调换

电话服务	网络服务
社服务中心：（010）88361066	教材网：http：//www.cmpedu.com
销售一部：（010）68326294	机工官网：http：//www.cmpbook.com
销售二部：（010）88379649	机工官博：http：//weibo.com/cmp1952
读者购书热线：（010）88379203	封面无防伪标均为盗版

编 委 会

主 编 曹丽娟

参 编 （按姓氏笔画排序）

于忠波 王 乔 白雅君 刘 卫

孙晓冬 李 伟 张文权 胡文荟

高 晨 梁海涛 董 浩 葛勤智

前　言

现代科学技术的发展极大地推动了各个领域的进步，建筑机械的创新发展尤为明显。作为一名建筑工程机械专业技术人员，应该掌握大量的常用建筑机械图表资料，本书正是为此而编写的。

本书分为起重机械及运输机械、土方工程机械、桩工机械、钢筋机械、混凝土机械、压实机械、装修机械和高层建筑施工机械 8 部分，以国家现行规范、标准及常用设计图表资料为依据。本书的内容特色如下：

1. 数据资料全面

本书数据翔实、全面准确，以满足建筑工程机械专业技术人员的职业需求为准则，以提高建筑工程机械专业技术人员的工作效率为前提，是广大建筑工程机械专业技术人员必备的常用小型工具书。

2. 查找方式便捷

本书采用了两种查阅办法：直观目录法——三级目录层次清晰；直接索引法——图表索引方便快捷，能够使读者快捷地查阅所需参考数据。

由于编者的学识和经验所限，虽尽心尽力，但书中仍难免存在疏漏之处，恳请广大读者和专家批评指正。

编　者

目　录

1　起重机械及运输机械

1.1　常用起重辅助工具

1. 起重滑轮

起重滑轮又称起重滑车、滑轮。它在起重作业中与索具、吊具、卷扬机等配合，对于各种结构设备、构件等的运输及吊装工作，是不可缺少的起重工具之一。

滑轮根据构造分开口吊钩型、开口链环型和闭口吊环型等形式，开口吊钩型和闭口吊环型如图 1-1 所示。

滑轮按使用性质分为定滑轮、动滑轮、导向滑轮和滑轮组等，如图 1-2 所示。

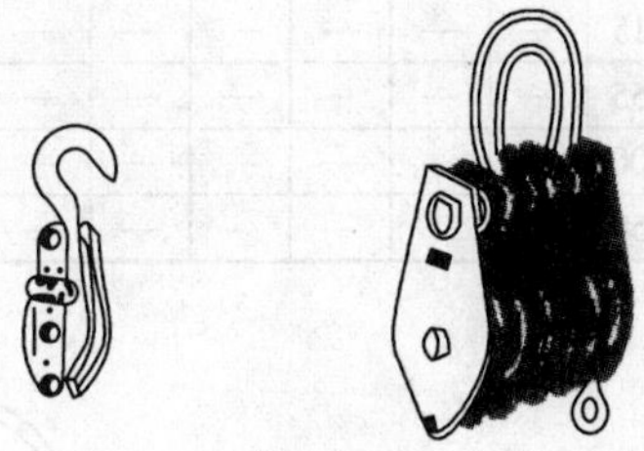

a)　　b)

图 1-1　起重滑轮

a）开口吊钩型　b）闭口吊环型

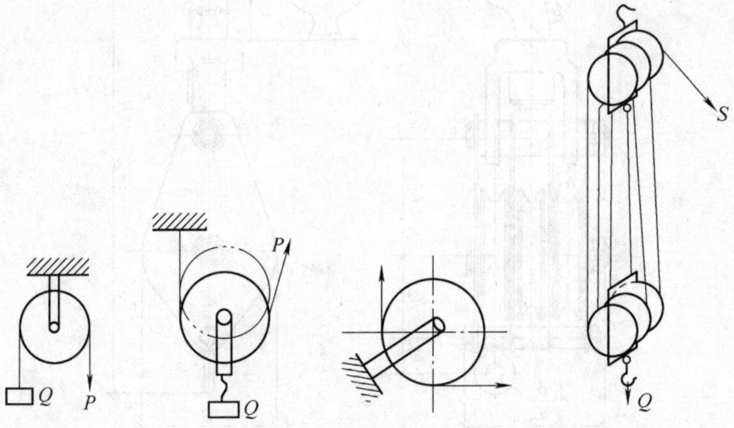

a)　　b)　　c)　　d)

图 1-2　滑轮按使用性质分类

a）定滑轮　b）动滑轮　c）导向滑轮　d）滑轮组

常用滑轮规格见表 1-1 和图 1-3。

表 1-1　常用滑轮规格

滑轮直径/mm	额定起重量/t																		钢丝绳直径范围/mm
	0.32	0.5	1	2	3.2	5	8	10	16	20	32	50	80	100	160	200	250	320	
	滑轮数量																		
63	1	—	—	—	—	—	—	—	—	—	—	—	—	—	—	—	—	—	6.2
71	—	1	2	—	—	—	—	—	—	—	—	—	—	—	—	—	—	—	6.2 ~ 7.7
85	—	—	1	2	3	—	—	—	—	—	—	—	—	—	—	—	—	—	7.7 ~ 11
112	—	—	—	1	2	3	4	—	—	—	—	—	—	—	—	—	—	—	11 ~ 14
132	—	—	—	—	1	2	3	4	—	—	—	—	—	—	—	—	—	—	12.5 ~ 15.5

（续）

滑轮直径/mm	额定起重量/t 0.32	0.5	1	2	3.2	5	8	10	16	20	32	50	80	100	160	200	250	320	钢丝绳直径范围/mm
	滑轮数量																		
160	—	—	—	—	—	1	2	3	4	5	—	—	—	—	—	—	—	—	15.5～18.5
180	—	—	—	—	—	—	—	2	3	4	6	—	—	—	—	—	—	—	17～20
210	—	—	—	—	—	—	1	—	—	3	5	—	—	—	—	—	—	—	20～23
240	—	—	—	—	—	—	—	1	2	—	4	6	—	—	—	—	—	—	23～24.5
280	—	—	—	—	—	—	—	—	—	2	3	5	8	—	—	—	—	—	26～28
315	—	—	—	—	—	—	—	—	1	—	—	4	6	8	—	—	—	—	28～31
355	—	—	—	—	—	—	—	—	—	1	2	3	5	6	8	10	—	—	31～35
400	—	—	—	—	—	—	—	—	—	—	—	—	—	—	—	8	10	—	34～38
450	—	—	—	—	—	—	—	—	—	—	—	—	—	—	—	—	—	10	40～43

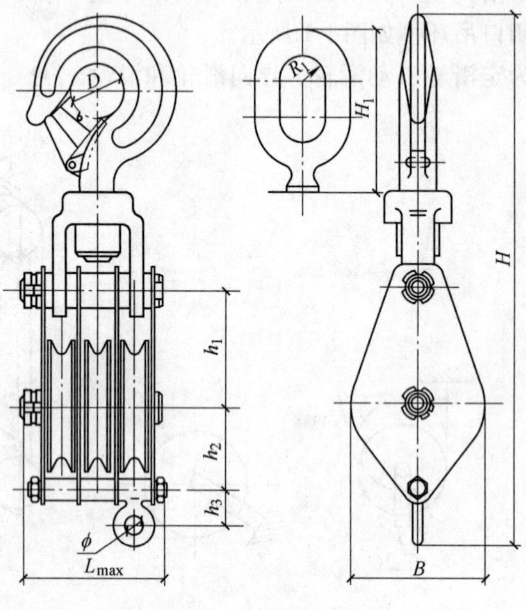

图 1-3　滑轮简图

常用滑轮组的穿绕方式和提升时绕出绳所需的拉力（跑头拉力）见表 1-2。

表 1-2　常用滑轮组的穿绕方式和跑头拉力

过动滑轮上绳的根数（走数）	1	2	3	4	5	6	7	8	9	10
绳头自定滑轮绕出简图	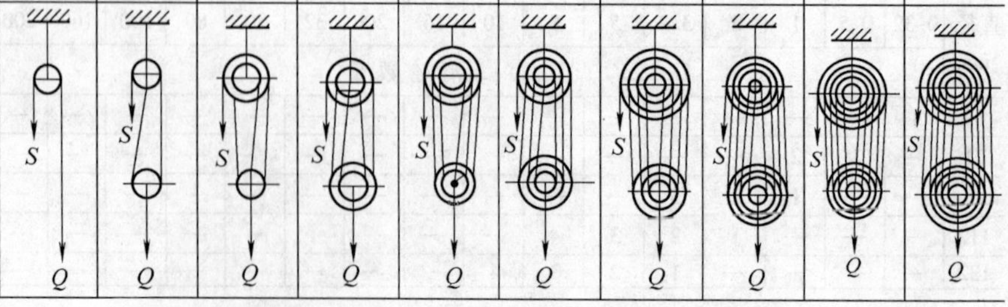									

（续）

过动滑轮上绳的根数（走数）		1	2	3	4	5	6	7	8	9	10
滑轮数/门	定滑轮	1	1	2	2	3	3	4	4	5	5
	动滑轮	0	1	1	2	2	3	3	4	4	5
钢丝绳总数		2	3	4	5	6	7	8	9	10	11
所需钢丝绳长度相当于重物移动距离的倍数		4	6	8	10	12	14	16	18	20	22
跑头拉力 *S*		1.04Q	0.53Q	0.36Q	0.28Q	0.23Q	0.19Q	0.17Q	0.15Q	0.13Q	0.12Q

2. 倒链

倒链也称为链式手拉葫芦，是由链条、链轮及差动齿轮等构成的人力起吊工具，如图1-4所示。拉动牵引链条时，起重链条通过吊钩拉动重物升降；松开牵引链条时，重物靠自重产生的自锁停止在空中。常用倒链规格见表1-3，WA型倒链的技术规格见表1-4。

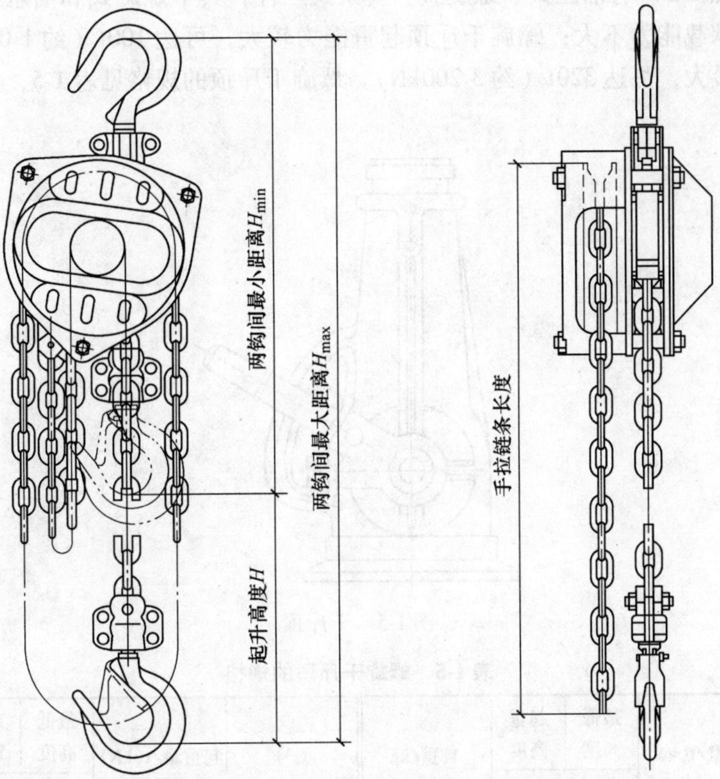

图1-4 倒链

表1-3 常用倒链规格

型号	HS0.5	HS1	HS1.6	HS2	HS2.5	HS3.2	HS5	HS10	HS20
起重量/t(kN)	0.5（5）	1（10）	1.6（16）	2（20）	2.5（25）	3.2（32）	5（50）	10（100）	20（200）
起升高度/m	2.5	2.5	2.5	2.5	2.5	3	3	3	3
净重/kg	8	10	15	24	28	34	56	68	155

表 1-4 WA 型倒链的技术规格

型 号	起重量/t	起升高度/m	上下两钩间最小距离/mm	手拉力/N	起重链直径/mm	起重链行数	质量/kg
WA0.5	0.5	2.5	235	195	5	1	7
WA1	1.0	2.5	270	310	6	1	10
WA1.5	1.5	2.5	335	350	8	1	5
WA2	2.0	2.5	380	320	6	2	14
WA2.5	2.5	2.5	370	380	10	1	—
WA3	3.0	3.0	470	350	8	2	24
WA5	5.0	3.0	600	380	10	2	38
WA7.5	7.5	3.0	650	390	10	3	—
WA10	10.0	3.0	700	390	10	4	68
WA15	15.0	3.0	830	415	10	6	—
WA20	20.0	3.0	1000	390	10	8	150
WA30	30.0	3.0	1150	415	10	12	—

3. 千斤顶

千斤顶（图 1-5）有油压式、螺旋式和齿条式三种，其中螺旋式和油压式最为常用。齿条千斤顶一般承载能力不大；螺旋千斤顶起重能力较大，可达 100t（约 1 000kN）；油压千斤顶起重能力最大，可达 320t（约 3 200kN）。螺旋千斤顶的规格见表 1-5，油压千斤顶的规格见表 1-6。

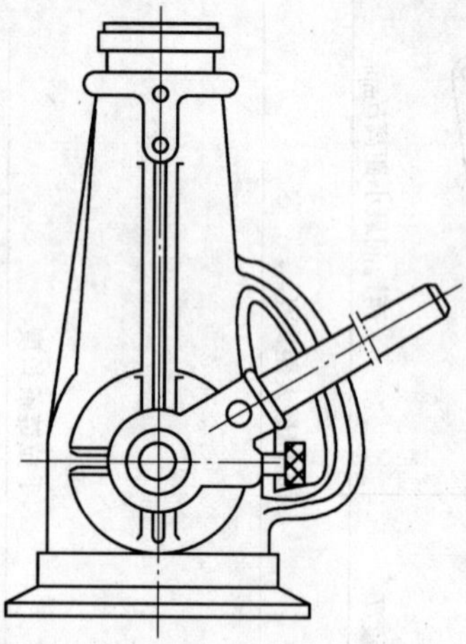

图 1-5 千斤顶

表 1-5 螺旋千斤顶的规格

型号	起重量/t(kN)	最低高度/mm	起重高度/mm	自重/kg	型号	起重量/t(kN)	最低高度/mm	起重高度/mm	自重/kg
Q3	3（30）	220	100	6	Q50	50（500）	452	250	47
Q5	5（50）	250	130	7.5	QJ50	50（500）	700	300	200
Q10	10（100）	280	150	11	（QZ50）	50（500）	700	400	100
Q16	16（160）	320	180	15	Q100	100（1000）	452	200	100
Q32	32（320）	395	200	27	QJ100	100（1000）	800	400	250
QD32	32（320）	320	180	20					

注：1. 型号栏内的字母 Q 表示千斤顶，D 表示低型，Z 表示自落型，J 表示机动型。
2. 带括号的型号不推荐使用。

表 1-6　油压千斤顶的规格

<table>
<tr><th rowspan="2">型　号</th><th rowspan="2">额定起重量
G_n/t</th><th>最低高度 $H\leqslant$</th><th>起重高度 $H_1\geqslant$</th><th>调整高度 $H_2\geqslant$</th></tr>
<tr><th colspan="3">mm</th></tr>
<tr><td>QYL2</td><td>2</td><td>158</td><td>90</td><td rowspan="8">60</td></tr>
<tr><td>QYL3</td><td>3</td><td>195</td><td>125</td></tr>
<tr><td rowspan="2">QYL5</td><td rowspan="2">5</td><td>232</td><td>160</td></tr>
<tr><td>200</td><td>125</td></tr>
<tr><td>QYL8</td><td>8</td><td>236</td><td rowspan="4">160</td></tr>
<tr><td>QYL10</td><td>10</td><td>240</td></tr>
<tr><td>QYL12</td><td>12</td><td>245</td></tr>
<tr><td>QYL16</td><td>16</td><td>250</td></tr>
<tr><td>QYL20</td><td>20</td><td>280</td><td rowspan="4">180</td><td rowspan="4">—</td></tr>
<tr><td>QYL32</td><td>32</td><td>285</td></tr>
<tr><td>QYL50</td><td>50</td><td>300</td></tr>
<tr><td>QYL70</td><td>70</td><td>320</td></tr>
<tr><td>QW100</td><td>100</td><td>360</td><td rowspan="3">200</td><td rowspan="3">—</td></tr>
<tr><td>QW200</td><td>200</td><td>400</td></tr>
<tr><td>QW320</td><td>320</td><td>450</td></tr>
</table>

注：1. 表中型号栏内字母 Q 表示千斤顶，Y 表示油压，L 表示立式，W 表示卧式。

2. QW100 ~ 320 型为卧式千斤顶（市场产品）。

4. 绞磨

绞磨又称绞盘，手动绞盘如图 1-6 所示，它由鼓轮中心轴、支架和推杆等组成。绞盘是依靠摩擦力驱动绳索的，绳索围绕在鼓轮上（一般是 4 ~ 6 圈）。工作时，一端使绳索拉紧（用来牵引），另一端又把绳索放松（用手拉住）。为防止倒转而发生事故，在鼓轮中心轴上装有止动棘轮装置。

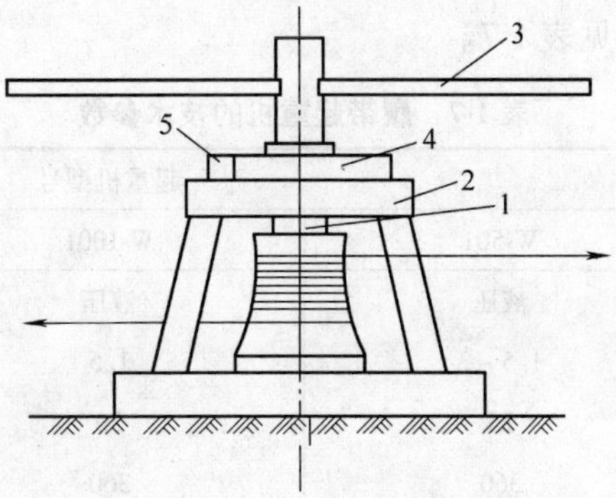

图 1-6　手动绞盘

1—鼓轮中心轴　2—支架　3—推杆　4—棘轮　5—棘爪

1.2 履带起重机

1.2.1 履带起重机的构造组成

履带起重机主要由动力装置、传动装置、行走装置（履带）、工作机构（起重臂杆、起重滑车组、变幅滑车组、卷扬机）及平衡重等组成，如图1-7所示。

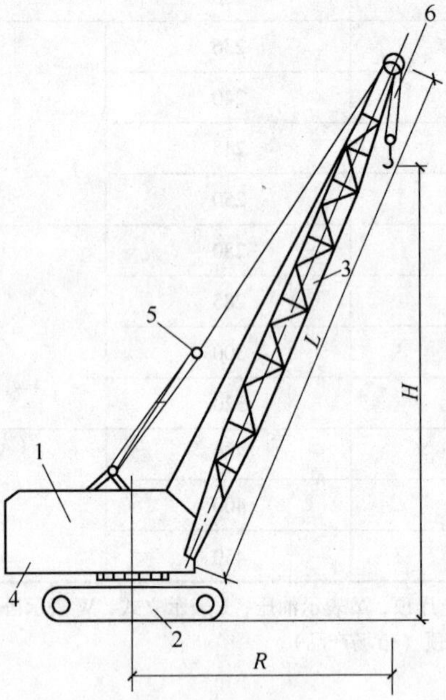

图1-7 履带起重机

1—机身 2—行走装置（履带） 3—起重臂杆 4—平衡重 5—变幅滑车组 6—起重滑车组 *H*—起重高度 *R*—起重半径 *L*—起重杆长度

1.2.2 履带起重机的技术参数

履带起重机的技术参数见表1-7。

表1-7 履带起重机的技术参数

项目	起重机型号								
	W-501			W-1001			W-2001（W-2002）		
操纵形式	液压			液压			气压		
行走速度/(km/h)	1.5~3			1.5			1.43		
最大爬坡能力（°）	25			20			20		
回转角度（°）	360			360			360		
起重机总重/t	21.32			39.4			79.14		
吊杆长度/m	10	18	18+2①	13	23	30	15	30	40

（续）

项目		起重机型号								
		W-501			W-1001			W-2001（W-2002）		
回转半径	最大/m	10	17	10	12.5	17	14	15.5	22.5	30
	最小/m	3.7	4.3	6	4.5	6.5	8.5	4.5	8	10
起重量	最大回转半径时/t	2.6	1	1	3.5	1.7	1.5	8.2	4.3	1.5
	最小回转半径时/t	10	7.5	2	15	8	4	50	20	8
起重高度	最大回转半径时/t	3.7	7.6	14	5.8	16	24	3	19	25
	最小回转半径时/t	9.2	17	17.2	11	19	26	12	26.5	36

① 18+2 表示在 18m 吊杆上加 2m 鸟嘴。相应的回转半径、起重量、起重高度各数值均为副吊钩的性能。

1.2.3　履带起重机的行走装置

液压式起重机的行走装置如图 1-8 所示，由连接回转支承装置的行走架通过支重轮、履带将载荷传到地面。履带呈封闭形式环绕过驱动轮和导向轮，为了减少履带上的分支挠度，由 1～2 个托带轮支持。行走装置的传动是由液压马达经减速器传动驱动轮使整个行走装置运行。当履带由于磨损而伸长时，可由张紧装置调整其松紧度。液压式起重机行走装置各部分的功能见表 1-8。

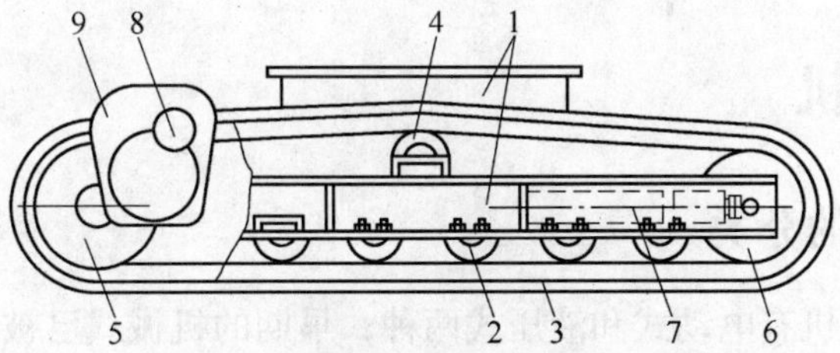

图 1-8　液压式起重机的行走装置

1—行走架　2—支重轮　3—履带　4—托带轮　5—驱动轮　6—导向轮
7—张紧装置　8—液压马达　9—减速器

表 1-8　液压式起重机的行走装置

装　置	描　述
行走架	行走架由底架、横梁和履带架组成。底架连接平台，承受上部载荷，并通过横梁传给履带架。行走架有结合式和整体式两种，整体式因刚性较好而被普遍采用
支重轮	支重轮固定在行走架上，其两边的凸缘起夹持履带的作用，使履带行走时不会横向脱落。起重机的全部质量通过支重轮传给地面，它承受的载荷很大，工作条件又恶劣，经常处于尘土、泥水中，所以在支重轮两端装有浮动油封，不需要经常注油
履带	履带由履带板、履带销和销套组成。机械式起重机都采用铸钢平面履带板；液压式起重机都采用短筋轧制履带板，其节距也小于机械式，因而能减少履带轨链对各轮的冲击和磨损，提高了行走速度
托带轮	托带轮用来托住履带不使其下垂并在其上滚动，防止履带横向脱落和运动时的振动。一般起重机的托带轮与支重轮可通用，数量少于支重轮，每边只有 1～2 个
驱动轮	驱动轮转动时，推动履带向前行走。行走时，导向轮应在前，驱动轮应在后，这样既可缩短驱动段的长度，减少功率损失，又可提高履带的使用寿命。机械传动需要一套复杂的锥齿轮、离合器及传动轴等使驱动轮转动；液压传动只需要两个液压马达通过减速器分别使左、右驱动轮转动。由于两个液压马达可以分别操纵，因此起重机的左、右履带可以同步前进、后退，或一条履带驱动、一条履带止动，还可以两条履带向相反方向驱动，实现起重机的原地旋转

（续）

装　置	描　述
导向轮	导向轮用于引导履带正确绕转，防止其跑偏和越轨。导向轮的轮面为光面，中间有挡肩环作导向用，两侧的环面则能支承轨链起支重轮的作用
张紧装置	履带张紧装置的作用是经常保持履带具有一定的张紧度，防止履带因销轴等磨损而使节距增大。机械式起重机的张紧装置一般采用螺栓调整；液压式起重机则采用带辅助液压缸的弹簧张紧装置，调整时只要用油枪将润滑脂压入液压缸，使活塞外伸，一端推动导向轮，另一端压缩弹簧使之预紧。当履带太紧需要放松时，可拧开注油嘴，从液压缸中放出适量润滑脂，如图 1-9 所示

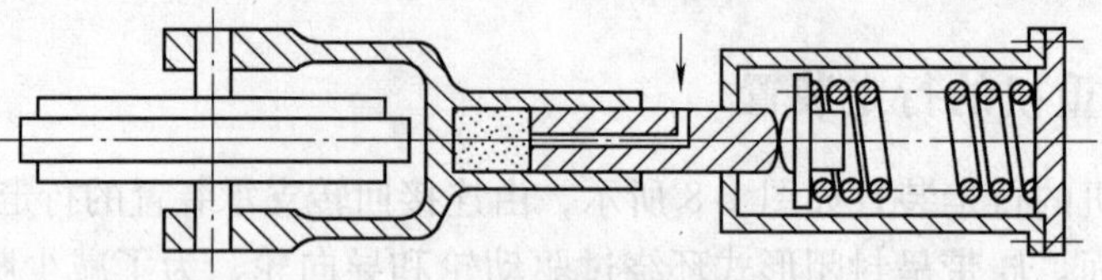

图 1-9　液压履带张紧装置

机械式起重机行走装置的结构和液压式起重机相似，但其履带及履带架为开式结构。行走传动是由上部传动机构通过行走竖轴，最后经左、右链轮及链条使驱动轮转动。

1.3　轮式起重机

1.3.1　轮式起重机的分类

常用国产轮式起重机有电动式和液压式两种，早期的机械式已被淘汰。电动式轮式起重机主要有 QLD16 型、QLD20 型、QLD25 型和 QLD40 型，最大起重量分别为 160kN、200kN、250kN 和 400kN。液压式轮式起重机主要有 QLY16 型和 QLY25 型两种。图 1-10 所示为 QLD16 型轮式起重机的外形。

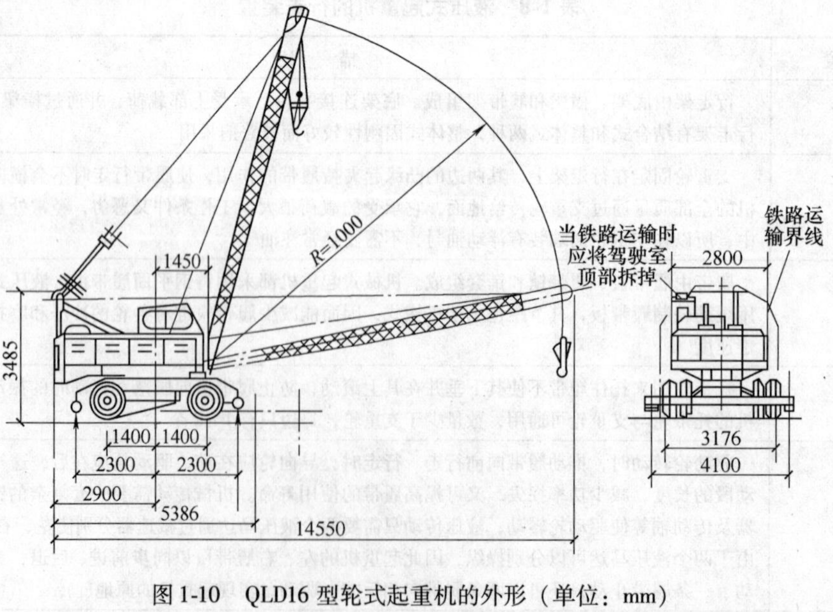

图 1-10　QLD16 型轮式起重机的外形（单位：mm）

1.3.2 轮式起重机的主要参数

轮式起重机的主要参数见表1-9。

表1-9 轮式起重机的主要参数

主要参数	含义
起重量（Q）	轮式起重机的起重量是指包括吊钩重量在内的总起重量 $Q+q$；起重机的铭牌参数起重量，是指使用支腿、全周的（吊臂在任意方向）最大额定起重量
工作幅度（R）	工作幅度是指在最大额定起重量下，起重机回转中心轴线至吊钩中心的水平距离。起重机工作幅度 R 与吊臂长度 L 和仰角有关，吊臂的工作角度一般为30°~75°
起重力矩（M）	起重力矩是指最大额定起重量和相应工作幅度的乘积。起重力矩是比较起重机起重能力的主要参数
起升高度（H）	起升高度是指吊钩升至最高极限位置时，吊钩中心至支承面的距离，与吊臂长度和仰角有关。在同一吊臂长度下，起升高度与起重量成正比，与工作幅度成反比
工作速度（v）	中、小型起重机吊钩的起升速度一般为8~13m/min，部分达15m/min；在大型起重机中，为降低功率，减小冲击，起升速度为5~8m/min。作为铭牌参数的起升速度，是指卷筒在最大工作速度下的第一层钢丝绳的单绳速度，或与此相应的吊钩速度（副吊钩速度为主吊钩速度的2~3倍）。为了提高生产率，中型以上的起重机往往具备自由下钩（重力落钩）装置 回转速度受回转起动（制动）惯性力的限制，也就是受到回转时吊臂头部处（惯性力作用处）最大圆周速度（<180m/min）和起动时间（4~8s）的限制。当平均回转半径为10m时，回转速度限 v<3r/min以下；大型起重机的回转半径大，回转速度为1.5~2r/min。而起重机铭牌参数的回转速度是指回转机构的驱动装置，在最大工作转速下起吊额定起重量时的回转速度 变幅速度是指变幅小车沿吊臂水平方向移动的速度，其平均速度在15m/min左右。伸缩式吊臂的外伸速度为6~10m/min，缩回速度为外伸速度快一些；液压支腿的收放速度在15~50s之间 轮式起重机的行驶速度是主要参数之一。转移行驶速度要快，汽车起重机的行驶速度可达50~70km/h，以便与汽车编队共同行驶。由于轮式起重机的轴距较短，重心高，无弹性悬架的行驶速度一般在30km/h以下，有弹性悬架的加长轴距，降低重心，行驶速度可达50km/h，吊重行驶速度一般控制在5km/h以下
通过性参数	通过性参数是指轮式起重机正常行驶时能够通过各种道路的能力，轮式起重机的通过性参数基本上接近于一般公路车辆。汽车起重机的通过性和所采用的汽车底盘一致，经改装后，最大误差不要超过15%。车体长度一般控制在12m以内，宽在2.6m以内，总高不超过4m。汽车起重机的最大爬坡度应和汽车相近，为12°~18°；普通轮式起重机的最大爬坡度为8°~14°；越野性轮式起重机的最大爬坡度可达20°~30°。影响通过性的还有起重机的转弯半径（外轮的），它与起重机的轴距、轮距、转向轮转角有关。轮式起重机的转弯半径为7~12m，并且与轮胎尺寸有关

1.3.3 轮式起重机的起重特性

电动轮式起重机的起重特性见表1-10~表1-13。

表1-10 QLD16型起重机的起重特性

工作幅度/m	臂长12m			臂长15m			臂长18m			臂长21m		臂长24m	
	起重量/t		起升高度/m	起重量/t		起升高度/m	起重量/t		起升高度/m	起重量/t	起升高度/m	起重量/t	起升高度/m
	用支腿	不用支腿		用支腿	不用支腿		用支腿	不用支腿		用支腿		用支腿	
3.5		6.5	10.7										
4	16	5.7	10.6		5.5	13.9							

（续）

工作幅度/m	臂长 12m			臂长 15m			臂长 18m			臂长 21m		臂长 24m	
	起重量/t		起升高度/m	起重量/t		起升高度/m	起重量/t		起升高度/m	起重量/t	起升高度/m	起重量/t	起升高度/m
	用支腿	不用支腿		用支腿	不用支腿		用支腿	不用支腿		用支腿		用支腿	
4.5	14	5	10.5	13.8	4.9	13.7		4.9	16.5				
5	11.2	4.3	10.4	11	4.1	13.6	11	4.1	16.4	10.5	19.7		
5.5	9.4	3.7	10.3	9.2	3.5	13.5	9.2	3.5	16.3	9	19.6	8	22.4
6.5	7	2.9	9.7	6.8	2.7	13.2	6.8	2.7	16.1	6.7	19.4	6.7	22.3
8	5	2	9	4.8	1.9	12.5	4.8	1.9	15.6	4.7	19	4.7	22
9.5	3.8	1.5	8.1	3.6	1.4	11.6	3.6	1.4	15	3.5	18.4	3.5	21.5
11	3		6.6	2.9	1.1	10.5	2.9	1.1	14.2	2.7	17.7	2.7	20.9
12.5				2.3		9	2.3		13.1	2.2	16.8	2.2	20.2
14							1.9		11.6	1.8	15.7	1.8	19.4
15.5							1.6		10.2	1.5	14.5	1.5	18.4
17												1.2	17.2

注：1. 表中起重量包括吊钩自重。

2. 当臂长为12m时，允许在平坦路面上，按不使用支腿的额定起重量的75%吊重行驶，其行驶速度不得超过5km/h。

表 1-11 QLD20 型起重机的起重特性

工作幅度/m	臂长 12m			臂长 15m			臂长 18m			臂长 21m		臂长 24m	
	起重量/t		起升高度/m	起重量/t		起升高度/m	起重量/t		起升高度/m	起重量/t	起升高度/m	起重量/t	起升高度/m
	用支腿	不用支腿		用支腿	不用支腿		用支腿	不用支腿		用支腿		用支腿	
3.2	20	6.5	10.8										
3.5	18.2	6.5	10.7										
4	16	5.7	10.6	15.8	5.5	13.9							
4.5	14.2	5	10.5	14	4.9	13.7	13.1	4.7	16.5				
5	12.8	4.3	10.4	12.6	4.1	13.6	12.1	3.9	16.4	10.9	19.7		
5.5	11.6	3.7	10.3	11.5	3.5	13.5	11	3.3	16.3	10.1	19.6	9.1	22.4
6.5	9.5	2.9	9.7	9.4	2.7	13.2	9.3	2.5	16.1	8.8	19.4	8.2	22.3
8	6.8	2	9	6.7	1.9	12.5	6.7	1.7	15.6	6.6	19	6.5	22
9.5	5.3	1.5	8.1	5.2	1.4	11.6	5.2	1.2	15	5.1	18.4	5	21.5
11	4.3		6.6	4.2	1.1	10.5	4.2	0.9	14.2	4.1	17.7	4	20.9
12.5				3.5		9	3.5		13.1	3.4	16.8	3.3	20.2
14							2.8		11.6	2.7	15.7	2.4	19.4
15.5							2.5		10.2	2.4	14.5	2.2	18.4
17												2	17.2

表 1-12 QLD25 型起重机的起重特性

工作幅度/m	臂长 12m			臂长 17m			臂长 22m		臂长 27m		臂长 32m		主臂加副臂 37m	
	起重量/t		起升高度/m	起重量/t		起升高度/m	起重量/t	起升高度/m	起重量/t	起升高度/m	起重量/t	起升高度/m	起重量/t	起升高度/m
	用支腿	不用支腿		用支腿	不用支腿									
4		7.5	10											
4.5	25	6	10.1											
5	21	5	10.2											

（续）

工作幅度/m	臂长12m			臂长17m			臂长22m		臂长27m		臂长32m		主臂加副臂37m	
	起重量/t		起升高度/m	起重量/t		起升高度/m	起重量/t	起升高度/m	起重量/t	起升高度/m	起重量/t	起升高度/m	起重量/t	起升高度/m
	用支腿	不用支腿		用支腿	不用支腿									
6	14.7	4	10	14.5	3.5	15.1								
7	11	3	9.6	10.8	3	15	10.6	20						
8.5	8	2.5	8.7	7.6	2	14.8	7.5	19.8	7.2	24.8				
10	6	2	7.8	5.7	1.5	14.4	5.5	19.6	5.3	24.6	5	29.6		
11.5	4.6		5.2	4.5	1.2	13.5	4.3	19.2	4	24.4	4	29.4	3.5	33.7
13				3.5	0.8	12.1	3.3	18.5	3.2	24.1	3	29.1		
14.5				2.8	0.5	10.2	2.6	17.5	2.5	23.5	2.4	28.7		
16							2.1	16.2	2	22.6	1.8	28.2		
17.5							1.6	14.6	1.5	21.5	1.4	27.5	1	32.4
19							1.4	12.5	1.2	20.2	1	26.5		
21									0.8	18.2	0.6	25		

注：1. 当起重臂长12m且不用支腿时，允许在平坦路面上按不用支腿额定起重量的75%吊重，以中低速行驶。
2. 重力下降时，吊重不得超过额定载荷的1/3。
3. 臂长为12m、17m时用低支架；臂长为22m、27m、32m、32m加5m复臂时，用高支架；臂长超过17m时一律用支腿。

表1-13　QLD40型起重机的起重特性

工作幅度/m	臂长15m			臂长18m			臂长21m			臂长24m（用支腿）		臂长27m（用支腿）	
	起重量/t		起升高度/m	起重量/t		起升高度/m	起重量/t		起升高度/m	起重量/t	起升高度/m	起重量/t	起升高度/m
	用支腿	不用支腿		用支腿	不用支腿		用支腿	不用支腿					
5	40	12	10.40			11.65							
5.5	38	10	11.10	37.8	10.2	12.85		10	14.7				
6	32.2	9	11.35	32	8.9	13.55	31.9	7.2	15.65				
7	24.5	7.1	11.85	24.3	7	14.50	24.2	5.6	16.85	24	19.05		
8	19.6	5.8	11.80	19.5	5.6	14.65	19.3	4.5	17.40	19.1	19.85	18.9	22.35
9	16.3	4.8	11.55	16.1	4.6	14.60	15.9	3.6	17.45	15.7	20.20	15.5	22.75
10	13.8	4.1	11.30	13.6	4	14.45	13.4	3	17.40	13.2	20.25	13	23.05
11.5	11.1	3.2	10.20	10.9	3	13.90	10.7	2.2	17.10	10.5	20.05	10.3	23.05
13	9.2	2.6	8.80	9	2.4	12.80	8.8	1.6	16.45	8.6	19.70	8.4	22.60
14.5				7.6	2	11.50	7.4	1.2	15.40	7.2	19.05	7.0	22.30
16							6.2	0.9	14.20	6.1	18.05	5.9	21.65
17.5										5.2	16.90	5.0	20.65
19												4.2	19.55
21													
23													
25													

（续）

工作幅度/m	臂长30m（用支腿）		臂长33m（用支腿）		臂长36m（用支腿）		臂长39m（用支腿）		臂长12m（用支腿）	
	起重量/t	起升高度/m	起重量/t	起升高度/m	起重量/t	起升高度/m	起重量/t	起升高度/m	起重量/t	起升高度/m
5										
5.5										
6										
7										
8										
9	16.1	25.45								
10	13.5	25.85	13.3	28.65						
11.5	10.7	26.05	10.5	28.75	10.3	31.55	10.1	34.40	10	37.23
13	8.7	25.80	8.5	28.70	8.3	31.60	8.1	34.55	7.9	37.25
14.5	7.2	25.40	7	28.42	6.8	31.50	6.6	34.47	6.4	37.50
16	6.0	24.95	5.8	28.03	5.6	31.10	5.4	34.25	5.2	37.20
17.5	5.1	24.25	4.9	27.45	4.7	30.70	4.5	33.80	4.3	37.00
19	4.3	23.30	4.1	26.80	3.9	30.20	3.7	33.40	3.5	36.60
21	3.5	21.80	3.3	25.50	3.1	29.15	2.9	32.55	2.7	35.85
23			2.6	24.00	2.4	27.80	2.2	31.50	2	35.00
25							1.7	30.10	1.5	33.75

液压式轮式起重机的起重特性见表1-14～表1-17。

表1-14　QLY16型起重机的起重特性（用支腿）

工作幅度/m	臂长8m		臂长13.5m		臂长19m		带副臂24.5m	
	起升高度/m	起重量/t	起升高度/m	起重量/t	起升高度/m	起重量/t	起升高度/m	起重量/t
3	9.2	16						
3.5	8.95	16						
4	8.4	16	14.8	12				
4.5	8.1	14	14.6	10.8				
5	7.7	12	14.4	10				
5.5	7.05	10.2	14.1	9	20.1	6.8		
6	6.3	8.7	13.9	8.2	20	6.3		
7			13.15	6.5	19.5	5.7		
8			12.35	5.2	19	5	24.4	2
9			11.4	4.2	18.45	4.2	24	2
10			10.15	3.5	17.9	3.5	23.5	2
11					17	3	23	2
12					16.15	2.6	22.5	2
13					15.15	2.2	22	1.9
14					14.1	2	21.4	1.8
15					12.7	1.7	20.7	1.7
16							19.8	1.6
17							18.8	1.5
18							17.6	1.4
19							16.2	1.3
20							14.8	1.2

表 1-15 QLY16 型起重机的起重特性（不用支腿）

工作幅度/m	臂长 8m 起升高度/m	臂长 8m 起重量/t			臂长 13.5m 起升高度/m	臂长 13.5m 起重量/t	
		起重臂在前方	起重臂在全周	吊重行走		起重臂在前方	起重臂在全周
3	9.2	10	7.2	6			
3.5	8.95	8.5	6.1	5.1			
4	8.4	7.5	5.2	4.5	14.8	6	4.2
4.5	8.1	6.7	4.5	3.9			
5	7.7	6	4	3.6	14.4	4.7	3.3
5.5	7.05	5.5	3.6	3.3			
6	6.3	5	3.1	3	13.9	3.8	2.7
7					13.15	3	2.1
8					12.35	2.5	1.6
9					11.4	2.1	1.3
10					10.15	1.7	1.0

表 1-16 QLY25 型起重机的起重特性（用支腿）

工作幅度/m	臂长 8.3m		臂长 13.8m		臂长 19.3m		臂长 24.8m		带副臂 31.45m	
	起重量/t	起升高度/m	起重量/t	起升高度/m	起重量/t	起升高度/m	起重量/t	起升高度/m	起重量/t	起升高度/m
3	25	9.67	16	15.39						
3.5	23	9.46	14.5	15.27						
4	21	9.21	13.5	15.13						
4.5	17	8.91	12.5	14.97	9	20.64				
5	14.5	8.56	11.3	14.78	8.3	20.52				
5.5	12.5	8.16	10.5	14.58	7.6	20.41	6	26.03		
6	9.5	7.60	9	14.35	7.1	20.22	6.6	25.94		
7			7.5	13.82	6	19.86	4.9	25.67	3	32.38
8			5.8	13.17	4.65	19.44	4.2	25.35	2.6	32.08
9			5	12.39	3.6	18.95	3.9	24.98	2.2	31.75
10			4.3	11.54	3.4	18.39	3.5	24.57	2	31.37
11			3.15	10.26	2.8	17.74	3.1	24.10	1.8	30.96
12			3	8.75	2.4	16.99	2.8	23.58	1.6	30.51
13					2.06	16.15	2.5	22.99	1.4	30.01
14					1.7	15.17	2.05	22.34	1.2	29.47
15					1.5	14.03	1.15	21.66	1.1	28.87
16					1	12.68	1.05	20.82	1	28.23
17					0.9	11.03	1	19.93	0.85	27.53
18							0.68	18.94	0.75	26.77
19							0.63	17.82	0.64	25.95
20							0.58	16.54	0.55	25.05
21							0.55	15.07	0.47	24.07
22								13.33	0.39	23.00
23								11.16	0.32	21.82
24									0.25	20.51
25									0.19	19.04
26									0.13	17.36

注：1. 带载伸缩的起重量应小于相应伸出臂长额定起重量的1/5。

2. 重力下降的起重量应小于相应额定起重量的1/5，但不得大于3t。

3. 副臂支起时，主臂起重量应比额定值减少1t。

表1-17　QLY25型起重机的起重特性（不用支腿）

工作幅度/m	前方吊重行走/t	360°全回转/t	工作幅度/m	前方吊重行走/t	360°全回转/t
4.00		6.4	11.00	1.5	0.35
4.50		5.2	12.00	1.3	0.3
5.00	7.1	4.3	13.00	1.0	
6.00	5.4	3.1	14.00	0.8	
7.00	3.7	1.58	15.00	0.62	
8.00	3.0	1.19	16.00	0.5	
9.00	2.4	0.88	17.00	0.4	
10.00	1.9	0.82			

注：1. 吊重行驶必须在平整坚硬路面上，行驶速度应低于5km/h。
2. 前方吊重是指与纵向轴成±5°以内的范围。

1.3.4　液压式轮式起重机的常见故障及其排除方法

液压式轮式起重机的常见故障及其排除方法见表1-18～表1-25。

表1-18　起重臂系统的常见故障及其排除方法

故障现象	故障原因	排除方法
起重臂伸缩速度缓慢、无力	1）液压动力系统故障 2）手动控制中的溢流阀故障 3）伸缩臂控制阀中溢流阀的故障 4）分流器故障	1）检查、调整 2）解体、清洗、调节或更换损坏的零件
吊臂自动回缩	1）伸缩液压缸故障 2）平衡阀故障	检查、调整、更换元件
起重臂伸缩振动（如发动机转速达到一定时，起重臂不再发生振动，则认为该吊臂是正常的）	1）起重臂结构不合格 2）平衡阀阻尼堵死 3）滑动部位摩擦阻力过大	1）起重臂箱体之间的润滑不充分，应涂抹润滑脂；滑块的表面变形太大或损坏，应更换有缺陷的滑块；起重臂滑动表面损坏，应更换有缺陷的吊臂节或研磨损伤了的表面 2）检查、处理平衡阀
各节起重臂伸出长度无补偿	1）液动阀（阀主体或电磁阀）、伸缩臂控制阀，特别是电磁阀故障 2）电路故障	1）清洗过滤器，更换电磁铁，解体、更换相应阀 2）检查、处理线路故障
伸臂时，起重臂垂向弯曲变形或侧向弯曲变形过大	1）滑块磨损过多 2）滑块的磨损使调整垫已不够调整用 3）起重臂箱体的局部屈曲或变形	1）更换滑块 2）增加调整垫 3）更换不合格的该节起重臂
桁架起重臂臂架几何尺寸和形状误差超过允许值	1）组装起重架的接长架顺序错误 2）臂架连接螺栓未紧固 3）臂架变形	1）调换 2）检查拧紧 3）检查各节臂，对有永久变形的臂架进行修复，如不能修复应报废

表1-19　起升机构的常见故障及其排除方法

故障现象	故障原因	排除方法
起升机构不动作或动作缓慢	1）手动控制阀故障 2）液压马达故障 3）平衡阀过载溢流阀的故障 4）起升制动带故障	1）检查处理 2）调整、更换弹簧或总成 3）调整制动带或更换弹簧

（续）

故障现象	故障原因	排除方法
在起升机构工作时运动间断	单向阀故障	清洗、更换
起升制动能力减弱	起升制动带调得不合适或弹簧故障	调整制动带或更换弹簧
落钩时载荷失去控制或反应迟缓	平衡阀故障	拆开清洗
起升机构工作时，起升制动带打不开	1）液压油泄漏 2）由于锈蚀、卡住等原因使活塞的动作产生故障	1）更换密封件 2）更换液压缸总成

表1-20 变幅机构的常见故障及其排除方法

故障现象	故障原因	排除方法
变幅液压缸自动缩回	1）液压缸本身故障 2）平衡阀故障	1）检查、处理 2）拆开清洗，更换组件、O形圈或阀芯阀座
变幅液压缸推力不够	1）手动控制阀内的溢流阀或油口溢流阀故障 2）液压缸本身故障 3）液压动力系统故障	1）解体、清洗、更换组件 2）检查、处理 3）检查、处理
变幅液压缸动作不正常	平衡阀或手动控制阀内的油口溢流阀故障	解体清洗、更换组件
变幅液压缸振动	1）弹簧或平衡阀阀芯损坏 2）节流孔堵塞，缸内有气	1）更换损坏的弹簧或平衡阀阀芯 2）拆开清洗各堵塞的节流孔
保压能力下降	单向阀故障	解体清洗，更换阀组件

表1-21 回转机构的常见故障及其排除方法

故障现象	故障原因	排除方法
转台不能回转	回转驱动装置故障	拆去回转减速箱中齿轮啮合处的箱盖，扳动蜗杆，转台即可回转
油冷却器功能减弱	1）手动控制阀内溢流阀或单向阀的故障 2）流量控制阀的故障 3）液压动力系统的故障	1）解体检查，更换 2）更换断了的弹簧 3）检查、处理
回转运动时有常见振动或噪声，回转运动时油压显著升高	1）回转支承内圈的齿轮或驱动齿轮发生异常磨损 2）滚珠和垫片损坏或严重磨损 3）内圈齿轮和驱动齿轮或导轨内缺乏润滑	1）更换回转支承或驱动齿轮 2）更换回转支承 3）加入润滑脂

表1-22 支腿机构的常见故障及其排除方法

故障现象	故障原因	排除方法
升降液压缸和伸缩液压缸动作慢或力量不够	1）手动控制阀中的溢流阀或单向阀动作不良 2）液压泵故障	1）解体检查、处理 2）检查、处理

（续）

故障现象	故障原因	排除方法
起重机行走时升降液压缸或伸缩液压缸自己伸出	1）手动控制阀内部的液控单向阀失灵 2）液压缸本身故障，漏油	1）O形圈损坏，应更换；活塞和阀体之间因卡住而划伤，应解体。如有划伤，应更换液控单向阀组件 2）检查、处理
起重机工作时升降液压缸自己缩回	1）液压缸本身故障 2）装在有故障的液压缸上的液控单向阀失灵	1）检查、处理 2）弹簧损坏，应更换；单向阀和阀体之间的密封表面有灰尘应解体后清洗，有划伤应更换组件
前支腿液压缸动作慢或力量不够	溢流阀故障	1）弹簧损坏，应更换 2）调节螺钉松动使调定的压力降低，应拧紧螺钉，重新调压 3）阀动作不正常，应更换阀芯部总成

表1-23 安全装置的常见故障及其排除方法

故障现象	故障原因	排除方法
当吊钩过卷或已经达到100%的力矩时，起重机未能自动停机	1）电磁阀发生故障 2）配电系统故障 3）力矩限制器失灵	检查、修理
起重臂的变幅、伸缩和起升机构的低速动作不能实现	单向阀故障	检查、修理，由于弹簧损坏而使密封失灵时应重换弹簧

表1-24 操纵系统的常见故障及其排除方法

故障现象	故障原因	排除方法
液压控制操纵装置的起重机加速器功能失效	1）主动液压缸损坏 2）控制液压缸损坏 3）连板的活动不灵活	1）修复或更换 2）修复或更换 3）施加润滑脂
用液压支腿的起重机，当推动直腿操纵杆时，泵的转速变化不平稳	1）机械阀主体动作失灵 2）气缸故障	1）更换机械阀总成 2）缸筒和活塞之间发生卡滞，应更换气缸总成；活塞杆和缸盖之间卡滞，应更换活塞杆和缸盖；弹簧损坏，应更换
液压支腿完全外伸，安全系统出现故障	1）气缸故障，当活动支尾全部伸出时，限位块还未脱开或脱不合 2）电线破断 3）缸用电磁阀失灵 4）限位开关故障或未调整好	1）缸筒和活塞卡滞，应更换气缸总成；活塞杆和缸盖卡滞，应更换活塞杆和缸盖；弹簧损坏，应更换弹簧 2）修复 3）修复 4）更换或校正限位开关
液压轮式起重机转向沉重	1）液压泵齿轮端口间隙过大 2）油箱液压油不足 3）液流安全阀柱塞卡滞 4）液压方向机失灵	1）更换 2）加油 3）清洗 4）检查、修理
转向时左右轻重不等，直线行驶时跑偏	控制滑阀位置不正确	调整或更换

（续）

故障现象	故障原因	排除方法
离合器控制操纵装置的起重机的起升、变幅、行走、回转操纵杆松动、振动，操纵杆弹回到中间	1）离合器稳定装置故障 2）制动器稳定装置故障	1）调整起升、变幅、行走离合器的稳定装置 2）调整回转液压制动器的稳定装置

表1-25　液压系统的常见故障及其排除方法

故障现象	故障原因	排除方法
起重机没有动作或动作缓慢	1）液压泵损坏 2）手动控制阀损坏 3）回转接头损坏 4）溢流阀失灵	检查、修理
油温上升过快	1）液压泵损坏或故障 2）液压油污染或油量不足	1）更换或修理 2）更换或补充液压油
液压泵不转动	1）取力装置或操纵系统发生故障 2）底盘离合器故障	1）检查、修理或更换故障元件 2）修理离合器
所有执行元件或某一执行元件动作缓慢无力	1）液压泵损坏 2）回转接头故障 3）手动控制阀的溢流阀发生故障	检查、修理
回油路压力高	过滤器（油箱或油路中的）堵塞	更换滤芯
液压油外泄	1）密封圈或密封环损坏 2）螺栓或螺母未拧紧 3）套筒或焊缝有裂纹 4）管路连接处故障 5）管损坏	1）更换 2）按规定的扭矩拧紧螺栓 3）修理或更换 4）拧紧接头或更换管路 5）更换
回转接头通电不良	1）电刷与滑环接触不良 2）焊接处断开	1）修理 2）修理焊接处
离合器接合不良	1）离合器损伤 2）弹簧损坏	更换
离合器有异常噪声	轴承损坏	更换损坏的轴承
力矩限制器没有动作	限制开关没有调好或限位开关本身有故障	重新调整或更换限位开关
油路系统噪声	1）管道内存在空气 2）油温太低 3）管道及元件未紧固好 4）平衡阀失灵 5）过滤器堵塞 6）油箱油液不足	1）排出液压元件及管路内部气体 2）低速运转液压泵将油加温或换油 3）紧固，特别注意液压泵吸油管不能漏气 4）调整或更换 5）清洗和更换滤芯 6）加油

1.4　塔式起重机

1.4.1　塔式起重机的分类、特点及适用范围

塔式起重机的分类、特点和适用范围见表1-26。

表1-26　塔式起重机的分类、特点和适用范围

类型		主要特点	适用范围
按行走方式分类	固定式（自升式）	没有行走装置，塔身固定在混凝土基础上，随着建筑物的升高，塔身可以相应接高。由于塔身附着在建筑物上，能提高起重机的承载能力	高层建筑施工，高度可达100m以上，对于施工现场狭窄、工期紧迫的高层施工，更为适用
	自行式（轨道式）	起重机可在轨道上负载行走，能同时完成垂直和水平运输，并可接近建筑物，灵活机动，使用方便；但须铺设轨道，装拆较为费时	起升高度在50m以内的中小型工业和民用建筑施工
按升高（爬升）方式分类	内爬式	起重机安装在建筑物内部（电梯井、楼梯间等），依靠一套托架和提升机构随建筑物升高而爬升。塔身短，不需附着装置，不占建筑场地。但起重机自重及载重全部由建筑物承担，增加了施工的复杂性，竣工时起重机从顶部卸下较为困难	框架结构的高层建筑施工，特别适用于施工现场狭窄的环境
	附着式	起重机安装在建筑物的一侧，底座固定在基础上，塔身用几道附着装置和建筑物固定，随建筑物升高而接高，稳定性好，起重能力能充分利用；但建筑物附着点要适当加强	高层建筑施工中应用最广泛的机型，可以达到一般高层建筑需要的高度
按变幅方式分类	动臂变幅式	起重臂与塔身铰接，利用起重臂的俯仰实现变幅，变幅时载荷随起重臂升降。这种动臂具有自重小、能增加起重高度、装拆方便等特点；但变幅量较小，吊重水平移动时功率消耗大，安全性较差	适用于工业厂房重、大构件的吊装，这类起重机当前已较少采用
	小车变幅式	起重臂固定在水平位置，下弦装有起重小车，依靠调整小车的距离来改变起重幅度。这种变幅装置的有效幅度大，变幅所需时间少、工效高、操作方便、安全性好，并能接近机身，还能带载变幅，但起重臂结构较重	自升式塔式起重机都采用这种结构，由于其作业覆盖面大，适用于大面积的高层建筑施工
按回转方式分类	上回转式	塔身固定，塔顶上安装起重臂及平衡臂，可简化塔身和底架的连接，底部轮廓尺寸较小，结构简单；但重心提高，需要增加底架上的中心压重，安装、拆卸费时	大、中型塔式起重机都采用上回转结构，其适应性强，是建筑施工中广泛采用的形式
	下回转式	塔身和起重臂同时回转，回转机构在塔身下部，所有传动机构都装在底架上，重心低，稳定性好，自重较轻，能整体拖运；但下部结构占用空间大，起升高度受限制	适用于整体架设、整体拖运的轻型塔式起重机。由于具有架设方便、转移快的特点，故适用于分散施工

（续）

类型		主要特点	适用范围
按起重量分类	轻型	起重量为0.5~3t	5层以下的民用建筑施工
	中型	起重量为3~15t	高层建筑施工
	重型	起重量为20~40t	重型工业厂房及设备吊装
按起重机安装方式分类	快装式	塔身与起重臂可以在伸缩或折叠后整体架设和拖运，能快速转移和安装	工程量不大的小型建筑工程或流动分散的建筑施工
	非快装式	体积和质量都超过整体架设可能的起重机，必须在解体运输到现场后组拼安装	重型起重机都属于此形式，适用于高层或大型建筑施工

1.4.2 塔式起重机的构造组成

1. QTZ63型塔式起重机

QTZ63型塔式起重机主要由金属结构、工作机构、液压顶升系统、电气设备及控制部分等部分组成，如图1-11所示。

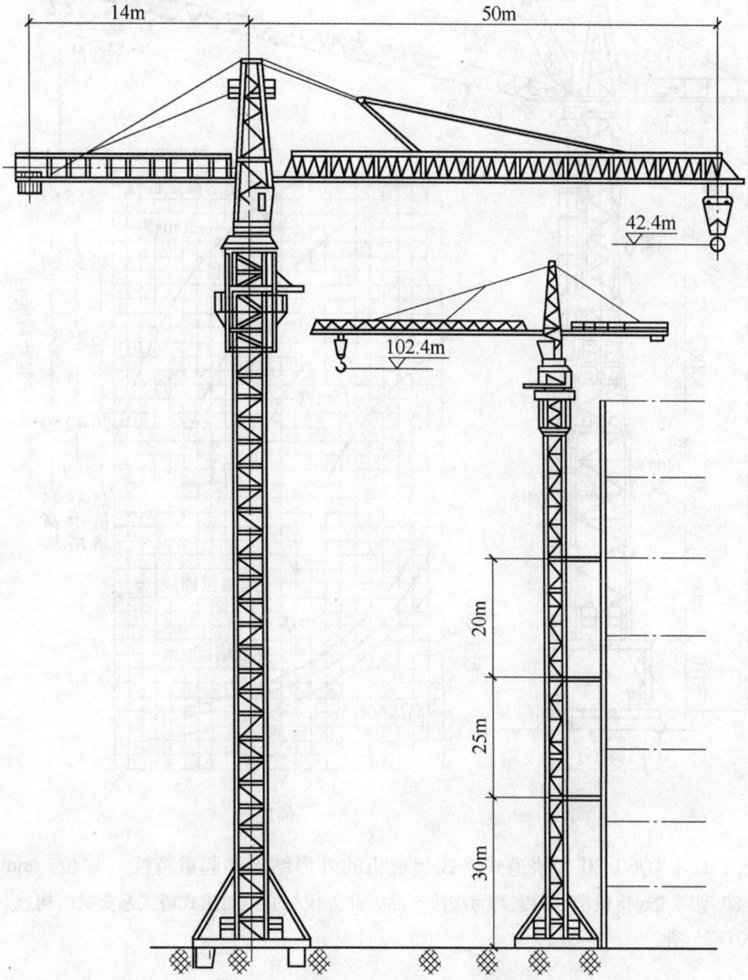

图1-11 QTZ63型塔式起重机外形

2. 轨道式塔式起重机

轨道式塔式起重机是一种应用广泛的起重机。TQ60/80 型轨道式塔式起重机是上回转、可变塔高塔式起重机，其外形结构和起重特性如图 1-12 所示。

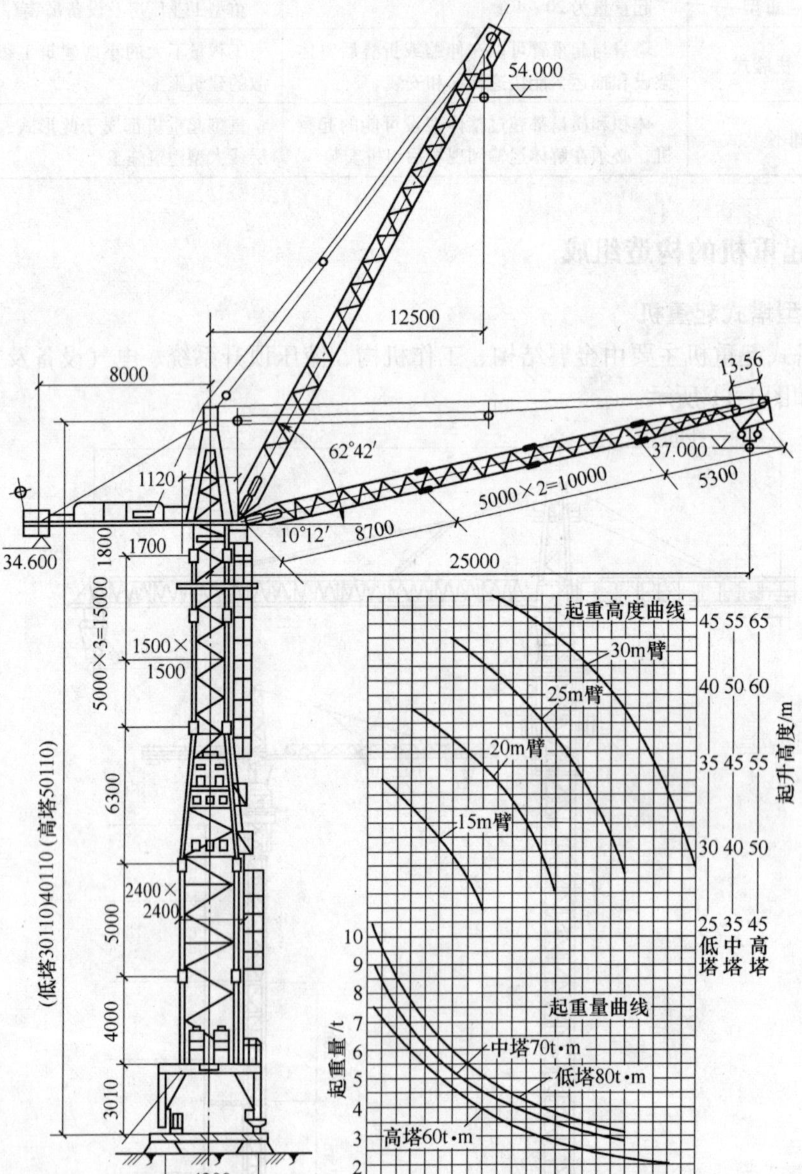

图 1-12　TQ60/80 型轨道式塔式起重机的外形结构和起重特性（单位：mm）

注：TQ60/80 型塔式起重机已被国家列为淘汰产品，此处仅为介绍轨道式塔式起重机的构造，其替代产品现多为 QTK25 型。

3. 附着式塔式起重机

附着式塔式起重机是固定在建筑物近旁的钢筋混凝土基础上，借助于锚固支杆附着在建筑物结构上的起重机。如 QTZ100 型塔式起重机，该机具有固定、附着、内爬等多种使用形式，独立式起升高度为 50m，附着式起升高度为 120m。该塔机基本臂长为 54m，额定起重力矩为 1000kN · m，最大额定起重量为 80kN，加长臂为 60m，可吊 12kN，其外形如图 1-13 所示。

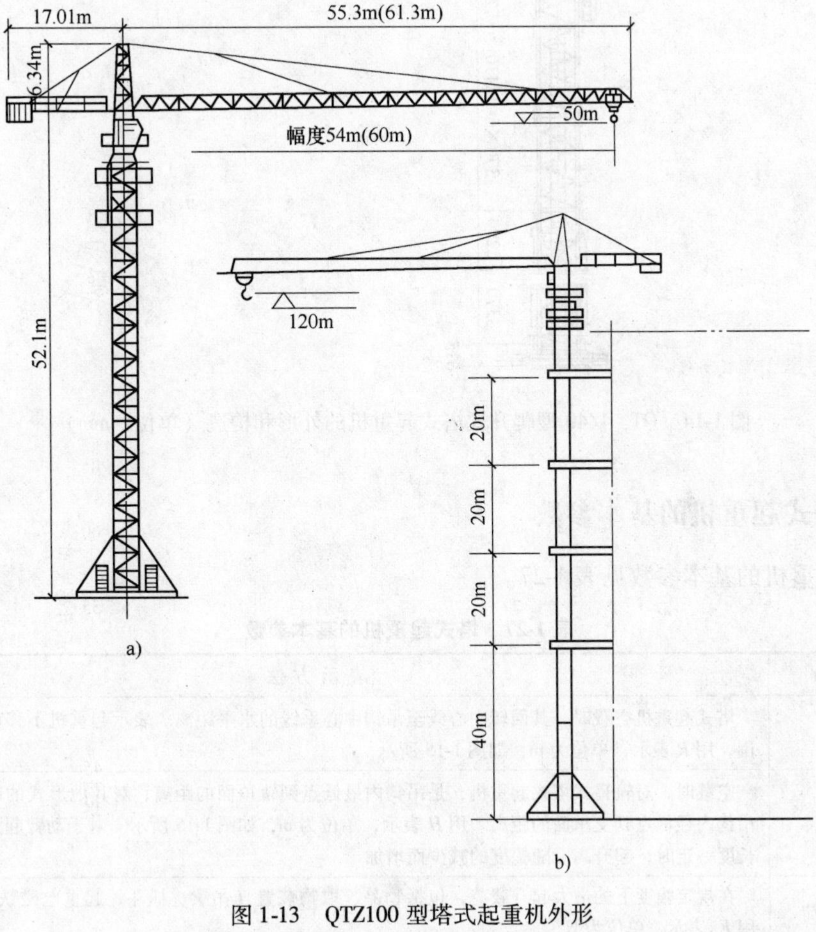

图 1-13　QTZ100 型塔式起重机外形

a）独立式　b）附着式（120m）

4. 爬升式塔式起重机

爬升式塔式起重机是一种安装在建筑物内部（电梯井或特设开间）结构上，借助套架托梁和爬升系统或上、下爬升框架和爬升系统自身爬升的起重机械。目前使用的有 QT_5-4/40 型（400kN · m）、ZT-120 型和进口的 80HC 型、120HC 型、QTZ63 型及 QTZ100 型等。图 1-14 所示为 QT_5-4/40 型爬升式塔式起重机的外形和构造图。

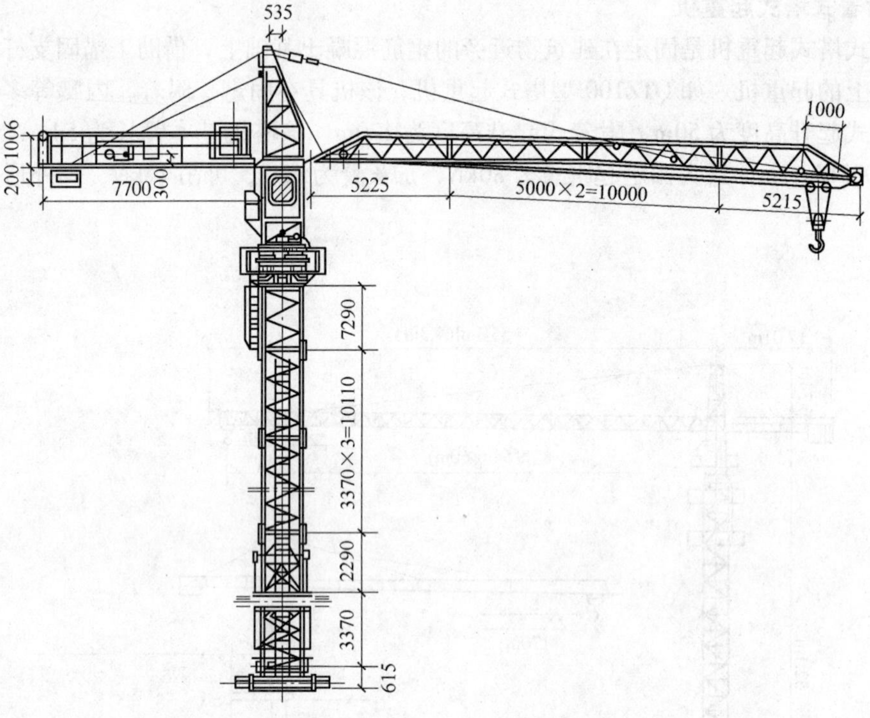

图 1-14　QT_5-4/40 型爬升式塔式起重机的外形和构造（单位：mm）

1.4.3　塔式起重机的基本参数

塔式起重机的基本参数见表 1-27。

表 1-27　塔式起重机的基本参数

基本参数	表示方法
幅度	塔式起重机空载时，其回转中心线至吊钩中心垂线的水平距离。表示起重机不移动时的工作范围，用 R 表示，单位为 m，如图 1-15 所示
起升高度	空载时，对轨道式塔式起重机，是吊钩内最低点到轨顶面的距离；对其他形式的起重机，则为吊钩内最低点到支承面的距离。用 H 表示，单位为 m，如图 1-15 所示。对于动臂起重机，当吊臂长度一定时，起升高度随幅度的减少而增加
额定起升载荷	在规定幅度下的最大起升载荷，包括物品、取物装置（吊梁、抓斗、起重电磁铁等）的重量。用 F_Q 表示，单位为 N
轴距	同一侧行走轮的轴线或一组行走轮中心线之间的距离，用 B 表示，单位为 m，如图 1-16 所示
轮距	同一轴线左右两个行走轮、轮胎或左右两侧行走轮组或轮胎组中心径向平面间的距离，用 K 表示，单位为 m，如图 1-17 所示。轴距和轮距是塔式起重机的重要参数，它直接影响到整机的稳定性及起重机本身的尺寸。其大小是由主参数——起重力矩来确定的，随着主参数的增大，轴距和轮距也增大或增宽
起重机重量	包括平衡重、压重和整机重，用 G 表示，单位为 t。该参数是评价起重机的一个综合性能指标，它反映了起重机设计、制造和材料技术水平
尾部回转半径	回转中心至平衡重或平衡臂端部的最大距离，用 r 表示，单位为 m，如图 1-18 所示

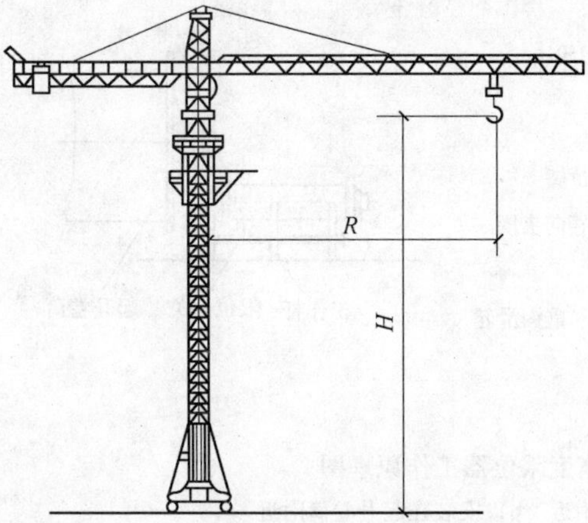

图 1-15　塔式起重机的幅度与起升高度

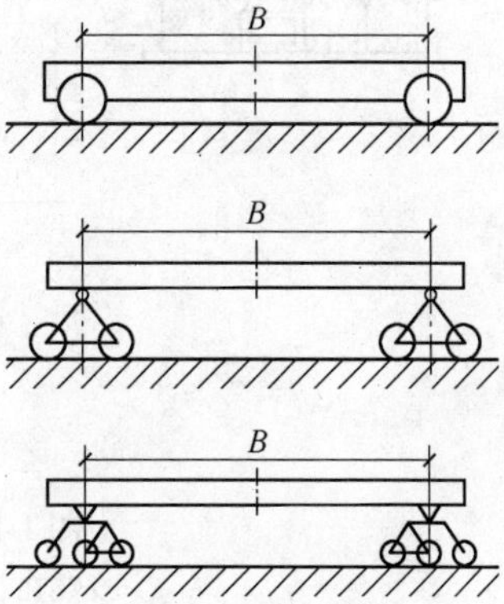

图 1-16　轴距

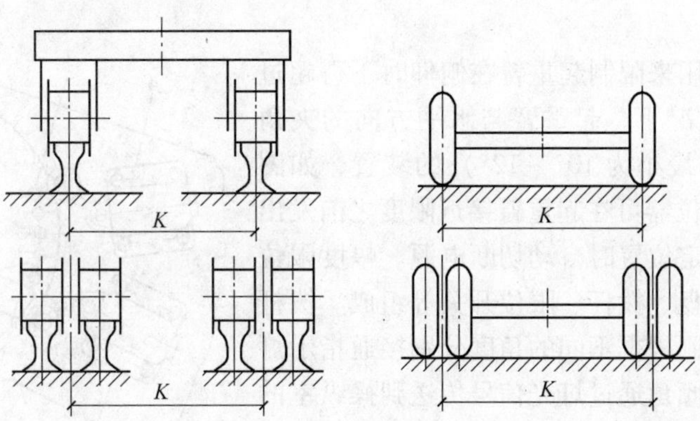

图 1-17　轮距

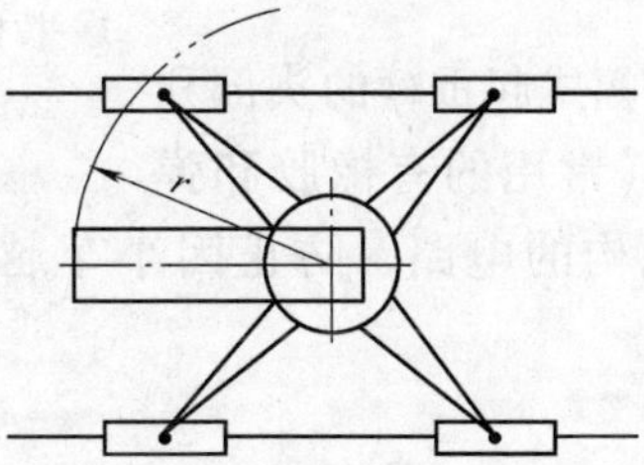

图 1-18　尾部回转半径

1.4.4　塔式起重机的安全保护装置

1. 起升高度限位器

起升高度限位器是用来防止因起重钩起升过度而碰坏起重臂的装置。它可使起重钩在接触到起重臂头部之前，起升机构自动断电并停止工作。常用的有两种形式：一种是安装在起重臂头部附近（图 1-19a），另一种是安装在起升卷筒附近（图 1-19b）。

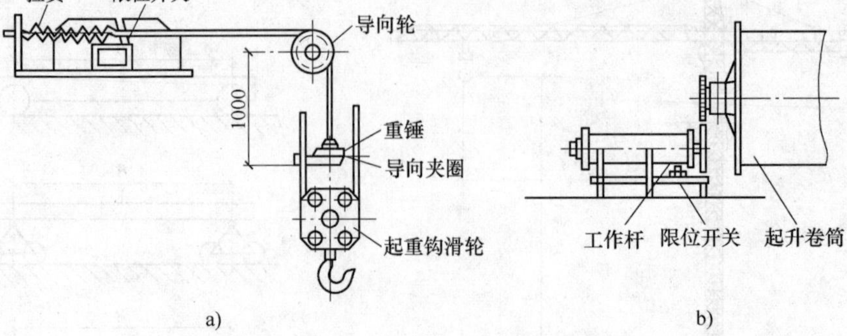

图 1-19　起升高度限位器工作原理图

a）安装在起重臂头部附近　b）安装在起升卷筒附近

2. 幅度限位器

幅度限位器是用来限制起重臂在俯仰时不得超过极限位置（一般情况下，起重臂与水平方向的夹角最大为60°～70°，最小为10°～12°）的装置，如图1-20所示。幅度限位器可在起重臂接近限度之前发出警报，并在达到限定位置时自动切断电源。幅度限位器由半圆形活动转盘、拨杆、限位开关等组成。拨杆随起重臂转动，电刷根据不同的角度分别接通指示灯触点，将起重臂的倾角通过灯光信号传送到操纵室的指示盘上。当起重臂变幅到两个极限位置时，则分别撞开两个限位开关，随之切断电路，起保护作用。

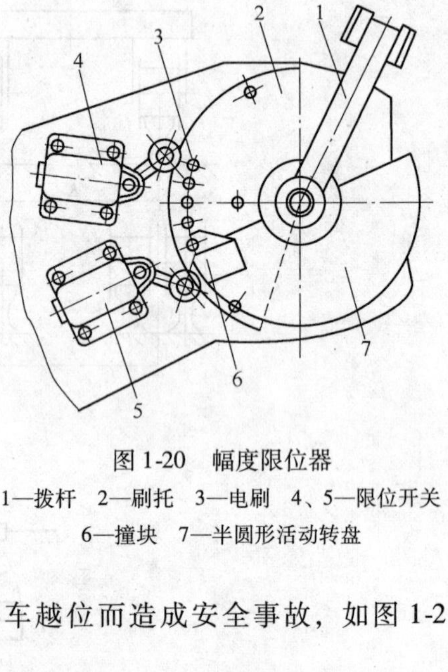

图 1-20　幅度限位器

1—拨杆　2—刷托　3—电刷　4、5—限位开关　6—撞块　7—半圆形活动转盘

3. 小车行程限位器

小车行程限位器设于小车变幅式起重臂的头部和根部，包括限位开关和缓冲器（常用的有橡胶和弹簧两种），用来切断小车牵引机构的电路，防止因小车越位而造成安全事故，如图1-21所示。

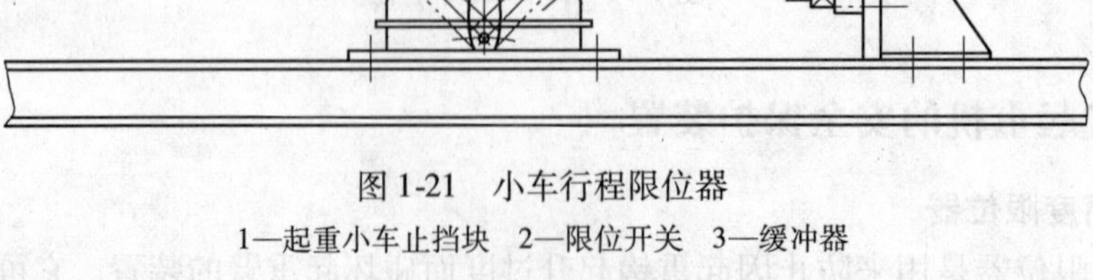

图 1-21　小车行程限位器

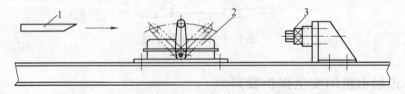

1—起重小车止挡块　2—限位开关　3—缓冲器

4. 大车行程限位器

大车行程限位器设于轨道两端，包含止动断电装置、止动钢轨以及装在起重机行走台车上的终点开关，用来防止起重机脱轨事故的发生。

图 1-22 所示是塔式起重机上较为常用的一种大车行程限位装置。当起重机按图示箭头方向行进时，终点开关的杠杆即被止动断电装置（如斜坡止动钢轨）所转动，电路中的触点断开，行走机构则停止运行。

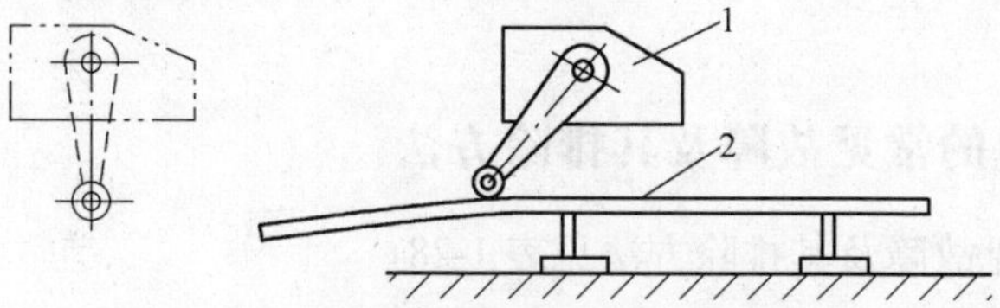

图 1-22 大车行程限位装置

1—终点开关 2—止动断电装置

5. 夹轨钳

夹轨钳（图 1-23）装在行走底架（或台车）的金属结构上，用来夹紧钢轨，防止起重机在有大风的情况下被风力吹动。夹轨钳由夹钳和螺栓等组成，在起重机停放时，拧紧螺栓，使夹钳紧夹住钢轨。

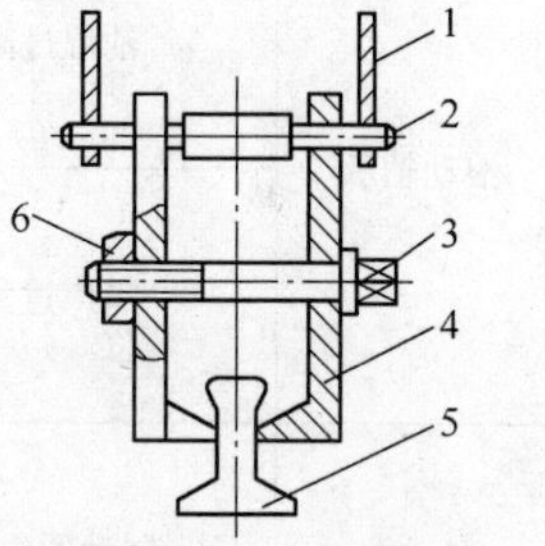

图 1-23 夹轨钳

1—侧架立柱 2—轴 3—螺栓

4—夹钳 5—钢轨 6—螺母

6. 起重量限制器

起重量限制器是用来限制起重钢丝绳单根拉力的一种安全保护装置。根据构造，可装在起重臂根部、头部、塔顶以及浮动的起重卷扬机机架附近等位置。

7. 起重力矩限制器

机械式起重力矩限止器（图 1-24a）的工作原理是对钢丝绳的拉力、滑轮、控制杆及压簧进行组合，检测载荷，通过与臂架俯仰相连的凸轮的转动来检测幅度，由此再使限位开关

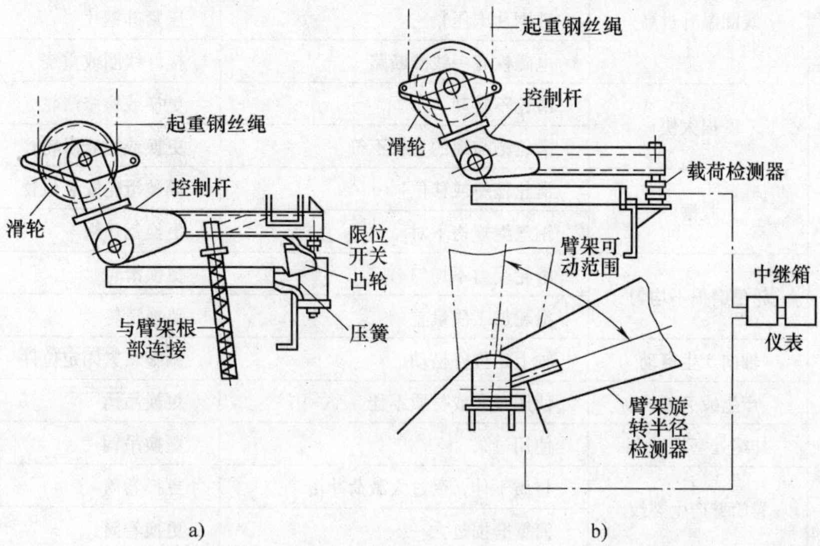

图 1-24 动臂式起重力矩限制器工作原理图

a）机械式 b）电动式

工作。电动式装置（图 1-24b）的工作原理，是在起重臂根部附近安装载荷检测器以代替弹簧，安装电位式或摆动式旋转半径检测器以代替凸轮，进而通过设在操纵室里的力矩限止器合成这两种信号，在过载时切断电源。其优点是可在操纵室里的刻度盘（或数码管）上直接显示出荷载和工作幅度，并可事先把不同臂长时的几根起重性能曲线编入机构内，因此使用较多。

1.4.5　塔式起重机的常见故障及其排除方法

塔式起重机的常见故障及其排除方法见表 1-28。

表 1-28　塔式起重机的常见故障及其排除方法

故障部位	故障现象	故障原因	排除方法
滚动轴承	油温过高	润滑油过多	减少润滑油
		油质不符合要求	清洗轴承并换油
		轴承损坏	更换轴承
	噪声过大	有油污	清洗轴承并换新油
		安装不正确	重新安装
		轴承损坏	更换轴承
块式制动器	制动器失灵	间隙过大	调整间隙
		有油污	用汽油清洗油污
		弹簧松弛或推杆行程不足	调解弹簧张力
	制动瓦发热冒烟	间隙过小	调整制动瓦间隙
		制动瓦未脱开	调整制动瓦间隙
	电磁铁噪声大或线圈温升过高	衔铁表面太脏造成间隙过大	除去脏物，并涂上一层薄全损耗系统用油调整间隙
		硅钢片未压紧	压紧硅钢片
		电磁铁有一线圈断路	接好线圈或重绕
钢丝绳	磨损太快	滑轮不转动	更换或检修滑轮
		滑轮槽与绳的直径不符	更换或检修滑轮
	脱槽	滑轮偏斜或移位	调整滑轮安装位置
		钢丝绳规格不对	更换钢丝绳
滑轮	轮槽磨损不均匀	滑轮受力不均匀	更换滑轮
		滑轮加工质量差	更换滑轮
	轴向产生窜动	轴上定位件松动	调整、紧固定位件
吊钩	产生疲劳裂纹	使用过久或材质不佳	更换吊钩
	挂绳处磨损过大	使用过久	更换吊钩
卷筒	卷筒壁产生裂纹	材质不佳，受过大载荷冲击	更换卷筒
		筒壁磨损过大	更换卷筒
	键磨损或松动	装配不合要求	换键

（续）

故障部位	故障现象	故障原因	排除方法
减速器	噪声大	齿轮啮合不良	修理并调整啮合间隙
	温升高	润滑油过少或过多	加、减润滑油至标准油位
	产生振动	联轴器安装不正确，两轴并不同心	重新调整中心距和两轴的同心度
滑动轴承	温度过高	轴承偏斜	调整偏斜
		间隙过小	适当增大轴承间距
		缺油或油中有杂物	清洗轴承，更换新油
	磨损严重	缺油或油中有脏物	清洗、换油、换轴承
行走轮	轮缘磨损严重	轨距不对	检查、调整轨距
		行走枢轴间隙过大	调整枢轴间隙
回转支承	跳动或摆动严重	滚动体磨损过大	减少垫片或换修
		小齿轮和大齿圈的啮合不正确	检修
金属结构	永久变形	超载	禁止超载、调直并加固
		拆运时碰撞或吊点不正确	禁止超载、调直并加固
	焊缝严重裂纹	超载或疲劳破坏	检修、焊补
	工作时变形过大	超载或各节接头螺栓松动，或螺栓孔过大	禁止超载，更换螺栓并紧固
电动机	接电后电动机不转	熔丝断	更换熔丝
		定子回路中断	检查定子回路
		过电流继电器动作	检查过电流继电器的整定值
	接电后，电动机不转并有嗡嗡声	电源线断	查找断线处并接牢
	转向不对	接线顺序不对	任意对调两根相线
	运转声音不正常	电动机接法错误	改正接法
		轴承磨损过大	更换轴承
		定子硅钢片未压紧	压紧硅钢片
	电动机温升过高	超负荷运转	禁止超负荷
		工作时间过长	缩短工作时间
		线路电压过低	暂停工作
		通风不良	改善通风条件
	电动机局部温升过高	电源缺相，电动机单相运行	查找断头并排除
		某一绕组与外壳短路	查找短路部位并排除
		转子与定子相碰	检查转子与定子间隙，换轴承
	电动机停不住	控制器触头被电弧焊住	检查控制器间隙，清除弧疤或更换触头

1.5 卷扬机

1.5.1 卷扬机的型号

目前国产卷扬机型号的一般编制方法如下：

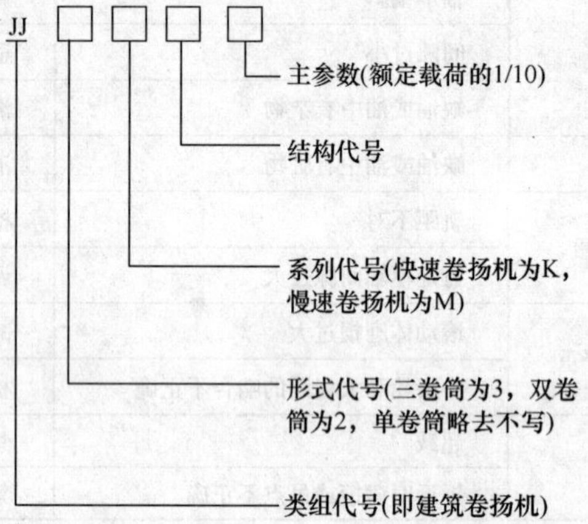

卷扬机型号分类和表示方法见表 1-29。

表 1-29 卷扬机型号分类和表示方法

形式	特性	代号	代号含义	主参数	
				名称	单位表示法
单卷筒式	K	JK	单筒快速卷扬机	额定静拉力	$kN \times 10^{-1}$
	KL	JKL	单筒快速溜放卷扬机		
	M	JM	单筒慢速卷扬机		
	ML	JML	单筒慢速溜放卷扬机		
	T	JT	单筒调速卷扬机		
	S	JS	手摇式卷扬机		
双卷筒式	K	2JK	双筒快速卷扬机		
	M	2JM	双筒慢速卷扬机		
	T	2JT	双筒调速卷扬机		
三卷筒式	K	3JK	三筒快速卷扬机		

1.5.2 卷扬机的构造组成

JJKD1 型卷扬机主要由 7.5kW 电动机、联轴器、圆柱齿轮减速器、光面卷筒、双瓦块式电磁制动器、机座等组成，其外形如图 1-25 所示。

JJKX1 型卷扬机主要由电动机、传动装置、离合器与制动器、机座等组成，其外形如图 1-26 所示。

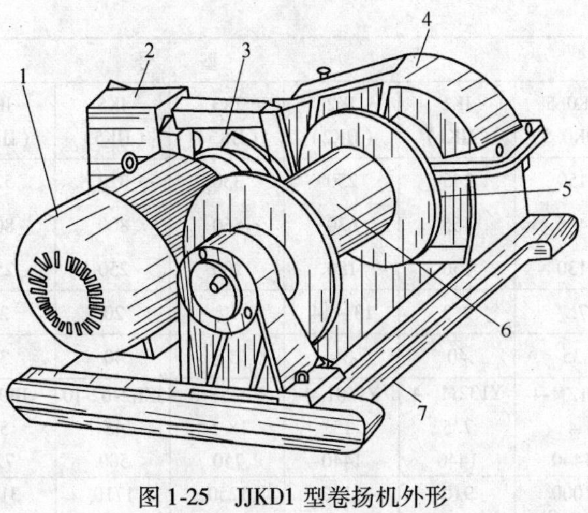

图 1-25　JJKD1 型卷扬机外形

1—电动机　2—双瓦块电磁制动器　3—弹性联轴器　4—圆柱齿轮减速器
5—十字联轴器　6—光面卷筒　7—机座

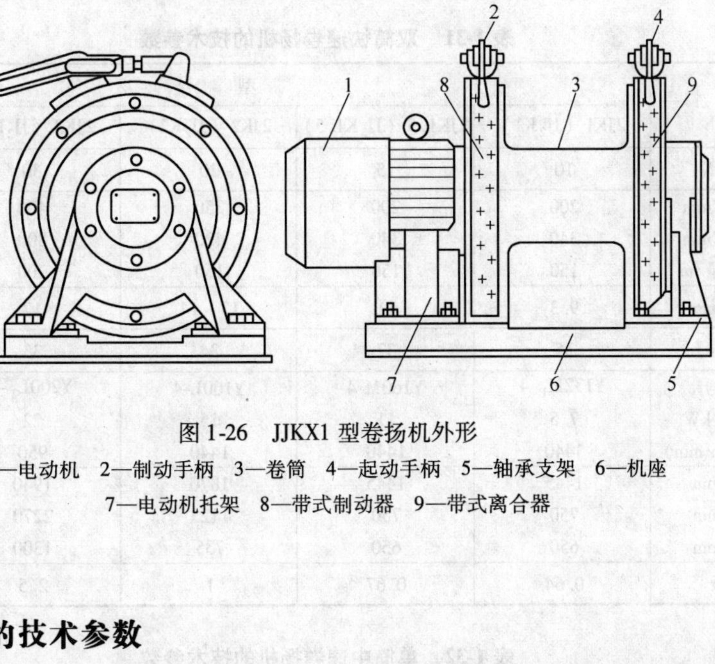

图 1-26　JJKX1 型卷扬机外形

1—电动机　2—制动手柄　3—卷筒　4—起动手柄　5—轴承支架　6—机座
7—电动机托架　8—带式制动器　9—带式离合器

1.5.3　卷扬机的技术参数

快速卷扬机的技术参数见表 1-30 和表 1-31，单筒中速卷扬机的技术参数见表 1-32，单筒慢速卷扬机的技术参数见表 1-33。

表 1-30　单筒快速卷扬机的技术参数

项　目	型　号							
	JK0.5 (JJK0.5)	JK1 (JJK1)	JK2 (JJK2)	JK3 (JJK3)	JK5 (JJK5)	JK8 (JJK8)	JD0.4 (JJD0.4)	JD1 (JJD1)
额定载荷/kN	5	10	20	30	50	80	4	10

（续）

项目		型号							
		JK0.5（JJK0.5）	JK1（JJK1）	JK2（JJK2）	JK3（JJK3）	JK5（JJK5）	JK8（JJK8）	JD0.4（JJD0.4）	JD1（JJD1）
卷筒	直径/mm	150	245	250	330	320	520	200	220
	宽度/mm	465	465	630	560	800	800	299	310
	容绳量/m	130	150	150	200	250	250	400	400
钢丝绳直径/mm		7.7	9.3	13～14	17	20	28	7.7	12.5
绳速/(m/min)		35	40	34	31	40	37	25	44
电动机	型号	Y112M-4	$Y132M_1$-4	Y160L-4	Y225S-8	JZR2-62-10	JR92-8	JBJ-4.2	JBJ-11.4
	功率/kW	4	7.5	15	18.5	45	55	4.2	11.4
	转速/(r/min)	1440	1440	1440	750	580	720	1455	1460
外形尺寸	长/mm	1000	910	1190	1250	1710	3190		1100
	宽/mm	500	1000	1138	1350	1620	2105		765
	高/mm	400	620	620	800	1000	1505		730
整机自重/t		0.37	0.55	0.9	1.25	2.2	5.6		0.55

表1-31　双筒快速卷扬机的技术参数

项目		型号				
		2JK1（JJ_2K1）	2JK1.5（$JJ_2K1.5$）	2JK2（JJ_2K2）	2JK3（JJ_2K3）	2JK5（JJ_2K5）
额定载荷/kN		10	15	20	30	50
卷筒	直径/mm	200	200	250	400	400
	长度/mm	340	340	420	800	800
	容绳量/m	150	150	150	200	200
钢丝绳直径/mm		9.3	11	13～14	17	21.5
绳速/(m/min)		35	37	34	33	29
电动机	型号	$Y132M_1$-4	Y160M-4	Y160L-4	$Y200L_2$-4	Y225M-6
	功率/kW	7.5	11	15	22	30
	转速/(r/min)	1440	1440	1440	950	950
外形尺寸	长/mm	1445	1445	1870	1940	1940
	宽/mm	750	750	1123	2270	2270
	高/mm	650	650	735	1300	1300
整机自重/t		0.64	0.67	1	2.5	2.6

表1-32　单筒中速卷扬机的技术参数

项目		型号				
		JZ0.5（JJZ0.5）	JZ1（JJZ1）	JZ2（JJZ2）	JZ3（JJZ3）	JZ5（JJZ5）
额定载荷/kN		5	10	20	30	50
卷筒	直径/mm	236	260	320	320	320
	长度/mm	417	485	710	710	800
	容绳量/m	150	200	230	230	250
钢丝绳直径/mm		9.3	11	14	17	23.5
绳速/(m/min)		28	30	27	27	28

（续）

项目		型号				
		JZ0.5（JJZ0.5）	JZ1（JJZ1）	JZ2（JJZ2）	JZ3（JJZ3）	JZ5（JJZ5）
电动机	型号	Y100L2-4	Y132M-4	JZR2-31-6	JZR2-42-8	JZR2-51-8
	功率/kW	3	7.5	11	16	22
	转速/(r/min)	1420	1440	950	710	720
外形尺寸	长/mm	880	1240	1450	1450	1710
	宽/mm	760	930	1360	1360	1620
	高/mm	420	580	810	810	970
整机自重/t		0.25	0.6	1.2	1.2	2

表1-33　单筒慢速卷扬机的技术参数

项目		型号							
		JM0.5（JJM0.5）	JM1（JJM1）	JM1.5（JJM1.5）	JM2（JJM2）	JM3（JJM3）	JM5（JJM5）	JM8（JJM8）	JM10（JJM10）
额定静拉力/kN		5	10	15	20	30	50	80	100
卷筒	直径/mm	236	260	260	320	320	320	550	750
	长度/mm	417	485	440	710	710	800	800	1312
	容绳量/m	150	250	190	230	150	250	450	1000
钢丝绳直径/mm		9.3	11	12.5	14	17	23.5	28	31
绳速/(m/min)		15	22	22	22	20	18	10.5	6.5
电动机	型号	Y100L2-4	Y132S-4	Y132M-4	YZR2-31-6	JYR2-41-8	JZR2-42-8	YZR225 M-8	JZR2-51-8
	功率/kW	3	5.5	7.5	11	11	16	21	22
	转速/(r/min)	1420	1440	1440	950	705	710	750	720
外形尺寸	长/mm	880	1240	1240	1450	1450	1670	2120	1602
	宽/mm	760	930	930	1360	1360	1620	2146	1770
	高/mm	420	580	580	810	810	890	1185	960
整机自重/t		0.25	0.6	0.65	1.2	1.2	2	3.2	

1.5.4　卷扬机的固定

卷扬机必须用地锚进行固定，以防工作时产生滑动或倾覆。根据受力大小，固定卷扬机的方法有螺栓锚固法、水平锚固法、立桩锚固法和压重锚固法四种，如图1-27所示。

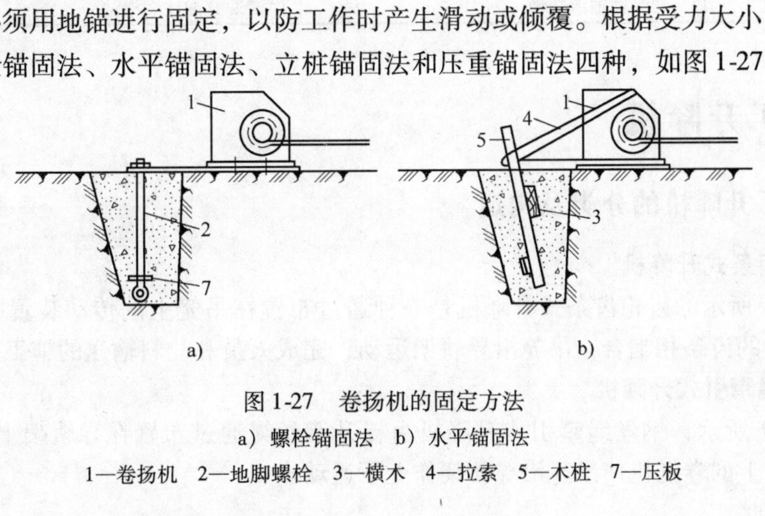

图1-27　卷扬机的固定方法

a）螺栓锚固法　b）水平锚固法

1—卷扬机　2—地脚螺栓　3—横木　4—拉索　5—木桩　7—压板

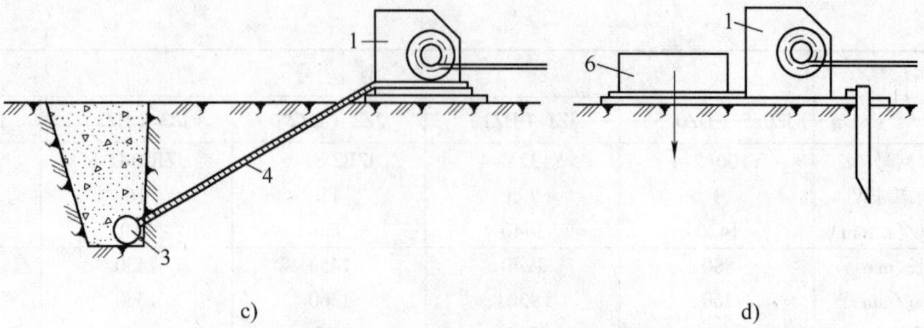

图 1-27　卷扬机的固定方法（续）

c）立桩锚固法　d）压重锚固法

1—卷扬机　3—横木　4—拉索　6—压重

1.5.5　卷扬机的常见故障及其排除方法

卷扬机的常见故障及其排除方法见表 1-34。

表 1-34　卷扬机的常见故障及其排除方法

故障现象	故障原因	排除方法
卷筒不转或达不到额定转速	超载作业	减载
	制动器间隙过小	调整间隙
	电磁制动器没有脱开	检查电源电压及线路系统，排除故障
	卷筒轴承缺油	清洗后加注润滑油
制动器失灵	制动带（片）有油污	清洗后吹干
	制动带与制动鼓的间隙过大或接触面积过小	调整间隙，修整制动带，使接触面积达到 80%
	电磁制动器弹簧张力不足或调整不当	调整或更换弹簧
减速器温升过高或有噪声	齿轮损坏或啮合间隙不正常	修复损坏齿轮，调整啮合间隙
	轴承磨损过甚或损坏	更换轴承
	超载作业	减载
	润滑油过多或缺少	使润滑油达到规定油面
	制动器间隙过小	调整间隙
轻载时吊钩下降阻滞	制动器间隙过小	调整间隙
	导向滑轮转动不灵	清洗并加注润滑油
	卷筒轴轴承缺油	清洗并加注润滑油

1.6　施工升降机

1.6.1　施工升降机的分类及构造

1. 齿轮齿条式升降机

如图 1-28 所示的齿轮齿条式升降机是一种通过布置在吊笼上的传动装置中的齿轮与布置在导轨架上的齿条相啮合，吊笼沿导轨架运动，完成人员和物料输送的施工升降机。

2. 钢丝绳牵引式升降机

如图 1-29 所示，钢丝绳牵引式升降机由提升钢丝绳通过布置在导轨架上的导向滑轮，用设置在地面上的卷扬机使吊笼沿导轨架作上下运动。

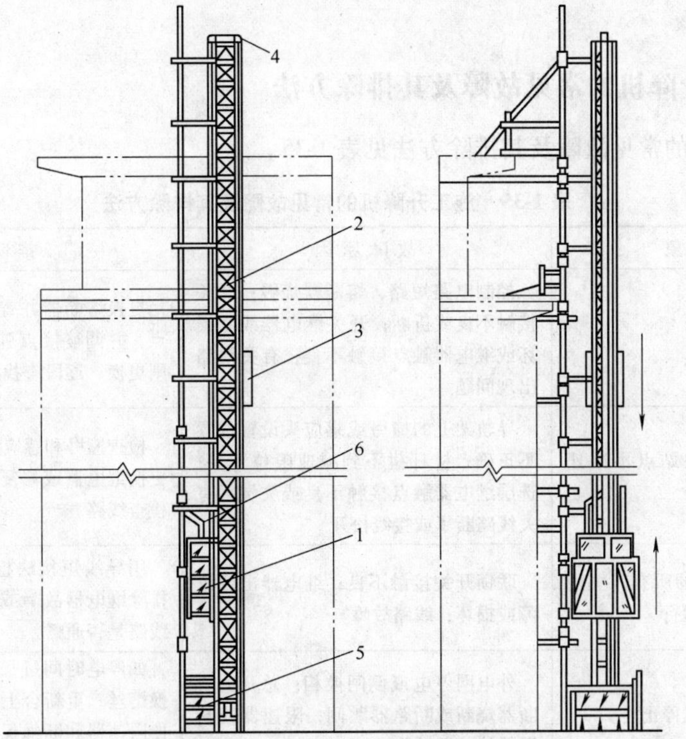

图 1-28 齿轮齿条式升降机

1—吊笼 2—导轨架 3—平衡重箱 4—天轮 5—底笼 6—吊笼传动装置

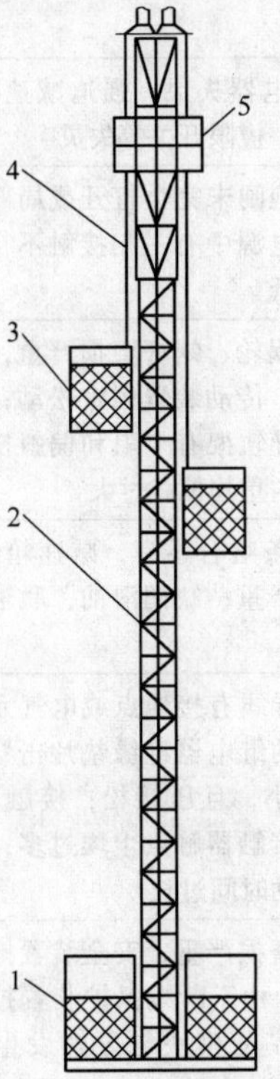

图 1-29 钢丝绳牵引式升降机

1—底笼 2—导轨架 3—吊笼 4—外套架 5—工作平台

1.6.2 施工升降机的常见故障及其排除方法

施工升降机的常见故障及其排除方法见表1-35。

表1-35 施工升降机的常见故障及其排除方法

故障现象	故障原因	排除方法
电动机不起动	控制电路短路，熔断器烧毁；开关接触不良或折断；开关继电器线圈损坏或继电器触点接触不良；有关线路出现问题	更换熔断器并查找短路原因：清理触点，并调整接点弹簧片，如接点折断，则更换；逐段查找线路故障
吊笼运行到停层站点不减速停层	导轨架上的撞弓或感应头设置位置不正确；杠杆碰不到减速限位开关；选层继电器触点接触不良或失灵；有关线路断了或接线松开	检查撞弓和感应头安装位置是否正确；更换继电器或修复调整触点；用万用表检查线路
吊笼上和底笼上的所有门关闭后，吊笼不能起动运行	联锁开关接触不良；继电器出现故障或损坏；线路故障	用导线短接法检查确定，然后修复；排除继电器故障或更换：用万用表检查线路是否通畅
吊笼在运行中突然停止	外电网停电或倒闸换相；总开关熔断器烧断或断路器跳闸；限速器或断绳保护装置动作	如停电时间过长，应通知维修人员更换熔丝，重新合上断路器；断开总电源使限速器和断绳保护装置复位，然后合上电源，检查各部分有无异常
吊笼平层后自动溜车	制动器制动弹簧过松或制动器出现故障	调整或修复制动器弹簧和制动器
吊笼冲顶、撞底	迭层继电器失灵；强迫减速开关、限位开关、极限开关等失灵	查明原因，酌情修复或更换元件
吊笼起动和运行速度有明显下降	制动器抱闸未完全打开或局部未打开；三相电源中有一相接触不良；电源电压过低	调整制动器；检查三相电线，紧固各接点；调整三相电压，使电压值不小于规定值的10%
吊笼在运行中抖动或晃动	减速箱蜗轮、蜗杆磨损严重，齿侧间隙过大；传动装置固定松动；吊笼导向轮与导轨架有卡阻和偏斜挤压现象；吊笼内重物偏载过大	调整减速箱中心距或更换蜗轮蜗杆；检查地脚螺栓、挡板、压板等，发现松动要拧紧；调整吊笼内载荷重心位置
传动装置噪声过大	齿轮齿条啮合不良，减速箱蜗轮、蜗杆磨损严重；缺润滑油；联轴器间隙过大	检查齿轮、齿条啮合状况，齿条垂直度，蜗轮、蜗杆磨损状况，必要时应修复或更换；加润滑油；调节联轴器间隙
局部熔断器经常烧毁	该回路导线有接地点或电气元件有接地；有的继电器绝缘垫片击穿，熔断器容量小，且压接松；接触不良：继电器、接触器触点尘埃过多；吊笼起动、制动时间过长	检查接地点，加强绝缘，加绝缘垫片或更换继电器；按额定电流更换熔丝并压接紧固；清理继电器、接触器表面尘埃；调整起动、制动时间
吊笼运行时，吊笼内听到摩擦声	导向轮磨损严重，安全装置楔块内卡入异物；由于断绳保护装置拉杆松动等原因，使楔块与导轨发生摩擦现象	检查导向轮磨损情况，必要时应更换导向轮，清除楔块内异物；调整断绳保护装置拉杆距离，保证卡板与导轨架不发生摩擦

（续）

故障现象	故障原因	排除方法
吊笼的金属结构有麻电感觉	接地线断开或接触不良；接零系统零线重复接地线断开；线路上有漏电现象	检查接地线，接地电阻应不大于4Ω；接好重复接地线；检查线路绝缘，绝缘电阻不应低于0.5MΩ
牵引钢丝绳和对重钢丝绳磨损剧烈，断丝剧增	导向滑轮安装偏斜，平面度误差大；导向滑轮有毛刺等缺陷；卷扬机卷筒无排绳装置，绳间互相挤压；钢丝绳与地面及其他物体有摩擦现象	调整导向滑轮平面度；检查导向滑轮的缺陷，必要时应更换；保证钢丝绳与其他物体不发生摩擦
制动轮发热	调整不当，制动瓦在松闸状态没有均匀地从制动轮上离开；制动轮表面有灰尘，线圈中有断线或烧毁；电磁力减小，造成松闸时闸带未完全脱离制动轮；电动机轴窜动量过大，使制动轮窜动且产生跳动，开车时制动轮磨损加剧	调整制动瓦块间隙，使其在松闸时均匀地离开制动轮，并保证间隙<0.7mm；保证制动轮清洁；调整电动机轴的窜动量
吊笼起动困难	载荷超载，导轨接头错位差过大，导轨架刚性不好，吊笼与导轨架有卡阻现象	保证起升额定载荷，检查导轨架的垂直度及刚度，必要时加固；用锉刀打磨接头台阶
导轨架垂直度超差	附墙架松动，导轨架刚度不够；导轨架架设缺陷	用经纬仪检查垂直度，紧固附墙架，必要时加固处理

1.7 机动翻斗车

1.7.1 机动翻斗车的分类

机动翻斗车的分类见表1-36。

表1-36 机动翻斗车的分类

分类	型式
按载重量	1t（普遍使用）
	1.2t
	1.5t
	2t
按底盘结构	整体式车架（前轮驱动，后轮转向）
	铰接式车架（后轮驱动，丝杠或液压缸转向）
按传动系统的结构特点	变速器、差速器分开（普通汽车传动）式
	“三合一”式（变速器、主降速器、差速器组装在一个箱体中）
按车斗的倾翻方式	手动脱钩自重翻斗
	液压翻斗
按驾驶室的外形	敞开式
	半篷式
	全篷式
	封闭式

1.7.2　机动翻斗车的构造组成

机动翻斗车的基本组成与汽车类似，有发动机、离合器、变速器、传动轴、驱动桥及转向桥、转向器、制动器、车轮和车厢等机构。一般机动翻斗车采用的底盘结构如图 1-30 所示。

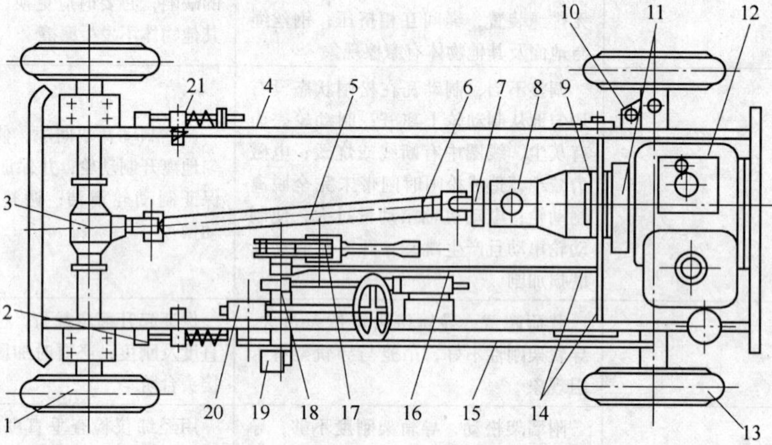

图 1-30　机动翻斗车底盘的基本结构

1—驱动轮　2—翻斗拉杆箱　3—驱动桥　4—车架　5—传动轴　6—十字轴联轴器　7—手制动器　8—变速器　9—离合器带轮　10—转向梯形结构　11—飞轮　12—发动机　13—转向轮　14—离合器分离拉杆　15—转向纵拉杆　16—制动总泵　17—车斗锁定机构　18—制动踏板　19—离合器踏板　20—转向器　21—翻斗拉杆

1.7.3　机动翻斗车的技术参数

机动翻斗车的主要技术参数见表 1-37。

表 1-37　机动翻斗车的主要技术参数

形式、型号			机械回斗式	液压回斗式		铰接式	
			FC1、FC(A、B、D) 75-1、FCJ1、FD1 型	FCY1、FCY1D 型	FCYZ 型	FCJL（73）型	FC2 型
载重量/t			1	1	2	1	0.5（2）
斗容量/L			467/500	467	930	400	（$0.3m^3$；$1m^3$）
堆装容量/L			765	765	1530	765	1600
装混凝土容量/L			400	400	400	400	900
行驶速度	1 挡	km/h	5～8	6	高：9.4 低：2.3	22.37	高：9 低：2.6
	2 挡		10～13	12 或左	17　4.1	10.76	16　4.6
	3 挡		18～23	24 或左	30　7.2	5.58	29　8.1
	4 挡		无（或 30、35.5）	无	无	无	—
	倒挡		4.3～6	3	7.7　1.8	4.41	7.4　2.1

（续）

形式、型号	机械回斗式	液压回斗式		铰　接　式	
	FC1、FC(A、B、D) 75-1、FCJ1、FD1 型	FCY1、FCY1D 型	FCYZ 型	FCJL（73）型	FC2 型
发动机	195 型组 12 马力柴油机	195 型组 12 马力柴油机	2105F20 马力柴油机	195 型组 12 马力柴油机	295K-2，24 马力柴油机
回转半径/mm	<4000	<4000	3800	1500	<4000
最小离地间距/mm	205（230）	230	210	150	220
爬坡角（°）	12	12	12	15	15
轴距/mm	1500	—	1900	1500	1900
轮距/mm	前轮：1300 后轮：1290 （1350/1404） （1300/1400）	—	—	—	—
满载时轴上载荷/kN	前轴：14.76 后轴：6.24	—	—	—	—
轮胎上载荷/kN	前轮：7.50~16 （6.5~16） 后轮：5.00~15 （6.5~16）	—	—	6.50~16	7.50~16
外形尺寸/cm（长×宽×高）	267×160×145 285×165×156 265×160×145	358×169×230	294×150×128	451.1×169×168 359×169×168	—
质量/kg	1100/1035/965	1050/1100	2200	1120	（2500）2200

1.8　胶带运输机

1.8.1　胶带运输机的分类

胶带运输机的分类见表 1-38。

表 1-38　胶带运输机的分类

分　类		特点及适用范围
胶带运输机	移动式	长度一般在 20m 以下，适用于施工现场
	固定式	长度一般没有严格的规定，但受输送长度、选用胶带的强度、机架结构及动力装置功率等的限制
	节段式	多在大型混凝土工厂或预制品厂中作较长距离输送砂、石或水泥等材料用，可根据厂区地形和车间位置敷设。既能弯转、曲折布置，又能倾斜布置；既能作水平输送，又能作升运式输送，适用于距料场较近的混凝土搅拌楼后台上料工作

1.8.2　胶带运输机的基本结构和主要构件

1. 基本结构

图 1-31 所示为固定胶带运输机的基本结构简图。

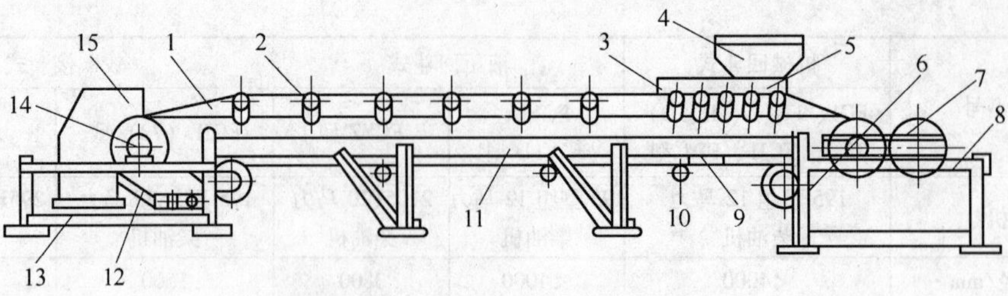

图 1-31　固定胶带运输机的基本结构简图

1—胶带　2—上托辊　3—缓冲托辊　4—料斗　5—导料拦板　6—变向滚筒　7—张紧滚筒　8—尾座　9—空段清扫器　10—下托辊　11—中间架　12—弹簧清扫器　13—头架　14—驱动滚筒　15—头罩

2. 输送带

输送带是胶带输送机的主要构件，它既起承载作用，又起牵引作用，要求自重小，强度高，伸长率小。图 1-32 所示为部分输送带的布置形式。

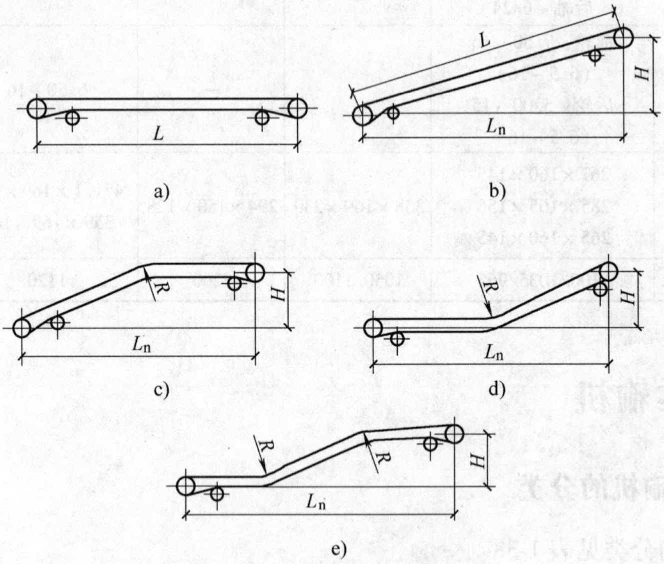

图 1-32　输送带的布置形式

a）水平式　b）倾斜式　c）凸弧曲线式　d）凹弧曲线式　e）凹凸弧曲线混合式

为了不使输送的物料下滑，胶带的倾斜角度 β 必须比物料与带之间的摩擦角 φ 大 7° ~ 10°。输送各种物料时，胶带的最大许用倾斜角见表 1-39。

表 1-39　胶带的最大允许倾斜角

输送的物料	最大允许倾斜角 $[\beta]_{max}$(°)	
	普 通 胶 带	花 纹 胶 带
300mm 以下块石	15	25
50mm 以下碎石	18	30
碎炉渣	22	32
碎块状石灰石	16 ~ 18	26 ~ 28

（续）

输送的物料	最大允许倾斜角 $[\beta]_{max}$(°)	
	普 通 胶 带	花 纹 胶 带
粉状石灰	14 ~ 16	24 ~ 26
干砂	15	25
泥砂	23	25
水泥	20	30

3. 托辊

托辊是支承输送带的机构，有平形和槽形两种形式，如图 1-33 所示。

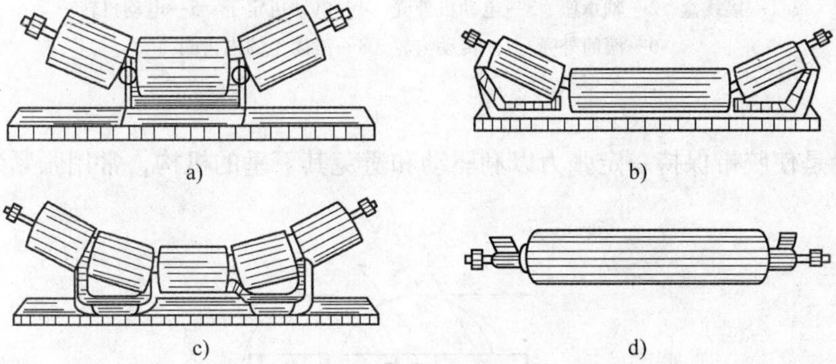

图 1-33　托辊的形式

a）窄槽形　b）宽槽形　c）弧槽形　d）平形

在输送带的受料处，为了减少物料的冲击作用，可采用由螺旋弹簧制成的缓冲托辊，如图 1-34 所示。

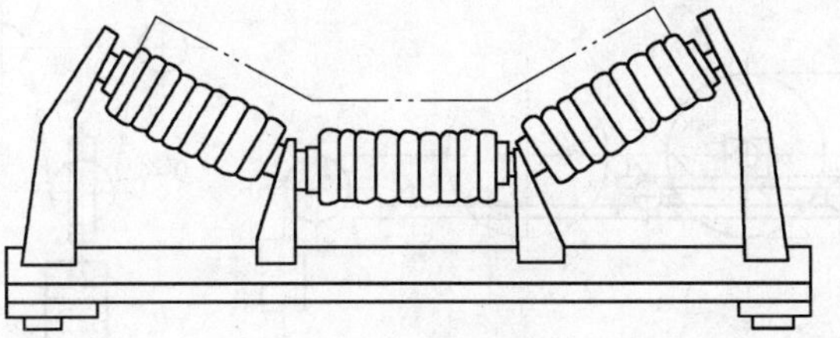

图 1-34　缓冲托辊

4. 驱动机构

驱动机构主要由电动机、减速器和驱动滚筒组成。电动机经减速器将动力传递给驱动滚筒，依靠滚筒与胶带之间的摩擦力使胶带运动。驱动滚筒可采用空筒形或电动滚筒，电动滚筒是将电动机和传动装置安装在滚筒内，其结构紧凑，便于布置，减小了整个驱动装置的质量；但电动机的散热条件差，检修不便，适用于移动式输送机或潮湿、腐蚀性的环境。电动滚筒有风冷式和油冷式两种，图 1-35 所示为油冷式电动滚筒。

5. 变向滚筒与张紧装置

变向滚筒是在带的一端使输送带回行的滚筒。在带的中部变向时，可采用变向托架来实

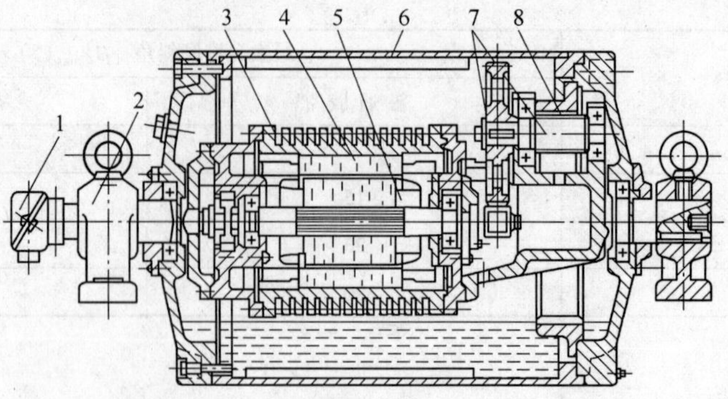

图1-35 油冷式电动滚筒

1—接线盒 2—轴承座 3—电动机外壳 4—电动机定子 5—电动机转子

6—滚筒外壳 7—传动齿轮 8—滚筒上的内齿圈

现变向。

张紧装置是使胶带保持一定张力以利驱动和避免其下垂的机构，常用张紧装置的形式如图 1-36 所示。

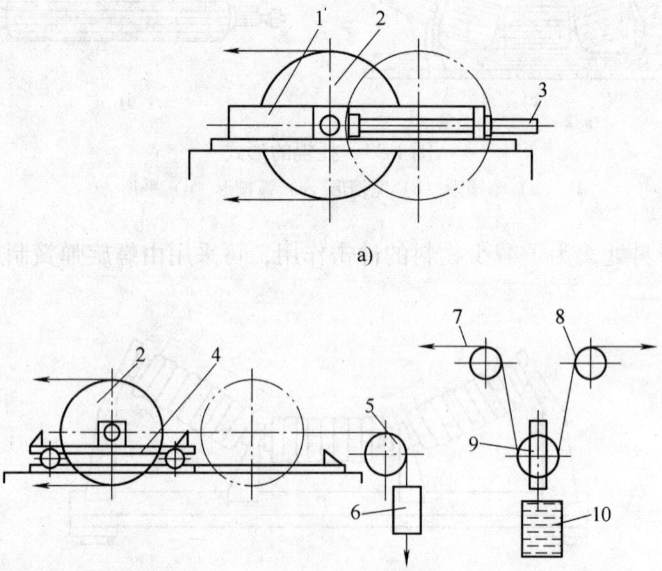

图1-36 常用张紧装置的形式

a）螺杆拉紧式 b）小车拉紧式 c）重锤拉紧式

1—机架 2—变相滚筒兼张紧滚筒 3—张紧螺杆 4—张紧小车 5—导向滚轮

6、10—重锤 7—回行胶带 8—变相滚轮 9—张紧滚轮

1.8.3 胶带运输机的技术参数

固定式胶带运输机的常用型号有 TD62 型、TD72 型和 TD75 型等；根据胶带宽度，有 300mm、400mm、500mm、650mm、800mm、1000mm、1200mm、1400mm 和 1600mm 九种规

格，每种规格的长度和带速可根据使用要求选配；可布置成水平式、倾斜式、曲线式及混合式。

表1-40和表1-41所列为带宽在800mm以下的固定式胶带运输机的性能参数，移动式胶带运输机的主要形式和性能参数见表1-42。

表1-40　TD62型固定式胶带运输机的性能参数

带宽/mm		500				650				800			
带驱动功率/kW		7.5				7.5				13			
带速/(m/s)		0.8	1.0	1.25	1.5	0.8	1.0	1.25	1.6	0.8	1.0	1.25	1.6
运送量/(t/h)	槽形	63	80	100	125	105	130	165	210	200	250	320	1.6
	平形	31	40	50	62	52	65	82	105	100	125	160	200
驱动滚筒直径/mm		500				500		630		500	630		800
变向滚筒直径/mm		320		400		320	400		500	320	400	500	630
胶带最大允许拉力/N		11200				14560		16550		17920	20360		24440
托辊直径/mm		108				108				108			
托辊间距/mm		上：1300　下：2600				上：1300　下：2600				上：1200　下：2400			
螺杆最大张力/N		10000				10000				15000			
小车张紧垂重/N		2000				2000				3000			
重锤张紧垂重/N		1500				1500				2000			
胶带帆布层数		3		4		3	4		5	3	4	5	6
传动装置形式		ZHQ型减速器											

表1-41　TD72型固定式胶带运输机的性能参数

带宽/mm		500				650				800				
带驱动功率/kW		15.6				20.5				25.2				
带速/(m/s)		1.25	1.6	2.0	2.5	1.25	1.6	2.0	2.5	1.25	1.6	2.0	2.5	3.15
运送量/(t/h)	槽形	143	183	104	130	242	310	387	483	366	469	589	335	
	平形	65	84	229	286	110	177	177	221	167	224	214	732	922
驱动滚筒直径/mm		500				500		630		500		630		800
变向滚筒直径/mm		320		400		320	400	500		320	400		500	630
胶带最大允许拉力/N		14000				18200		20200		22400		24900		29900
托辊直径/mm		89				89				89				
托辊间距/mm		上：1200　下：3000												
螺杆最大张力/N		12000				18000				24000				
小车张紧垂重/N		11.9				118.8		121.4		136.9		140		142
重锤张紧垂重/N						57.3		60.4		65.9		67.9		70.5
胶带帆布层数		3		4		4		5		4		5		6
传动装置形式		JZQ型减速器												

表 1-42　移动式胶带运输机的性能参数

性能 \ 形式型号		B400 型携带式	T45-10 型	T45-15 型	T45-20 型
带宽/mm		400	500	500	500
带速/(m/s)		1.25	1；1.6；2.5	1；1.2；1.6；2.5	1；1.2；1.6；2.5
输送能力/(m^3/h)		30	67.5；80；107.5；159.5	67.5；80；107.5；159.5	67.5；80；107.5；159.5
最大倾角（°）		18	19	19	19
最大输送高度/m		17；2.5；3.2	5.5	5	6.68；6.5
输送长度/m			10	15	20
电动机功率/kW		1.1；1.5	2.8；3；4；4.5	4；4.5；5.5	7；7.5
外形尺寸	长/m	5.45；7.65；10.4	10.6；10.2	14.65；15.24～18.5	19.9；20.2
	宽/m	0.92	1.4；1.84	1.4；1.84～2.5	1.84
	高/m	0.78；1.15	3.5；3.34	5.2；5.01～5.6	6.6
质量/kg			1450～1810	1150～3250	2150 左右

性能 \ 形式型号		Y45 型	ZP60-20 型 ZP60-15 型	102-32 型	103-53 型	104-20 型 104-53 型
带宽/mm		500	500	500	500	800
带速/(m/s)		1.2	1.5	1.2；1.6	1.6	1.6
输送能力/(m^3/h)		80	1.4；100	108 左右	262	296
最大倾角（°）		19	19；20	9～20	20	5.7
最大输送高度/m		3.3；5	3.37；5.3；6.93	3.92；7.37	5.52	1.96；2.78
输送长度/m		10；15	20；15	10；15.2	15	15
电动机功率/kW		2.8；4.5	2.2；4；5.5；7	2.2；2.8；3.4；4.5	7.5	5.5～7.5
外形尺寸	长/m	～15	20.55；15.7	10.5；15.5；20.59	15.5	15.4；20.4
	宽/m	～1.4	2	1.6；1.9；2.5	2.6	1.85；1.8
	高/m	～5	3.37；5.3；6.96	3.9；5.7；7.37	5.5；5.7	2.1；2.9
质量/kg		1006；1175	1464；1824	1506～2750	3280 左右	2904 左右

2 土方工程机械

2.1 挖掘机

2.1.1 挖掘机的分类

挖掘机的分类见表2-1。

表2-1 挖掘机的分类

分类	形式	特点及用途
按驱动方式	内燃机驱动挖掘机	—
	电力驱动挖掘机	主要应用在高原缺氧与地下矿井和其他易燃、易爆的场所
按行走方式	履带式挖掘机	履带与地面的附着面积大、压强小，不需要支腿即可作业，允许在相对潮湿或软土层上作业，工作适应性强，广泛应用于建筑工地
	轮式挖掘机	行驶机动性好，速度快，允许在城市一般道路上行驶
按传动方式	液压挖掘机	建筑施工中常用的挖掘机为单斗液压挖掘机
	机械挖掘机	主要用在一些大型矿山上
按用途	通用挖掘机	—
	矿用挖掘机	
	船用挖掘机	
	特种挖掘机	
按铲斗类型	正铲	—
	反铲	
	拉铲	
	抓铲	

2.1.2 挖掘机的构造组成

单斗挖掘机的构造组成包括工作装置、回转平台、回转机构、行走装置、动力装置、液压系统、电气系统和辅助系统等。其中，工作装置可以根据作业对象和施工要求更换。图2-1所示为EX200Ⅴ型液压挖掘机总体构造简图。

1. 工作装置

液压挖掘机的常用工作装置有反铲、抓斗、正铲、起重和装载等，同一种工作装置也有许多不同形式的结构，以满足不同工况的需求，最大程度地发挥挖掘机的效能。建筑工程和公路工程的施工中多采用反铲液压挖掘机。图2-1所示为反铲工作装置，其主要由动臂、斗杆、铲斗、连杆、摇杆及动臂液压缸、斗杆液压缸及铲斗液压缸等组成。各部件之间的连接

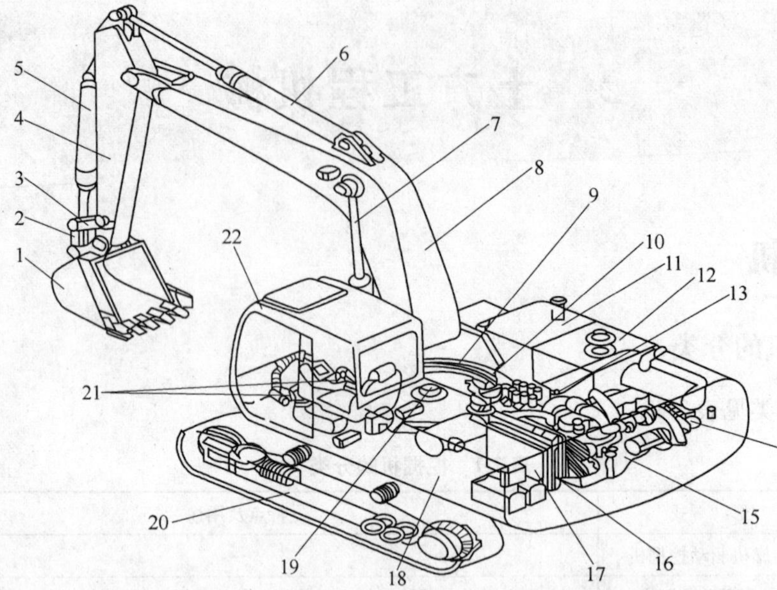

图 2-1　EX200Ⅴ型液压挖掘机总体构造简图

1—铲斗　2—连杆　3—摇杆　4—斗杆　5—铲斗液压缸　6—斗杆液压缸　7—动臂液压缸　8—动臂　9—回转支承　10—回转驱动装置　11—燃油箱　12—液压油箱　13—控制阀　14—液压阀　15—发动机　16—水箱　17—液压油冷却器　18—平台　19—中央回转接头　20—行走装置　21—操作系统　22—驾驶室

以及工作装置与回转平台的连接全部采用铰接，通过三个液压缸伸缩配合，实现挖掘机的挖掘、提升和卸土等动作。

调节三个液压缸的伸缩长度可使铲斗在不同的工作位置进行挖掘，这些液压缸的伸缩不等，可组合成许多铲斗挖掘位置。这些位置可形成一个最大的斗齿尖活动范围（即斗尖所能控制的工作范围），如图 2-2 所示的包络图。图中可显示挖掘机的铲斗尖所能达到的最大挖掘深度 A，最大挖掘半径 D，最大挖掘高度 B 及最大卸载高度 C，这些尺寸就是挖掘机的主要工作尺寸。

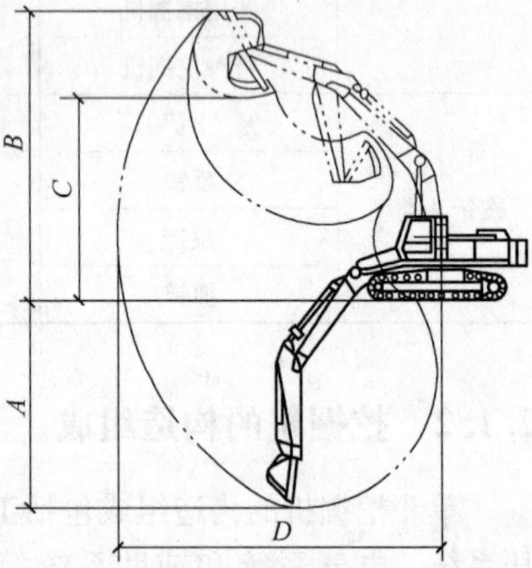

图 2-2　挖掘机工作范围包络图

2. 回转平台

回转平台上布置有发动机、驾驶室、液压泵装置、回转驱动装置、回转支承、多路控制阀、液压油箱和柴油箱等部件。工作装置铰接在平台的前端。回转平台通过回转支承与行走装置连接，回转驱动装置使平台可相对底盘进行 360°全回转，从而带动工作装置绕回转中心转动。

3. 回转机构

EX200Ⅴ型挖掘机的回转机构由回转驱动装置和回转支承组成，如图 2-3 所示。回转支承连接平台与行走装置，承受平台上的各种弯矩、转矩和载荷。采用单排滚珠式回转支承，由外圈、内圈、滚球、隔离块和上下封圈等组成。滚球之间用隔离块隔开，内齿圈固定在行走架上，外圈固定在回转平台上。驱动装置给回转机构提供动力，由制动补油阀、回转马达及二级行星减速器和回转小齿轮等组成。

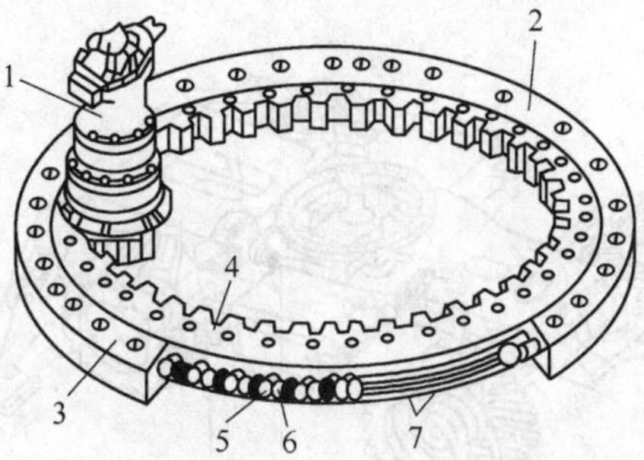

图 2-3　回转机构

1—回转驱动装置　2—回转支承　3—外圈　4—内圈　5—滚球　6—隔离块　7—上下密封圈

4. 履带式行走装置

液压挖掘机的行走装置是整个挖掘机的支承部分，支承整机自重和工作载荷，完成工作性和转场性移动。行走装置分为履带式和轮式，常用的为履带式底盘。

履带式行走装置如图 2-4 所示，由行走架、中心回转接头、行走驱动装置、驱动轮、托链轮、支重轮、引导轮、履带和履带张紧装置等组成。

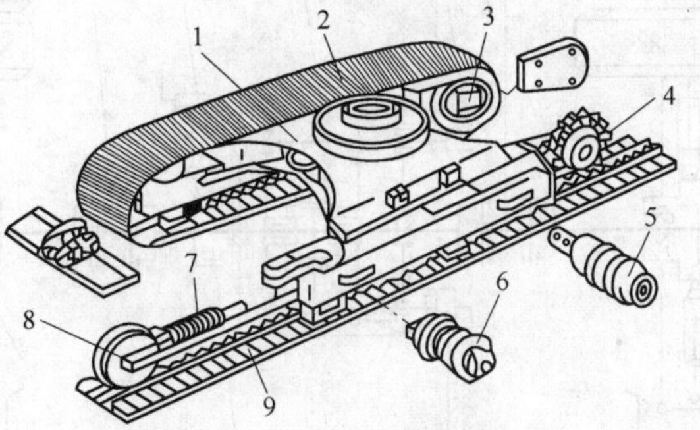

图 2-4　履带式行走装置

1—行走架　2—中心回转接头　3—行走驱动装置　4—驱动轮　5—托链轮
6—支重轮　7—履带张紧装置　8—引导轮　9—履带

5. 轮式行走装置

轮式行走装置有多种形式，采用轮式拖拉机底盘和标准汽车底盘改装的液压挖掘机斗容量小；斗容量较大（0.5m^3 以上）、工作性能要求较高的轮式挖掘机应采用专用底盘。

图 2-5 所示为 R912 轮式液压挖掘机的专用底盘，由车架、中心回转接头、驱动装置、传动轴、转向前桥、后桥、支腿、液压悬架装置和轮边减速器等组成。为改善作业行走性能，后桥采用刚性固定，前桥采用中间液压悬架的平衡装置。轮式专用底盘的行走驱动装置

主要采用液压机械传动，如图2-6所示。它采用变量高速马达，工作可靠，行驶性能较好。马达直接装在二挡变速分动箱上（变速分动箱固定在车架上），变速分动箱的输出传动轴驱动前、后桥，并经轮边减速器减速和增矩来驱动前、后轮，实现挖掘机行走。

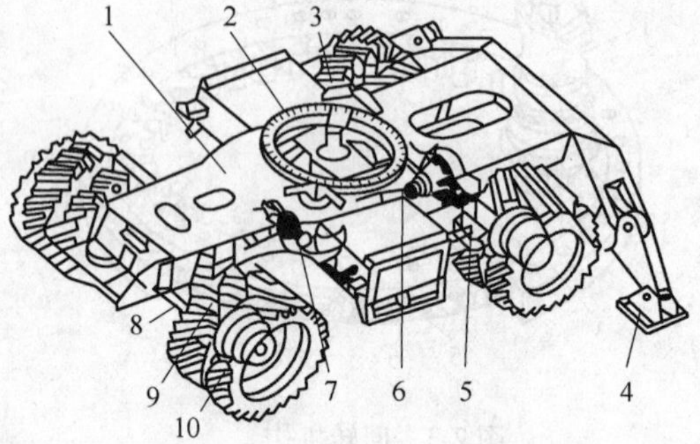

图2-5　轮式行走装置

1—车架　2—回转支承　3—中心回转接头　4—支腿　5—后桥　6—传动轴
7—驱动装置　8—转向前桥　9—液压悬架装置　10—轮边减速装置

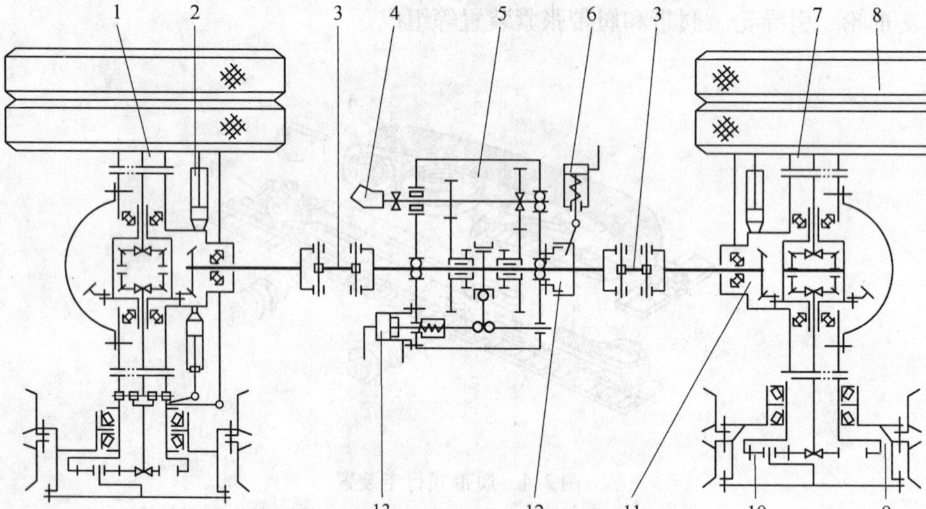

图2-6　R912轮式液压挖掘机行走液压机械传动

1—转向驱动桥　2—转向液压缸　3—转动轴　4—行走马达　5—变速器　6—制动气缸
7—驱动桥　8—轮胎　9—制动鼓　10—轮边减速器　11—主减速器　12—制动器　13—换挡气缸

2.1.3　挖掘机的技术参数

挖掘机的主要技术参数见表2-2～表2-4。

表 2-2　正铲挖土机的技术参数

工作项目	符号	单位	W_1-50		W_1-100		W_1-200	
动臂倾角	α		45°	60°	45°	60°	45°	60°
最大挖土高度	H_1	m	6.5	7.9	8.0	9.0	9.0	10.0
最大挖土半径	R	m	7.8	7.2	9.8	9.0	11.5	10.8
最大卸土高度	H_2	m	4.5	5.6	5.6	6.8	6.0	7.0
最大卸土高度时的卸土半径	R_2	m	6.5	5.4	8.0	7.0	10.2	8.5
最大卸土半径	R_3	m	7.1	6.5	8.7	8.0	10.0	9.6
最大卸土半径时的卸土高度	H_3	m	2.7	3.0	3.3	3.7	3.75	4.7
停机面处最大挖土半径	R_1	m	4.7	4.35	6.4	5.7	7.4	6.25
停机面处最小挖土半径	R_1'	m	2.5	2.8	3.3	3.6		

注：W_1-50 型斗容量为 $0.5m^3$，W_1-100 型斗容量为 $1.0m^3$，W_1-200 型斗容量为 $2.0m^3$。

表 2-3　单斗液压反铲挖掘机的技术参数

符号	名称	单位	机型			
			WY-40	WY-60	WY-100	WY-160
	铲斗容量	m^3	0.4	0.6	1~1.2	1.6
	动臂长度	m			5.3	
	斗柄长度	m			2	2
A	停机面上最大挖掘半径	m	6.9	8.2	8.7	9.8
B	最大挖掘深度时的挖掘半径	m	3.0	4.7	4.0	4.5
C	最大挖掘深度	m	4.0	5.3	5.7	6.1
D	停机面上最小挖掘半径	m		3.2		3.3
E	最大挖掘半径	m	7.18	8.63	9.0	10.6
F	最大挖掘半径时的挖掘高度	m	1.97	1.3	1.8	2
G	最大卸载高度时的卸载半径	m	5.27	5.1	4.7	5.4
H	最大卸载高度	m	3.8	4.48	5.4	5.83
I	最大挖掘高度时的挖掘半径	m	6.37	7.35	6.7	7.8
J	最大挖掘高度	m	5.1	6.0	7.6	8.1

表 2-4　抓铲挖掘机的型号及技术参数

项目	型号							
	W-501				W-1001			
抓斗容量/m^3	0.5				1.0			
伸臂长度/m	10				13		16	
回转半径/m	4.0	6.0	8.0	9.0	12.5	4.5	14.5	5.0
最大卸载高度/m	7.6	7.5	5.8	4.6	1.6	10.8	4.8	13.2
抓斗开度/m	—				2.4			
对地面的压力/MPa	0.062				0.093			
质量/t	20.5				42.2			

2.1.4 挖掘机的操纵装置

挖掘机驾驶员室内操纵系统示意图如图 2-7 所示。

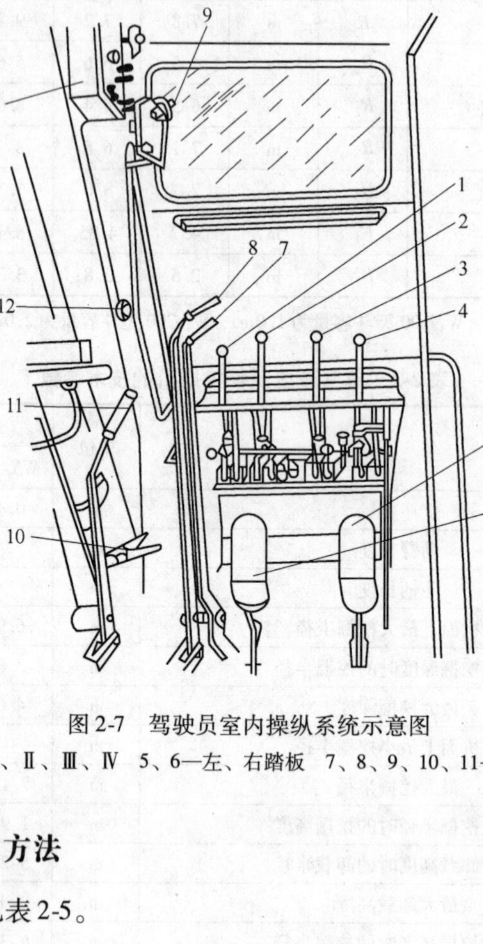

图 2-7 驾驶员室内操纵系统示意图

1、2、3、4—斜面操纵台手柄Ⅰ、Ⅱ、Ⅲ、Ⅳ 5、6—左、右踏板 7、8、9、10、11—操纵杆 12、13—电气控制设备

2.1.5 挖掘机的操作方法

挖掘机的操作方法见表 2-5。

表 2-5 挖掘机的操作方法

方法	内容
正铲作业设备的操纵（图 2-8）	1）开始工作时，首先检查操纵台上的各手柄是否都处在中间空挡位置，主离合器操纵杆是否处在分离位置，然后起动柴油机。把操纵杆 7（图 2-7）慢慢往前推，将主离合器接通；把操纵杆 8 往后拉，使回转凸爪离合器接合，在整个挖掘过程中，此操纵杆位置保持不变；扳动操纵杆 9 加大油门，增加柴油机转速。完成上述步骤后，即可开始工作 2）铲斗的起落是通过手柄Ⅰ和右踏板来控制的。向后扳动手柄Ⅰ的同时松放右踏板，此时主卷扬机构右卷筒离合器接合，右制动器松开，卷筒卷绕铲斗提升钢丝绳，铲斗向上升起；将手柄Ⅰ放回原位，同时踩下右踏板，铲斗即悬停于空中某一位置；单松放右踏板，右制动器松开，铲斗靠自重下落 3）斗杆的伸缩则靠手柄Ⅱ和左踏板控制。后拉手柄Ⅱ（主传动装置左锥形离合器接合）时，斗杆通过推压机构及链条的动作而回缩；前推手柄Ⅱ时（主卷扬机构左离合器接合），斗杆则向外伸出；手柄Ⅱ放在中间位置时，斗杆处于自由伸缩状态。为了保持斗杆伸出或缩回的位置，将手柄Ⅱ放置在中间位置的同时，应将左踏板踩下，此时主卷扬机构左制动器制动

（续）

方　法	内　容
正铲作业设备的操纵（图2-8）	4）下降铲斗时应注意斗杆的伸出长度，并逐渐放松右踏板及左踏板，不使铲斗撞击履带。铲斗一接触挖掘面，应立即和缓地将它停住，此时斗底靠自重合上，斗底闩靠自重插入闩孔 5）挖掘过程中，在提升铲斗的同时，应用手柄Ⅱ通过推压机构来掌握切土厚度，要在最短时间内掘满铲斗，但不能使挖掘机过载 6）铲斗装满后，将铲斗脱离掌子面，即可用手柄Ⅲ进行回转，在回转过程中，可同时调节铲斗的高度和斗杆伸出长度，以合于卸土的位置 7）回转要平稳，不允许将手柄Ⅲ由一个极限位置急剧地扳向另一个极限位置。回转即将结束时，可提前将手柄Ⅲ放回中间位置，利用惯性继续回转，到达卸土点后，可用手柄Ⅳ制动或反向扳动手柄Ⅲ制动 8）卸土时，将手柄Ⅰ向右扳动，即打开斗底，卸土时，应尽量将铲斗放低，特别是带石块的土壤，以免砸坏车辆 9）在返回挖掘面时，可同时下降铲斗
拉铲作业设备的操纵（图2-9）	1）拉铲作业时，踩住左踏板，用手柄Ⅰ将拉斗提升到必要的高度后踩住右踏板，轻轻放松左踏板，使铲斗处于垂直状态再放松右踏板，将拉斗降落 2）铲斗落地后，放松左踏板，将手柄Ⅱ向前推，开始挖掘，这时应轻轻放松右踏板，使提升钢绳能自由地随铲斗一起移动，同时可用此踏板控制切入土壤的深度 3）铲斗挖满后，松开手柄Ⅱ，踩住左踏板，放松右踏板，扳拉手柄Ⅰ将铲斗提升，为避免铲斗撒土，须随时放松或踩下左踏板来控制铲斗的倾斜角度（放出牵引钢绳，铲斗前部倾下；拉紧牵引钢绳，铲斗前部抬起） 4）铲斗提升到所需高度后，用手柄Ⅲ进行回转；铲斗提升和回转也可同时进行。到达卸土点后，可放松左踏板卸土，当铲斗呈垂直状态时，须重新踩住；卸土完毕即反向回转，放下铲斗，开始新的挖掘 5）为了增加挖掘半径，须将铲斗投向较远的地方，为此须先收回牵引钢丝绳，然后松开左踏板使铲斗靠自重向前摆动，当摆到最大幅度时放松右踏板使铲斗落下。也可利用挖掘机回转时所产生的离心作用，把铲斗抛远
抓斗作业设备的操纵（图2-10）	1）挖掘前，抓斗应处于悬空位置，呈张开状态，然后放松左、右踏板，使抓斗落下，在落到地面时，刹住左、右踏板，避免钢丝绳松放过多 2）松开左、右踏板，向前推手柄Ⅱ，抓斗开始闭合并挖掘土壤 3）在提升挖满土的铲斗时，抓斗的全部重量不能转移到支持钢丝绳上。抓斗提到所需高度后，松放手柄Ⅰ、Ⅱ，并踩住左、右踏板，用手柄Ⅲ进行回转。抓斗的提升可与回转同时进行 4）回转到卸土点时，踩住右踏板，放松左踏板，抓斗即张开卸土，卸土后仍用支持钢丝绳将张开的抓斗吊放在空中做反向回转，以开始下一个作业循环
反铲作业设备的操纵（图2-11）	1）挖掘机以反铲装置工作时，右卷筒绕以动臂升降钢丝绳，左卷筒绕以牵引钢丝绳，前支架前倾角约为10° 2）挖掘时，踩住左踏板，放松右踏板，后拉操纵手柄Ⅰ，右卷筒卷绕钢丝绳，动臂连同铲斗被提起；放回操纵手柄Ⅰ，踩住右踏板，此时铲斗悬空，可回转至挖土位置，落斗挖土 3）落斗主要依靠左、右踏板来控制，松开左踏板，铲斗向外摆动，向外摆动的速度及幅度由左踏板的松放程度制约。估准落斗点，铲斗外送时，松开右踏板，动臂及铲斗下落，适时地踩下左踏板。当斗齿入土时，即踩下右踏板，然后松放左踏板，前推操纵手柄Ⅱ，同时松开右踏板，牵引钢丝绳收绕，动臂钢丝绳放出，进行挖土。挖土深度一般由右踏板控制，挖掘时，应选择最理想的挖掘深度，即既不使发动机或牵引钢丝绳超载，又能在最短的时间内装满铲斗 4）铲斗挖满，即可后拉操纵手柄Ⅰ，同时松开踏板，提升动臂及铲斗，铲斗离开土壤后即可转向。在回转中，通过提升动臂和牵引铲斗两个动作，把铲斗调节到适宜的卸土高度，在此高度铲斗应向里收到位。铲斗的空间位置一调节好即固定住，准备卸土

（续）

方 法	内 容
反铲作业设备的操纵（图2-11）	5）回转到卸土位置，即拉动操纵杆Ⅰ，并放松右踏板，动臂上升，同时放松左踏板，牵引（左）卷筒消除制动，铲斗依靠自重外摆翻斗卸土 6）在卸土时应注意，动臂上升的速度是不变的，左踏板松放得快或慢，将直接影响到铲斗的外摆距离及高度。因为铲斗外摆是以斗杆与动臂的铰接点为中心作弧形摆动，操作时，要依动臂的提升速度恰到好处地控制左踏板，匀速而保持一定高度地使铲斗向运土工具中翻斗卸土。要正确地向运土工具中装卸土壤，还必须要求运土工具（如汽车）停放在合理的位置，这样可减少撒土到运土工具外，并有利于安全作业
挖掘机的行走	1）将操纵杆8推向前面，此时回转台上的行走凸爪离合器接合 2）将铲斗提升到离地约1m处后踩下踏板停住并将踏板用勾销固定 3）将手柄Ⅳ向后拉，此时回转台被制动，行走制动器松升 4）将操纵杆10根据行走方向要求（直行、转向或原地转向）放在相应的位置 5）操纵手柄Ⅲ进行行走 6）在斜坡上行走，不准将锥形离合器松开（即手柄Ⅲ放在中间挡位进行滑行） 7）在长距离行走时，须每隔1h停车对行走机构进行检查并注润滑油 8）在寒冷天气的冰冻地方行走时，必须在履带板上安马刺，因此履带板上应备有安装孔
铲臂（反铲为前支架）的升降	1）将操纵杆8放在中间位置，即回转、行走凸爪离合器被分开，都在空挡位置。再将手柄Ⅳ推向前，使回转台制动 2）铲臂升降到所需位置后，将操纵手柄Ⅰ推到后面位置以脱开传动齿轮 3）在铲斗悬空时，禁止进行铲臂的升降 4）在铲臂升降完毕没有完全停止以前，不得搬动操纵杆11，尤其在起升铲臂后，铲臂存在下落势能，蜗轮蜗杆机构尚未产生自锁作用，此时若急速扳动操纵杆11，脱开动力传动齿轮，就可能产生倒臂事故 5）铲臂变动角度应控制在45°~60°之间

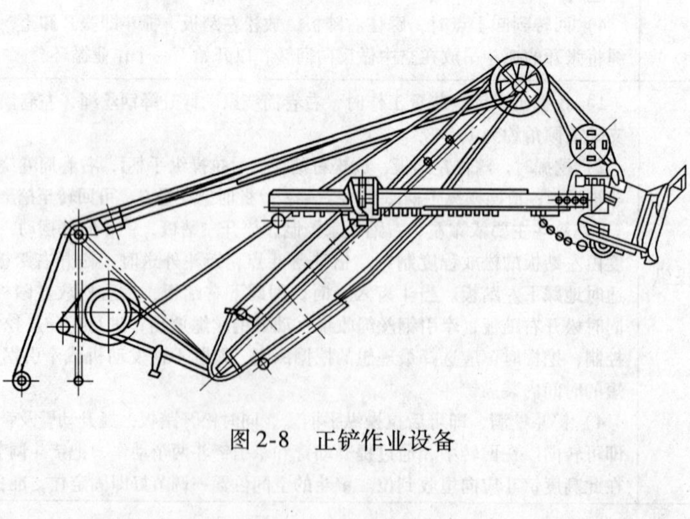

图2-8 正铲作业设备

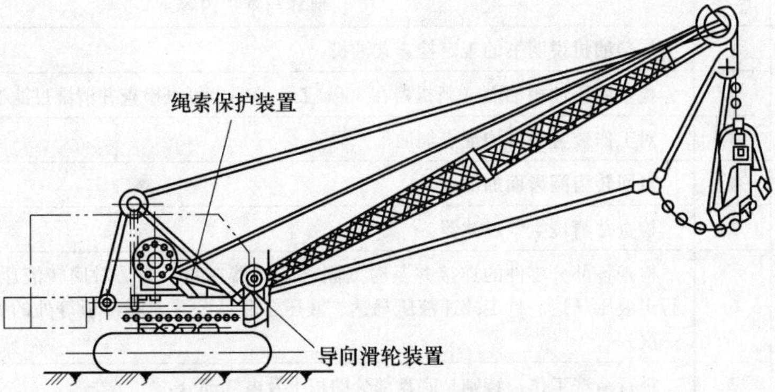

图 2-9 拉铲作业设备

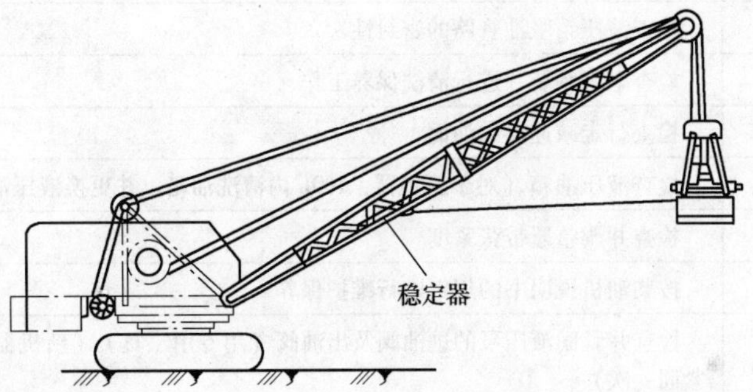

图 2-10 抓斗作业设备

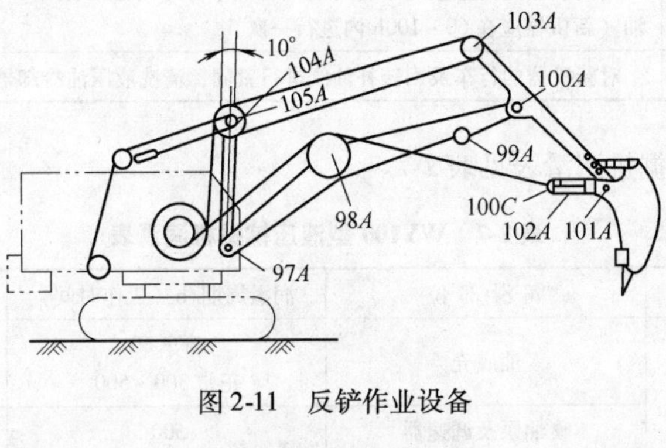

图 2-11 反铲作业设备

2.1.6 挖掘机的保养与维护

现以 WY100 型液压挖掘机为例说明液压挖掘机的保养与维护方法，具体见表 2-6。

表 2-6　WY100 型液压挖掘机的保养与维护

时间间隔	序号	保养与维护内容
每班或累计工作 10h 以后	1	按柴油机说明书的规定检查柴油机
	2	检查液压油箱油面（新机器在 300h 工作期间，每班检查并清洗过滤器）
	3	对工作装置的各加油点加油
	4	对回转齿圈齿面加油
	5	检查并清理空气过滤器
	6	检查各部分零件的连接并及时紧固（新机器在 60h 内，对回转液压马达、回转支承、行走液压马达、行走减速液压马达、液压泵驱动装置、履带板等处的螺栓应检查并紧固一次）
	7	进行清洗工作，特别是底盘部分的积土及电气部分
	8	检查油门控制器及连杆操纵系统的灵活性，及时对关节处加油，并及时进行调整
每周或累计工作 100h 以后	9	按柴油机说明书的规定检查柴油机
	10	对回转支承及液压泵驱动部分的十字联轴器进行加油
	11	检查蓄电池并进行保养
	12	检查管路系统的密封性及紧固情况
	13	检查液压泵吸油管路的密封性
	14	检查电气系统并进行清洗保养工作
	15	检查行走减速器的油面
	16	检查液压油箱（对于新机器，100h 内清洗油箱，并更换液压油及纸质滤芯）
	17	检查并调整履带张紧度
每季或累计工作 500h 以后	18	按柴油机说明书的规定进行维护保养
	19	检查并紧固液压泵的进油阀及出油阀（用专用工具）（新机器应在工作 100h 后检查并紧固一次）
	20	清洗柴油箱及管路
	21	第一次更换新机器行走减速器内的全损耗系统用油（以后每半年或 1000h 换一次）
	22	更换油底壳的全损耗系统用油（在热车停车时立即放出）及喷油泵与调速器内的润滑油（新机器应在 60 ~ 100h 内进行一次）
	23	对新机器的行车及回转补油阀进行紧固，清洗液压油冷却器

WY100 型液压挖掘机润滑表见表 2-7。

表 2-7　WY100 型液压挖掘机润滑表

	润滑部位	润滑周期/h（工作时间）	备注
动力装置	油底壳	新车 60 正常 300 ~ 500	
	喷油泵及调速器	500	
操纵系统	手柄轴套	20	
液压系统	工作油箱	1000	
	系统灌充量		

(续)

	润滑部位	润滑周期/h（工作时间）	备注
传统系统	十字联轴器	50	
	液压泵轴	50	
	回转滚盘滚道	50	
	多路回路接头	50	
	齿圈	50	
作业装置	各连接点	20	
底盘	走行减速箱	1000	或换季节换油
	张紧装置液压缸	调整履带时	
	张紧装置导轨面	50	
	上、下支承轮	2000	

2.1.7 挖掘机的常见故障及其排除方法

挖掘机的常见故障及其排除方法见表2-8。

表2-8 挖掘机的常见故障及其排除方法

故障现象	故障原因	排除方法
液压泵不出油	1）系统中进入空气 2）轴承磨损严重 3）油液过粘	1）各部连接处如有松动应紧固；管路中的密封垫和油管如有损坏破裂，应更换或修复 2）换新轴承 3）换规定的油料
油压不能增加到正常工作压力	1）皮碗老化不封油或活塞卡死在过压阀打开的位置 2）过滤器太脏 3）过压阀与阀座不密合 4）油质不良 5）油箱中的油位低	1）拆洗或更换 2）清洗或更换 3）修磨或更换 4）换油 5）加油
蓄压器到操纵台的油路中油压迅速降低并恢复缓慢	1）过滤器太脏 2）管路损坏或渗油	1）清洗或更换 2）紧固、焊修或更换
压力表指示不正确	压力表故障	检修、更换（压力表座上有开关查看油路压力时，可将开关打开，平时工作应将开关关死，可避免表过早损坏）
工作缸漏油	皮碗磨损，封油不良	换新皮碗
旋转接头漏油	密封圈磨损	拧紧螺母，若仍漏油，可加密封圈或加1mm厚垫圈
油管接头处漏油	螺母松动，喇叭头裂缝	拧紧螺母，若仍漏油，则须修理或更换喇叭头部分
踏板制动器液压缸活塞行程太小	制动油少，有空气进入缸内	添加制动油，拧松缸体上的排气塞，踩几次踏板，将缸中空气挤出

（续）

故障现象	故障原因	排除方法
操纵阀打开后阀杆被卡住	阀杆与阀体间有脏物进入	可来回扳动手柄，必要时更换该操纵阀
	注：此故障可能引起事故，因手柄已扳到断开位置而被操纵机构仍未脱开。如提升动臂，动臂就可能被翻到挖掘机身后去。倘若遇此情况，应立即分离主离合器，切断动力，并使用制动器	
操纵阀工作不平稳	1）导杯或阀杆移动不灵活 2）弹簧或其他零件损坏	1）清洗或用TON版研剂轻研几下，阀杆与阀体最大配合间隙为0.015mm 2）更换弹簧或损坏零件，装配前用汽油洗涤并加润滑剂

2.2 推土机

2.2.1 推土机的分类

推土机的分类见表2-9。

表2-9 推土机的分类

分类	形式	特点及用途
按行走方式	履带式推土机	附着牵引力大，接地比压小（0.04～0.13MPa），行驶速度低，但爬坡能力强
	轮胎式推土机	行驶速度高，机动灵活，作业循环时间短，运输转移方便，但牵引力小，适用于需经常变换工地和野外工作的情况
按用途	通用型	按标准进行生产的机型
	专用型	用于特定的工况，有采用三角形宽履带板以降低接地比压的湿地推土机和沼泽地推土机、水下推土机、水陆两用推土机、无人驾驶推土机、船舱推土机、高原型和高湿工况下作业的推土机等
按操作方式	机械式操纵	操纵较笨重
	液压式操纵	具有操纵轻便、升降灵活、使用寿命长、能限制过载等优点
按发动机功率	小型	目前，特大型履带推土机的功率可达500kW以上
	中型	
	大型	
	特大型	

2.2.2 推土机的构造组成

推土机主要由发动机、底盘、电气系统、液压系统、工作装置和辅助设备等组成，如图2-12所示。

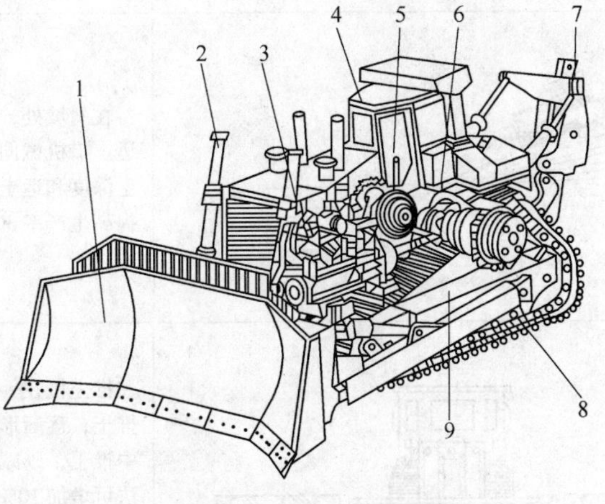

图 2-12　推土机的构造

1—铲刀　2—液压系统　3—发动机　4—驾驶室　5—操纵机构

6—传动系统　7—松土器　8—行走装置　9—机架

2.2.3　推土机的技术参数

推土机的技术参数见表 2-10。

表 2-10　推土机的技术参数

项　目		机　型							
		T2-60	T1-75	T3-100	T-120	上海-120A	T-180	TL180	T-220
铲刀（宽×高）/mm		2280×780	2280×780	3030×1100	3760×1100	3760×1000	4200×1100	3190×990	3725×1315
最大提升高度/mm		625	600	900	1000	1000	1260	900	1210
最大切土深度/mm		290	150	180	300	330	530	400	540
移动速度/(km/h)	前进	3.25~8.09	3.59~7.9	2.36~10.13	2.27~10.44	2.23~10.23	2.43~10.12	7~49	2.5~9.9
	后退	3.14~5.0	2.44	2.79~7.63	2.73~8.99	2.68~8.82	3.16~9.78		3.0~9.4
额定牵引力/kN		36	—	90	120	130	188	85	240
发动机额定功率/hp①		60	75	100	135	120	180	180	220
对地面单位压力/MPa		0.053	—	0.065	0.059	0.064	—	—	0.091
外形尺寸（长×宽×高）/m		4.214×2.28×2.30	4.314×2.28×2.3	5.0×3.03×2.992	6.506×3.76×2.875	5.366×3.76×3.01	7.176×4.2×3.091	6.13×3.19×2.84	6.79×3.72×3.575
总质量/t		5.9	6.3	13.43	14.7	16.2	—	12.8	27.89

① 1hp = 735.499W。

2.2.4　推土机的作业方法

推土机的作业方法见表 2-11。

表 2-11　推土机的作业方法

方　法	示 意 图	说　明
下坡推土法		在斜坡处，推土机顺下坡方向切土与堆运。借机械向下的重力作用切土，增大切土深度和运土数量，坡度不宜超过15°，可提高生产率30%～40%
槽形推土法	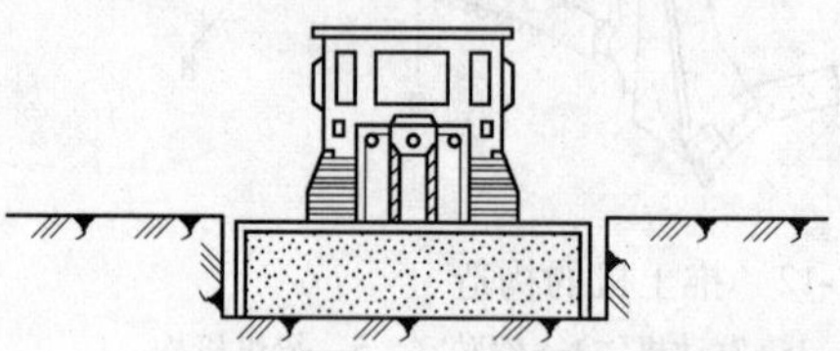	推土机在一条作业线上重复多次切土和推土，逐渐形成一条沟槽，再反复在沟槽中推土，以减少土从铲刀两侧的漏散，此法可增加10%～30%的推土量。槽的深度以1m左右为宜，间隔宽约50m。其适用于运距较远、土层较厚的场合
并列推土法	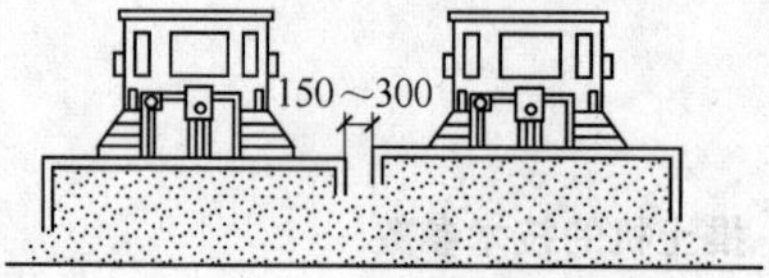	用2～3台推土机并列作业，以减少土体漏失量。铲刀相距15～30cm，采用两机并列推土，可增大推土量15%～30%。适用于大面积场地的平整及运送土用
斜角推土法	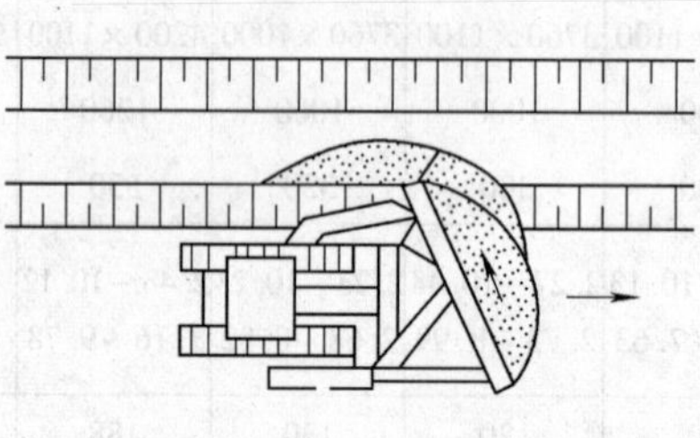	将铲刀斜装在支架上或水平放置，并与前进方向成一倾斜角度（松土为60°，坚实土为45°）进行推土。适用于管沟推土回填、垂直方向无倒车斜地或在坡脚及山坡下推土的场合。本法可减少机械来回行驶，提高效率，但推土阻力大，需较大功率的推土机
"之"字形斜角推土法	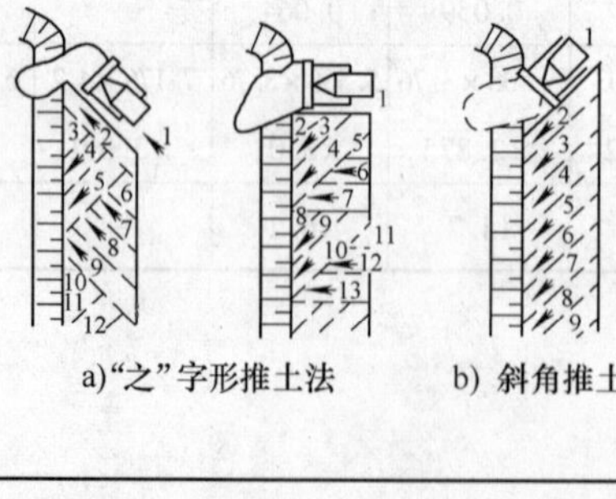 a)"之"字形推土法　b) 斜角推土法	推土机与回填的管沟或洼地边缘成"之"字形或一定角度推土。本法可减少平均负荷距离和改善推集中土的条件，并使推土机转角减小一半，可提高台班生产率，但需要较宽的运行场地。适合在回填基坑、槽、管沟时采用

2.3 铲运机

2.3.1 铲运机的分类

铲运机的分类见表2-12。

表2-12 铲运机的分类

分 类	形 式
按铲斗的几何斗容	小型（斗容在$4m^3$以下）
	中型（斗容为$4\sim10m^3$）
	大型（斗容在$10m^3$以上）
按操纵方式	液压式操纵
	钢丝绳操纵
按卸土方式	强制式
	半强制式
	自由式
按运行方式	拖式铲运机
	自行式铲运机

2.3.2 铲运机的构造组成

1. 拖式铲运机

拖式铲运机的构造如图2-13所示，由拖把、前轮、辕架、工作液压缸、机架、铲斗和后轮等组成。

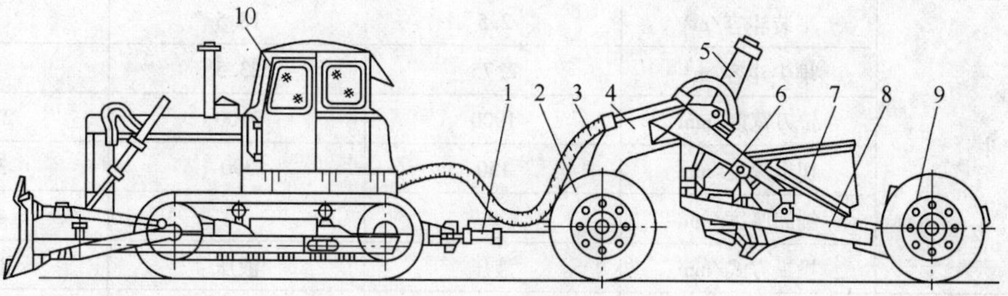

图2-13 拖式铲运机的构造

1—拖把 2—前轮 3—油管 4—辕架 5—工作液压缸
6—斗门 7—铲斗 8—机架 9—后轮 10—拖拉机

2. 自行式铲运机

CL7型自行式铲运机的斗容量为$7\sim9m^3$，由单轴牵引车和铲运斗两部分组成，如图2-14所示。

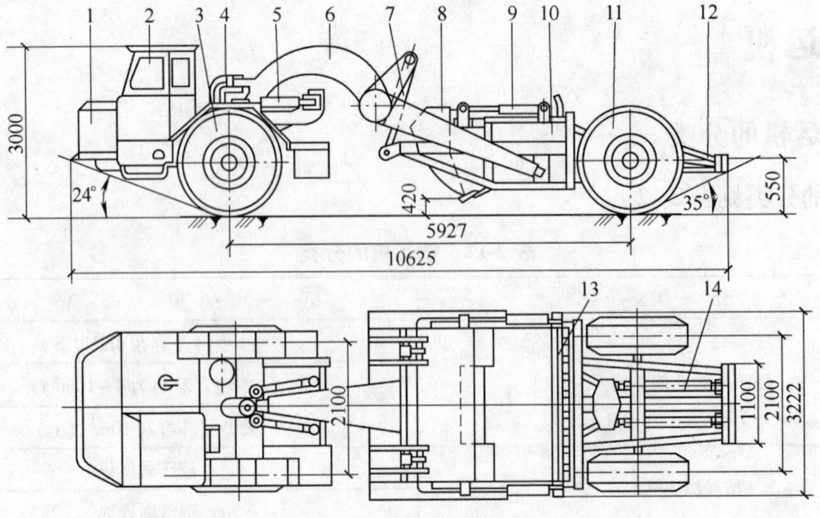

图 2-14 CL7 型自行式铲运机（单位：mm）

1—发动机 2—单轴牵引车 3—前轮 4—转向支架 5—转向液压缸 6—辕架 7—提升液压缸 8—斗门 9—斗门液压缸 10—铲斗 11—后轮 12—尾座 13—卸土板 14—卸土液压缸

2.3.3 铲运机的主要技术参数和生产率的计算

1. 铲运机的主要技术参数

铲运机的主要技术参数有铲斗的几何斗容（平装斗容）、堆尖斗容、发动机的额定功率等，见表 2-13。

表 2-13 铲运机的主要技术参数

项目 \ 型号		CTY2.5 拖式	R24H1 拖式	CL7 自行式
铲斗	平装斗容/m^3	2.5	18.5	7
	堆尖斗容/m^3	2.75	23.5	9
	铲刀宽度/mm	1900	3100	2700
	切土深度/mm	150	390	300
	铺卸厚度/mm	—	—	400
	操纵方式/mm	液压	液压	液压
发动机	型号	东-75 拖拉机	小松 D150 或 D155	6120
	功率/kw	45	120	—
	转速/(r/min)	1500	2000	—
外形尺寸/m		5.6×2.44×2.4	11.8×3.48×3.47	9.7×3.1×2.8
质量/t		1.98	17.8	14

2. 铲运机生产率的计算

铲运机生产率的计算公式为

$$Q_C = \frac{60Vk_H k_B}{t_T k_S} \tag{2-1}$$

式中　Q_C——铲运机的生产率（m^3/h）；
V——铲斗的几何容积（m^3）；
k_H——铲斗的充满系数（见表2-14）；
k_B——时间利用系数（0.75～0.8）；
k_S——土的松散系数（见表2-15）；
k_T——铲运机每一工作循环所用的时间（min），由下式计算

$$t_T = \frac{L_1}{v_1} + \frac{L_2}{v_2} + \frac{L_3}{v_3} + \frac{L_4}{v_4} + nt_1 + 2t_2 \tag{2-2}$$

式中　L_1——铲土的行程（m）；
L_2——运土的行程（m）；
L_3——卸土的行程（m）；
L_4——回驶的行程（m）；
v_1——铲土的行驶速度（m/min）；
v_2——运土的行驶速度（m/min）；
v_3——卸土的行驶速度（m/min）；
v_4——回驶的行驶速度（m/min）；
t_1——换挡时间（min）；
t_2——每循环中始点和终点转向用的时间（min）；
n——换挡次数。

表2-14　铲斗的充满系数

土的种类	充满系数
干砂	0.6～0.7
湿砂（含水量12%～15%）	0.7～0.9
砂土与黏性土（含水量4%～6%）	1.1～1.2
干黏土	1.0～1.1

表2-15　土的松散系数

土的分类	土的级别	土壤的名称	最初松散系数	最终松散系数
一类土（松散土）	Ⅰ	略有黏性的砂土，粉土腐殖土及疏松的种植土；泥炭（淤泥）（种植土、泥炭除外）	1.08～1.17	1.01～1.03
		植物性土、泥炭	1.20～1.30	1.03～1.04
二类土（普通土）	Ⅱ	潮湿的黏性土和黄土；软的盐土和碱土；含有建筑材料碎屑，碎石、卵石的堆积土和种植土	1.14～1.28	1.02～1.05
三类土（坚土）	Ⅲ	中等密实的黏性土或黄土；含有碎石、卵石或建筑材料碎屑的潮湿的黏性土或黄土	1.24～1.30	1.04～1.07

（续）

土的分类	土的级别	土壤的名称	最初松散系数	最终松散系数
四类土（砂砾坚土）	Ⅳ	坚硬密实的黏性土或黄土；含有碎石、砾石（体积为10%～30%，质量在25kg以下的石块）的中等密实黏性土或黄土；硬化的重盐土；软泥灰岩，（泥灰岩、蛋白石除外）	1.26～1.32	1.06～1.09
		泥灰岩、蛋白石	1.33～1.37	1.11～1.15
五类土（软土）	Ⅴ～Ⅵ	硬的石炭纪黏土；胶接不紧的砾岩；软的、节理多的石灰岩及贝壳石灰岩；坚实的垩；中等坚实的页岩、泥灰岩	1.30～1.45	1.10～1.20
六类土（次坚土）	Ⅶ～Ⅸ	坚硬的泥质页岩；坚实的泥灰岩；角砾状花岗岩；泥灰质石灰岩；黏土质砂岩；云母页岩及砂质页岩；风化的花岗岩、片麻岩及正常岩；滑石质的蛇纹岩；密实的石灰岩；硅质胶结的砾岩；砂岩；砂质石灰质页岩		
七类土（坚岩）	Ⅹ～ⅩⅢ	白云岩；大理石；坚实的石灰岩、石灰质及石英质的砂岩；坚硬的砂质页岩；蛇纹岩；粗粒正长岩；有风化痕迹的安山岩及玄武岩；片麻岩；粗面岩；中粗花岗岩；坚实的片麻岩、粗面岩；辉绿岩；玢岩；中玢岩		
八类土（特坚石）	ⅩⅣ～ⅩⅥ	坚实的细粒花岗岩；花岗片麻岩；闪长岩；坚实的玢岩、角闪岩、辉长岩、石英岩；安山岩；玄武岩；最坚实的辉绿岩、石灰岩及闪长岩；橄榄石质玄武岩；特别坚实的辉长岩；石英岩及玢岩	1.45～1.50	1.20～1.30

2.3.4 铲运机开行路线的选择

1. 椭圆形及“8”字形开行路线

椭圆形开行路线是指从挖方到填方按椭圆形路线回转，如图2-15a所示。“8”字形开行路线是指装土、运土和卸土时按“8”字形路线运行，如图2-15b所示。

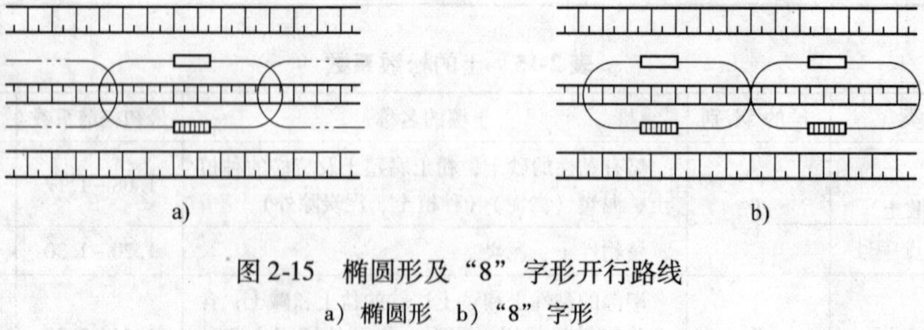

图2-15 椭圆形及“8”字形开行路线

a）椭圆形 b）“8”字形

2. 大环形及连续式开行路线

大环形及连续式开行路线均是以一次循环完成两次铲土、回填作业，如图2-16所示。

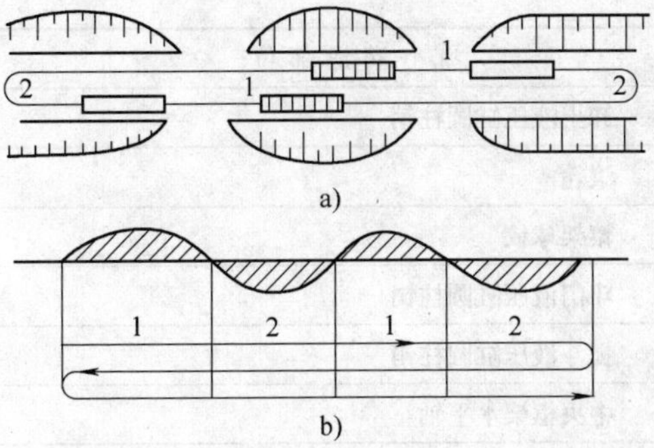

图 2-16 大环形及连续式开行路线

a）大环形开行路线 b）连续式开行路线

2.3.5 铲运机的保养与维护

CL7 型铲运机的润滑部位与润滑周期见图 2-17 和表 2-16。

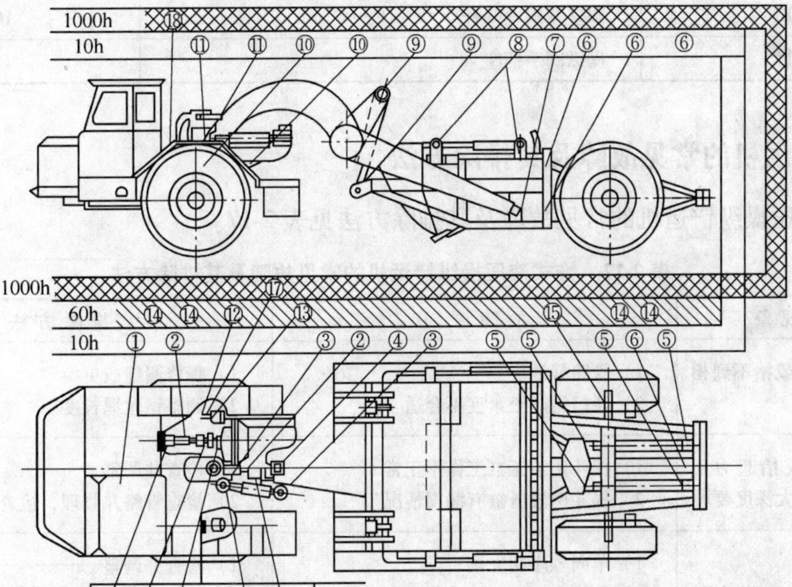

图 2-17 CL7 型铲运机的润滑部位

表 2-16 CL7 型铲运机的润滑部位与润滑周期

润滑点序号	润滑部位	润滑周期（工作时间）/h
①	换挡架底部轴承	10
②	传动轴伸缩叉	10
③	转向液压缸圆柱销	10
④	换向机构曲柄	10

（续）

润滑点序号	润滑部位	润滑周期（工作时间）/h
⑤	卸土液压缸圆柱销	10
⑥	滚轮	10
⑦	辕架球铰	10
⑧	斗门液压缸圆柱销	10
⑨	提斗液压缸圆柱销	10
⑩	中央枢架水平轴	10
⑪	中央枢架上、下立轴	10
⑫	凸轮轴支架	60
⑬	气室前端	60
⑭	制动器柱销及凸轮轴	60
⑮	十字头滚针	20
⑯	变矩器前壳体轴承	20
⑰	调整臂蜗轮蜗杆	1000
⑱	操纵阀手柄座	1000

2.3.6 铲运机的常见故障及其排除方法

拖式液压操纵铲运机的常见故障及其排除方法见表 2-17。

表 2-17 拖式液压操纵铲运机的常见故障及其排除方法

故障现象	故障原因	排除方法
斗门打不开或抬不到相应高度	1）管路漏油 2）斗门钢丝松紧度不合适	1）焊修漏缝或更换 2）调整钢丝绳长度
铲斗下插或抬起力不足，达不到最大深度要求	1）提斗两液压缸工作不正常 2）提斗两液压缸有漏损情况	1）检查并调整 2）检查管路并修理，检查密封件并更换
卸土板与斗门动作失调	1）单向顺序阀失调 2）转阀失调 3）联动拉杆机构长度不合适	1）检查并调整 2）检查并调整 3）调整适当并紧固
动作时出现冲击声，有金属干摩擦噪声	1）拖把牵引销轴螺母间隙过大 2）球铰链间隙变大 3）其他铰链和配合处间隙过大 4）相应润滑部位缺油	1）调整各部间隙到适度 2）按时加足润滑油脂
轮胎压力不足	1）气门嘴漏气 2）内胎慢性漏气	1）更换气门嘴 2）修补或更换内胎

CL7 型自行式铲运机的常见故障及其排除方法见表 2-18。

表 2-18 CL7 型自行式铲运机的常见故障及其排除方法

故障现象	故障原因	排除方法
变矩器出口压力低	1）油位低 2）漏油 3）油底壳滤网堵塞 4）液压泵有缺陷 5）主调压阀故障 6）变矩输入安全阀过早开启 7）润滑油阀过早开启	1）加注到标准油位 2）检查并排除 3）更换过滤器或清洗滤网 4）检查、修理或更换 5）修理、调整或更换 6）修理、调整或更换 7）修理、调整或更换
油温高且温升快	1）油位低 2）油位高 3）冷却器堵塞或不清洁 4）一个或两个导轮高速时不旋转 5）高挡低速行驶 6）铲运机制动器不放松	1）加注到标准油位 2）放出到标准油位 3）清洗 4）重装变矩器 5）变到较低挡 6）调整制动器
油液起泡	1）离合器打滑 2）变速操纵杆挡位与变速杆不对位	1）清洗、修理或更换零件 2）重新调整换挡操纵杆系
各挡位主轴压低	1）油位低 2）润滑油系统漏油 3）主调压阀失灵 4）液压泵磨损 5）液压泵漏气 6）离合器活塞油腔进油管或过滤网堵塞	1）检查并加到标准油位 2）检查、排除 3）检查、调整、修理 4）检查、修理 5）检查、修理 6）清洗滤网
一个挡无动力传递	1）离合器压力只在一个挡 2）离合器打滑 3）油位低	1）检查密封环是否损坏，纸垫是否错位 2）检查、调整、修理 3）加注到标准油位
斗体升降缓慢或失灵	1）液压泵吸不上油 2）操纵阀失灵 3）液压缸动作失灵	1）检查液压泵和进油道 2）检查操纵阀和操纵杆 3）检查液压缸油压有否内漏，检查管路
铲斗降不下	1）液压缸堵塞，活塞杆卡住 2）斗体铰接处卡住	1）检查，修理或更换 2）修理变形处
斗门、卸土板不能正常动作	1）液压系统压力不够 2）零件变形	1）检查、调整或更换 2）校正变形件

2.4 装载机

2.4.1 装载机的分类

装载机的分类见表 2-19。

表 2-19　装载机的分类

分　类	形　式	特点及用途
按行走装置	轮式	自重小，机动性好，行走速度快，作业循环时间短，工作效率高，不损伤路面，还可以自行转移工地，并能够在较短的运输距离内作为运输设备使用
	履带式	重心低，接地比压小，稳定性好，在松软的地面上附着性能强、通过性好。特别适合在松软、潮湿的地面以及工作量集中、不需要经常转移和地形复杂的地区作业
按卸料方式	前卸式	结构简单，视野好，工作安全可靠，因而应用广泛。目前，国内外生产的轮式装载机大多数为前卸式
	回转式	工作装置可以相对车架转动一定角度，使得装载机在工作时可以与运输车辆成任意角度，装载机原地不动依靠回转卸料；但其结构复杂，侧向稳定性不好。适用于狭窄的场地作业
	后卸式	前端装料，向后卸料。作业时不需掉头，可直接向停在装载机后面的运输车辆卸载。但卸载时铲斗必须越过驾驶室，不安全，因此应用并不广泛，一般用于井巷内作业
按铲斗的额定装载重量	小型（小于 10kN）	—
	轻型（10～30kN）	轻、中型装载机一般配有可更换的多种作业装置，主要用于工程施工和装载作业
	中型（30～80kN）	
	重型（大于 80kN）	—

2.4.2　装载机的构造组成

轮式装载机由行走装置、发动机、转向制动系统、传动系统、工作装置、液压系统、操纵系统和辅助系统组成，见图 2-18 和表 2-20。装载机的主要工作尺寸如图 2-19 所示。

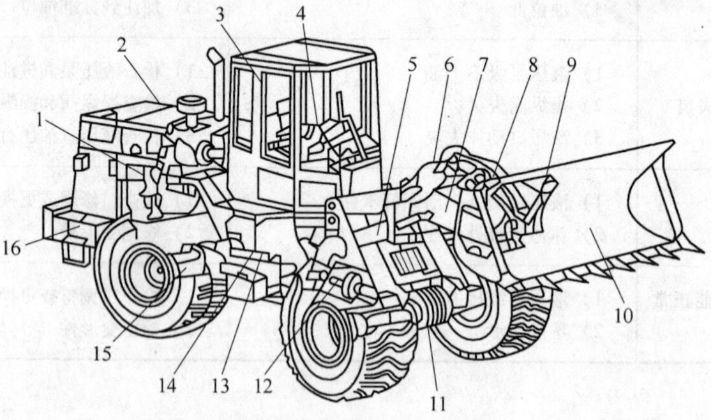

图 2-18　轮式装载机总体结构

1—发动机　2—变矩器　3—驾驶室　4—操纵系统　5—动臂液压缸
6—转斗液压缸　7—动臂　8—摇臂　9—连杆　10—铲斗　11—前驱动桥
12—转动轴　13—转向液压缸　14—变速器　15—后驱动桥　16—车架

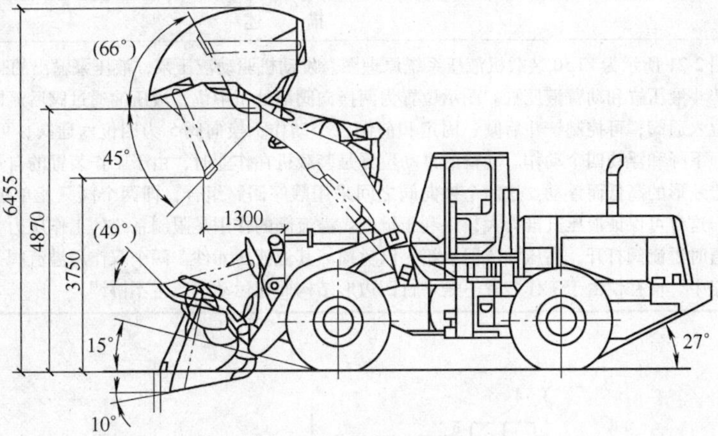

图 2-19 装载机的主要工作尺寸

表 2-20 轮式装载机的结构

结 构	描 述
工作装置	工作装置由动臂、动臂液压缸、铲斗、连杆、转斗液压缸及摇臂组成。动臂和动臂液压缸铰接在前车架上，动臂液压缸的伸或缩使工作装置举升或下降，从而使铲斗举起或放下。转斗液压缸的伸或缩使摇臂向前或后摆动，再通过连杆控制铲斗的上翻收斗或下翻卸料。由于作业的要求，在装载机工作装置的设计中，应保证铲斗的举升平移和下降放平，这是装载机工作装置的一个重要特性。这样就可减少操作程序，提高生产率。铲斗举升平移：当铲斗液压缸全伸使铲斗上翻收斗后，在动臂举升的全过程中，转斗液压缸全伸的长度不变，铲斗平移（铲斗在空间移动），旋转不大于15°。铲斗下降放平：当动臂处于最大举升高度，铲斗下翻卸料（铲斗斗底与水平线的夹角为45°）时，转斗液压缸保持不变；当动臂液压缸收缩，动臂放置最低位置时，铲斗能够自动放平处于铲掘位置，从而使铲斗卸料后，不必操纵铲斗液压缸，只要操纵动臂液压缸使动臂放下，铲斗就可自动处于铲掘位置。工作装置运动的具体步骤是：铲斗在地面由铲掘位置收斗（收斗角为α）→动臂举升铲斗至最高位置→铲斗下翻卸料（斗底与水平线的夹角$\beta=45°$）→动臂下降至最低位置→铲斗自动放平
传动系统	装载机的铲料是靠行走机构的牵引力使铲斗插入料堆中的。铲斗插入料堆时会受到很大的阻力，有时甚至会使发动机熄火。为了充分发挥其牵引力，前、后桥都制成驱动式的，装载机的传动系统一般都装有液力变矩器，采用液力传动。目前，一些新型的中小型装载机采用液压机械传动，使传动系统的结构得以简化 图2-20所示为ZL50型装载机的传动系统，使用液力传动。发动机装在后架上，发动机的动力经液力变矩器传至行星换挡变速箱，再由变速箱把动力经传动轴分别传到前、后桥及轮边减速器，以驱动车轮转动。发动机的动力还经过分动箱驱动工作装置液压泵工作。采用液力变矩器后，装载机具有良好的自动适应性能，能自动调节输出的转矩和转速，使装载机可以根据道路状况和阻力大小自动变更速度和牵引力，以适应不断变化的各种工况。铲削物料时，能以较大的速度切入料堆，并随着阻力的增大而自动减速，提高轮边牵引力，以保证切削 液压机械传动的装载机是近年来发展的新机型。发动机的动力由液压泵转变为液压能，经过控制阀后驱动液压马达转动，马达经减速器减速后驱动装载机的前、后桥，实现整机行走。它取消了主离合器（或液力变矩器）等部件，使结构简单、紧凑，重量减轻。随着液压技术的发展，行走机构采用液压机械传动是中小型装载机今后研究和发展的方向
行走装置	行走装置由车架、变速器、前后驱动桥和前后车轮等组成（图2-18）。前驱动桥与前车架刚性连接，后驱动桥在横向可以相对于后车架摆动，从而保证装载机四轮触地。铰接式装载机的前、后桥可以通用，其结构简单，制造较为方便。在驱动桥两端、车轮内侧装有行走制动器，变速箱输出轴处装有停车制动器，用以实现机械制动。装载机其他装置包括驾驶室、仪表、灯光等。现代化的装载机还应配置空调和音响等设备

（续）

结　　构	描　　述
液压系统	图2-21所示为ZL50装载机液压系统原理图。发动机驱动液压泵，液压泵输出的高压油通向换向阀控制铲斗液压缸和动臂液压缸。图示位置为两换向阀都处于中位，液压油通过阀后流回油箱。换向阀4为三位六通阀，可控制铲斗后倾、固定和前倾三个动作；换向阀5为四位六通阀，可控制动臂上升、固定、下降和浮动四个动作。动臂的浮动位置是装载机在作业时，由于工作装置的自重支于地面，铲料时随着地形的高低而浮动。这两个换向阀之间采用顺序回路组合，即两个阀只能单独动作而不能同时动作，这样可保证液压缸推力大，以利于铲掘。溢流阀的作用是限制系统的工作压力，当系统压力超过额定值时溢流阀打开，高压油流回油箱，以免损坏其他液压元件。两个双作用溢流阀并联在铲斗液压缸的油路中，可补偿由于工作装置不是平行四边形结构而在运动中产生不协调

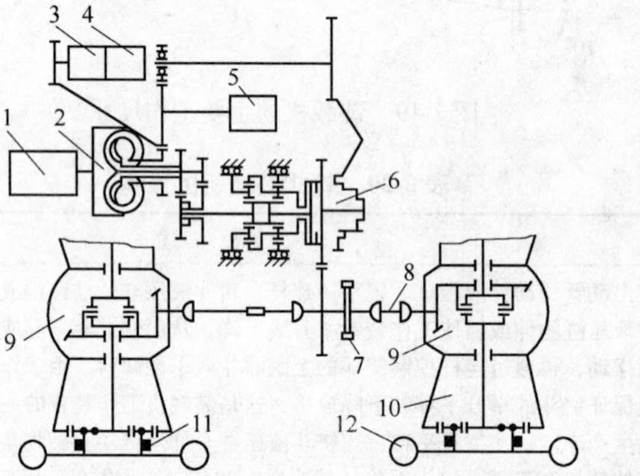

图2-20　ZL50型装载机的传动系统

1—发动机　2—液力变矩器　3—液压泵　4—变速液压泵　5—转向液泵　6—变速器　7—手制动　8—传动轴　9—驱动桥　10—轮边减速器　11—脚制动器　12—轮胎

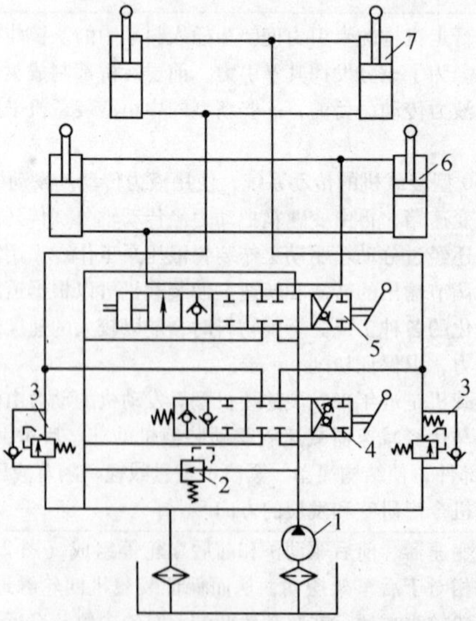

图2-21　ZL50型装载机液压系统原理图

1—液压泵　2、3—溢流阀　4、5—换向阀　6—动臂液压缸　7—铲斗液压缸

2.4.3　装载机生产率的计算和主要技术参数

1. 装载机生产率的计算

（1）技术生产率　在单位时间内，不考虑时间利用情况时，装载机的生产率称为技术生产率 Q_T（m^3/h），其公式为

$$Q_T = \frac{3600 q k_H t_T}{t k_S} \tag{2-3}$$

式中　q——装载机额定斗容（m^3）；
　　k_H——铲斗充满系数（见表 2-21）；
　　t_T——每班工作时间（h）；
　　k_S——物料松散系数；
　　t——每装一斗的循环时间（s），其计算公式为

$$t = t_1 + t_2 + t_3 + t_4 + t_5 \tag{2-4}$$

式中　t_1——铲装时间；
　　t_2——载运时间；
　　t_3——卸料时间；
　　t_4——空驶时间；
　　t_5——其他时间。

表 2-21　铲斗充满系数

土石种类	充满系数	土石种类	充满系数
砂石	0.85～0.9	普通土	0.9～1.0
湿的土砂混合料	0.95～1.0	爆破后的碎石、卵石	0.85～0.95
湿的砂黏土	1.0～1.1	爆破后的大块岩石	0.85～0.95

（2）实际生产率　装载机实际能达到的生产率称为实际生产率 Q_P（m^3/h），其计算公式为

$$Q_P = \frac{3600 q k_H k_B t_T}{t k_S} \tag{2-5}$$

式中　k_H——铲斗充满系数（见表 2-21）；
　　k_B——时间利用系数；
　　t_T——每班工作时间（h）；
　　k_S——物料松散系数；
　　q——装载机额定斗容（m^3）。

2. 装载机的主要技术参数

装载机的主要技术参数为发动机额定功率、额定载重量、最大牵引力、机重、铲斗容量等，见表 2-22。

表2-22　装载机的主要技术参数

技术参数	单　位	ZL10型铰接式装载机	ZL20型铰接式装载机	ZL30型铰接式装载机	ZL40型铰接式装载机	ZL50型铰接式装载机
发动机型号	—	495	695	6100	6120	6135Q-1
发动机额定功率/转速	kW/(r/min)	40/2400	54/2000	75/2000	100/2000	160/2000
最大牵引力	kN	31	55	72	105	160
最大行驶速度	km/h	28	30	32	35	35
爬坡能力		30°	30°	30°	30°	30°
铲斗容量	m^3	0.5	1	1.5	2	3
额定载重量	t	1	2	3	3.6	5
最小转弯半径	mm	4850	5065	5230	5700	—
传动方式	—	液力机械式	液力机械式	液力机械式	液力机械式	液力机械式
变矩器形式	—	单涡轮式	双涡轮式	双涡轮式	双涡轮式	双涡轮式
前进挡数	—	2	2	2	2	2
倒退挡数	—	1	1	1	1	1
工装操纵形式	液压	液压	液压	液压	液压	液压
轮胎形式	—	—	12.5~20	14.00	16.00	24.5~25
长	mm	4454	5660	6000	6445	6760
宽	mm	1800	2150	2350	2500	2850
高	mm	2610	2700	2800	3170	2700
机重	t	4.2	7.2	9.2	11.5	16.5

2.4.4　装载机的操作方法

装载机的操作方法见表2-23。

表2-23　装载机的操作方法

方　法		示意图	操作说明
铲装作业	对松散物料的铲装作业	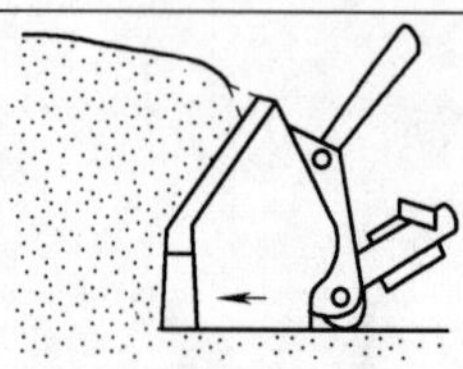 a)铲装过程 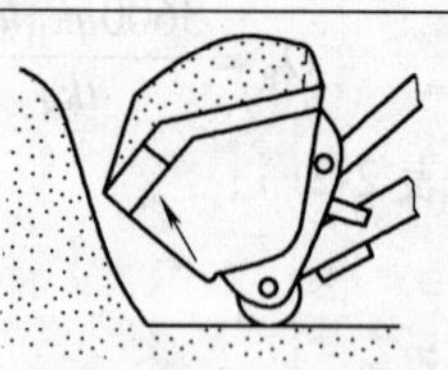 b)装满收斗过程 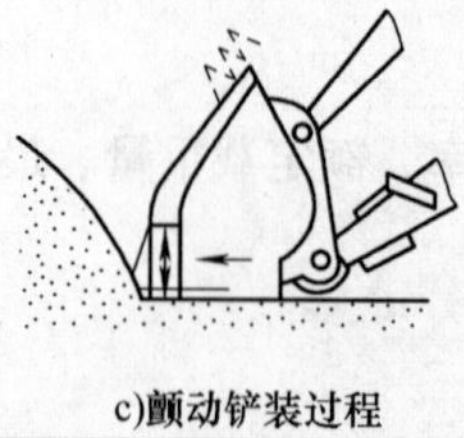 c)颤动铲装过程	先将铲斗放置于水平位置，并使其下方与地面接触，再以一挡、二挡速度前进，将动臂升至运输位置（离地约50cm），驶离工作面。如装满有困难，可操纵铲斗上下颤动或稍举动臂

（续）

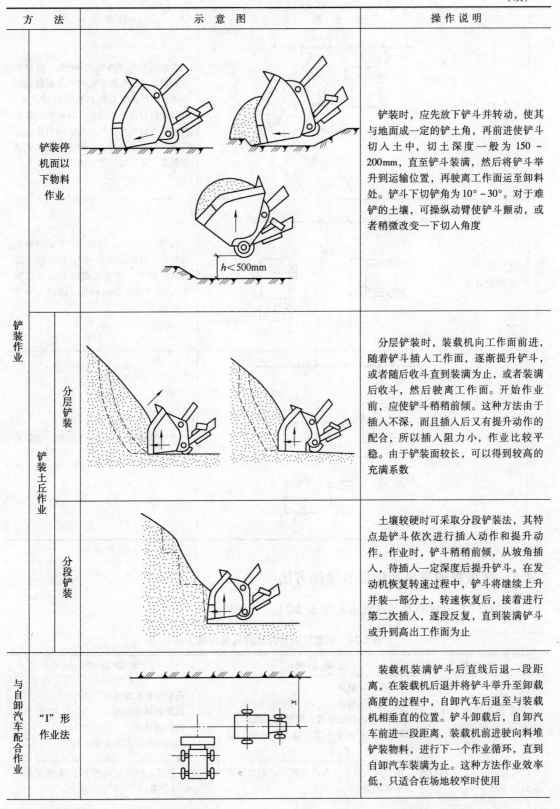

方法			示意图	操作说明
铲装作业	铲装停机面以下物料作业		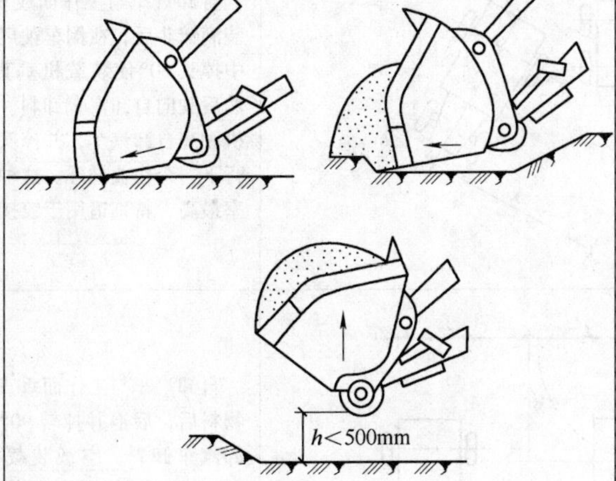	铲装时，应先放下铲斗并转动，使其与地面成一定的铲土角，再前进使铲斗切入土中，切土深度一般为 150 ~ 200mm，直至铲斗装满，然后将铲斗举升到运输位置，再驶离工作面运至卸料处。铲斗下切铲角为10°~30°。对于难铲的土壤，可操纵动臂使铲斗颤动，或者稍微改变一下切入角度
	铲装土丘作业	分层铲装	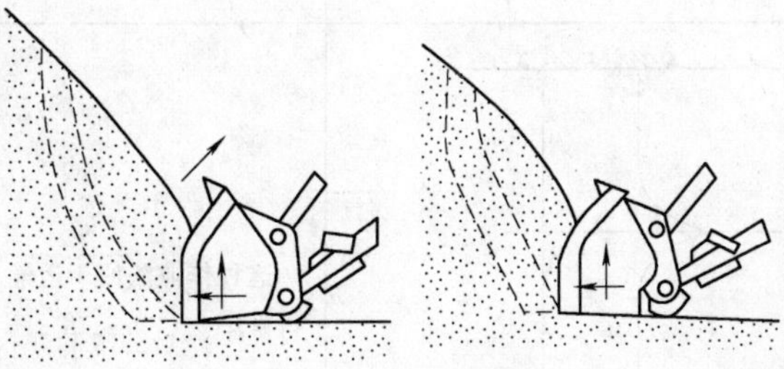	分层铲装时，装载机向工作面前进，随着铲斗插入工作面，逐渐提升铲斗，或者随后收斗直到装满为止，或者装满后收斗，然后驶离工作面。开始作业前，应使铲斗稍稍前倾。这种方法由于插入不深，而且插入后又有提升动作的配合，所以插入阻力小，作业比较平稳。由于铲装面较长，可以得到较高的充满系数
		分段铲装	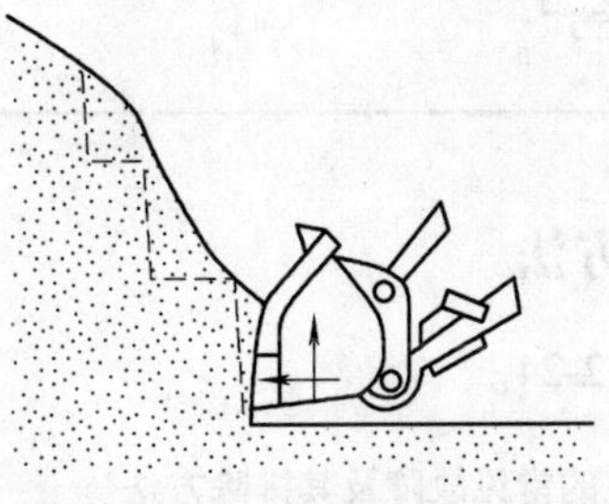	土壤较硬时可采取分段铲装法，其特点是铲斗依次进行插入动作和提升动作。作业时，铲斗稍稍前倾，从坡角插入，待插入一定深度后提升铲斗。在发动机恢复转速过程中，铲斗将继续上升并装一部分土，转速恢复后，接着进行第二次插入，逐段反复，直到装满铲斗或升到高出工作面为止
与自卸汽车配合作业	“I”形作业法		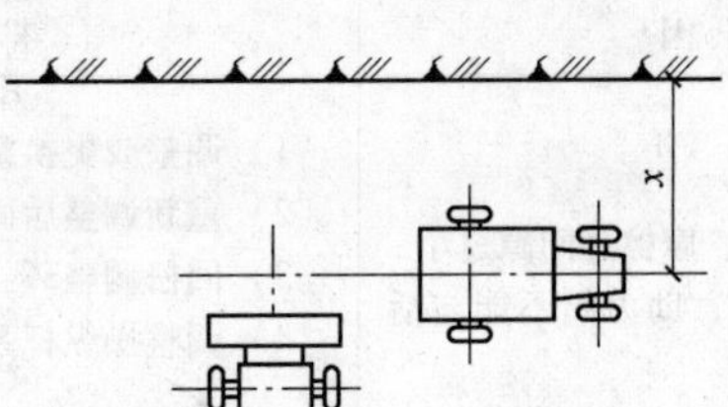	装载机装满铲斗后直线后退一段距离，在装载机后退并将铲斗举升至卸载高度的过程中，自卸汽车后退至与装载机相垂直的位置。铲斗卸载后，自卸汽车前进一段距离，装载机前进驶向料堆铲装物料，进行下一个作业循环，直到自卸汽车装满为止。这种方法作业效率低，只适合在场地较窄时使用

（续）

方法		示意图	操作说明
与自卸汽车配合作业	“V”形作业法	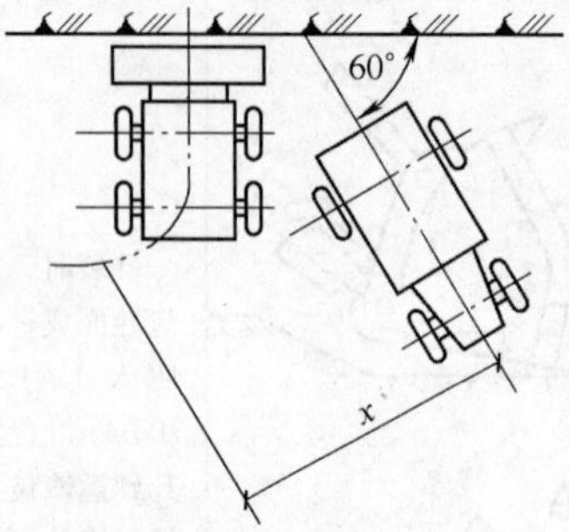	自卸汽车与工作面成60°角，装载机装满铲斗后，在倒车驶离工作面的过程中掉头60°使装载机垂直于自卸汽车，然后驶向自卸汽车卸料。卸料后，装载机驶离自卸汽车，并掉头驶向料堆，进行下一个作业循环。这种方法的作业效率最高，特别适用于铰接式装载机
	“L”形作业法	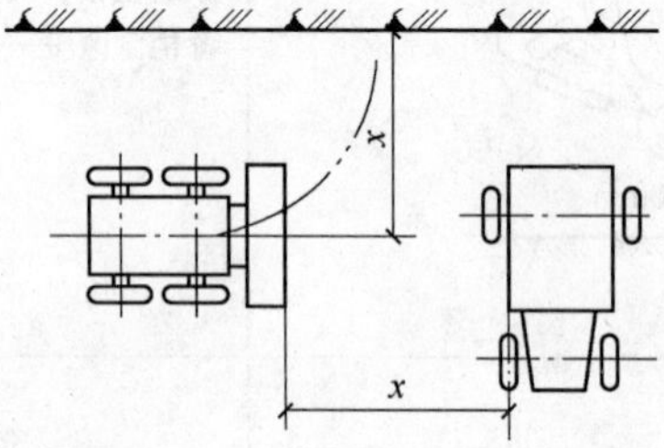	自卸汽车与工作面垂直，装载机铲装物料后，后退并掉转90°，然后驶向自卸汽车卸料，空载装载机后退并调整90°，然后直线驶向料堆，进行下一个作业循环
	“T”形作业法	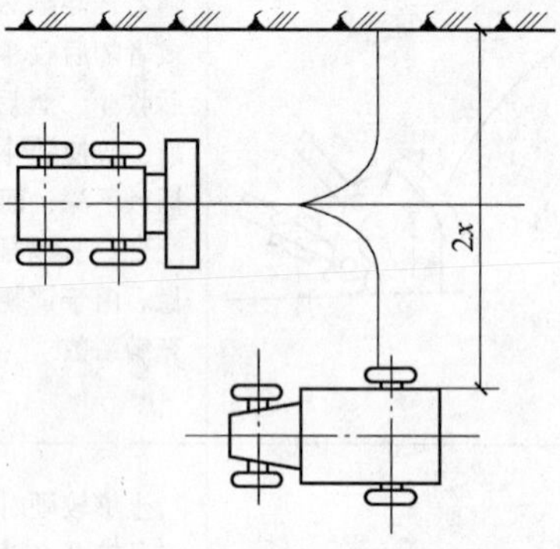	这种作业法便于运输车辆顺序就位装料驶走

2.4.5 装载机的常见故障及其排除方法

装载机的常见故障及其排除方法见表2-24。

表2-24 装载机的常见故障及其排除方法

故障现象	故障原因	排除方法
主离合器打滑、接合不上	1）摩擦片磨损 2）调整环松动 3）调整环调整过量，摩擦片间隙过小 4）操纵杆调整不当，助力阀不能与活塞随动	1）调整或更换摩擦片 2）重新调整后固定 3）回松调整环 4）调整操纵杆系检查助力阀
机械突然熄火，主离合器分离不开	助力阀失灵后，人力分离时，助力阀背部形成真空	操纵手把，往复运动滑阀，逐渐消除真空，即可分离

（续）

故障现象	故障原因	排除方法
变速器变速不灵	1）结合轮与结合套齿轮倒角损坏 2）联锁轴位置不对 3）拨叉滑杆弯曲变形或铜套脱落 4）操纵机构各零件位置不对 5）操纵部分固定螺栓松动	1）更换损坏的结合轮和结合套 2）调整 3）修复或更换铜套并将端面铆死 4）重新装配 5）检查拧紧
制动器制动不灵，打滑	1）调整不良，间隙大 2）制动带磨损严重，甚至已露出铆钉头 3）制动带损坏 4）操纵杆系位置不对	1）调整 2）更换制动带 3）更换制动带 4）调整
履带脱落	1）履带张紧力不足 2）支重轮、托链轮、引导轮的凸缘磨损 3）链轮、支重轮、引导轮中心没有对准 4）引导轮叉头滑铁槽断裂	1）调整张紧力 2）修理更换 3）调整对准中心 4）焊复或更换新件
履带不能张紧	1）油嘴单向阀或放油塞漏油 2）密封环磨损或损坏 3）紧固螺栓松动，相对运动件卡死 4）活塞衬套磨损	1）修复或更换 2）换新件 3）拧紧螺栓，消除被卡现象 4）更换
链轮部分故障	1）链轮轮齿一侧磨损 2）链轮螺栓松动 3）密封环损坏引起漏油	1）调整，使其与引导轮等对准中心 2）拧紧 3）更换密封环

2.5　平地机

2.5.1　平地机的分类

平地机的分类见表2-25。

表2-25　平地机的分类

分　类	形　式	特点及用途
按工作装置的操纵方式	机械操纵	—
	液压操纵	
按机架结构形式（图2-22）	整体机架式	整体机架将后车驾与弓形前车驾铰接为一体，车驾的刚度好，转弯半径较大
	铰接机架式	铰接机架式平地机是将后车架与弓形前车驾铰接在一起，以液压缸控制其转动角，转弯半径小，具有更好的作业适应性
按发动机功率	轻型	发动机功率小于56kW
	中型	发动机功率为56~90kW
	重型	发动机功率为90~149kW
	超重型	发动机功率大于149kW

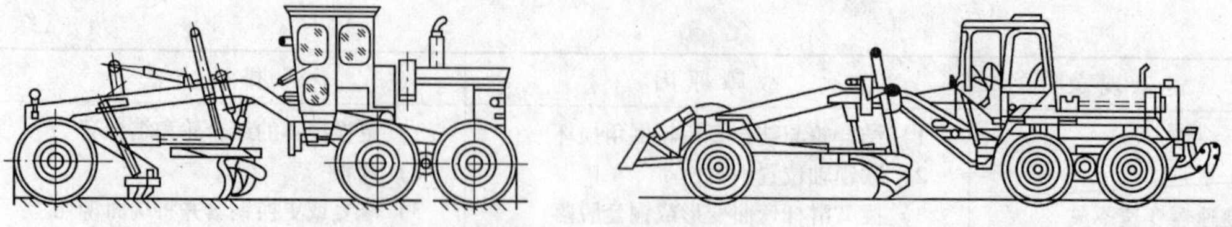

a)　　　　　　　　　　　　　　　　　　　　b)

图 2-22　平地机结构

a）整体式车架　b）铰接式车架

2.5.2　平地机的构造组成

平地机主要由发动机、制动系统、传动系统、转向系统、电气系统、液压系统、操作系统、机架、前后桥、工作装置及驾驶室等组成，其外形结构如图 2-23 所示。平地机的工作装置为刮土装置、松土装置和推土装置。刮土装置是平地机的主要工作装置，其结构如图 2-24 所示。

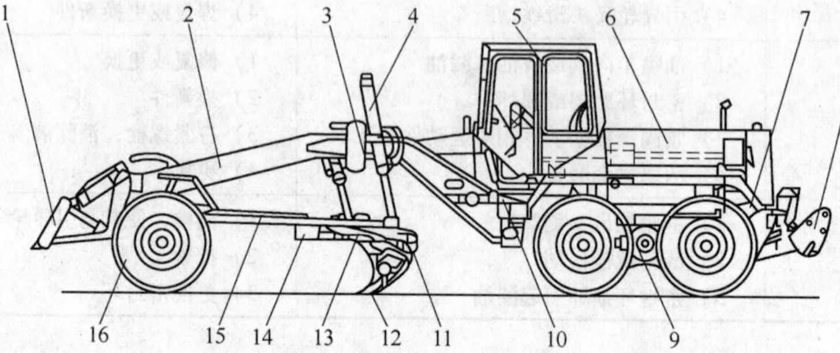

图 2-23　平地机的外形结构示意图

1—前推土板　2—前机架　3—摆架　4—刮刀升降液压缸　5—驾驶室　6—发动机　7—后机架　8—后松土器　9—后桥　10—铰接转向液压缸　11—松土耙　12—刮刀　13—铲土角变换液压缸　14—转盘齿圈　15—牵引架　16—转向轮

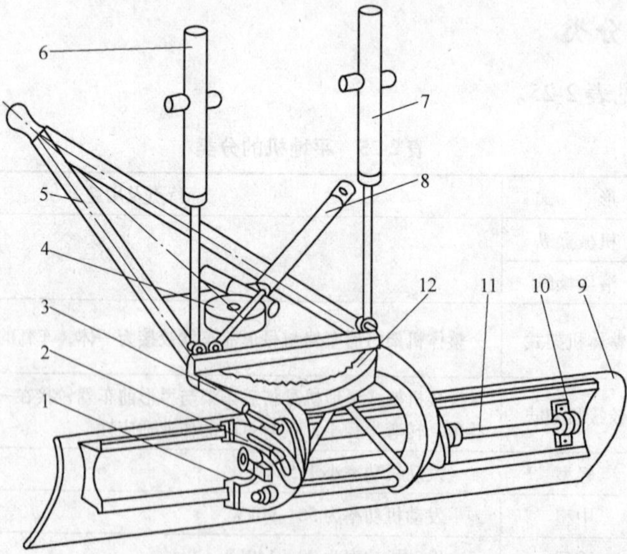

图 2-24　刮土装置

1—角位器　2—角位器紧固螺母　3—切削角调解液压缸　4—回转驱动装置　5—牵引架　6—右升降液压缸　7—左升降液压缸　8—牵引架引出液压缸　9—刮土刀　10—滑轨　11—刮刀侧移液压缸　12—回转圈

2.5.3 平地机的技术参数

平地机的主要技术参数见表2-26。

表2-26 平地机的主要技术参数

项目 \ 型号		PY160A	PY180	PY250 (16G)	140G	GD505A-2	BG300A-1	MG150
形式		整体	铰接	铰接	铰接	铰接	铰接	铰接
标定功率/kW		119	132	186	112	97	56	68
铲刀	宽×高/mm	3705×555	3965×610	4877×78	3658×610	3710×655	3100×580	3100×585
	提升高度/mm	540	480	419	464	430	330	340
	切土深度/mm	500	500	470	438	505	270	285
前桥摆动角（左、右）		16°	15°	18°	32°	30°	26°	—
前轮转向角（左、右）		50°	45°	50°	50°	36°	36.6°	48°
前轮倾斜角（左、右）		18°	17°	18°	18°	20°	19°	20°
最小转弯半径/mm		800	7800	8600	7300	6600	5500	5900
最大行驶速度/(km/h)		35.1	39.4	42.1	41	43.4	30.4	34.1
最大牵引力/kN		78	156	—	—	—	—	—
整机质量/t		14.7	15.4	24.85	13.54	10.88	7.5	9.56
外形尺寸（长×宽×高）/mm		8146×2575×3253	10280×2595×3305	1014×2140×3537	—	—	—	—

2.5.4 平地机的作业要点

平地机的作业要点见表2-27。

表2-27 平地机的作业要点

要点		示意图	说明
平地机刮刀的工作角度	刮刀的水平回转角	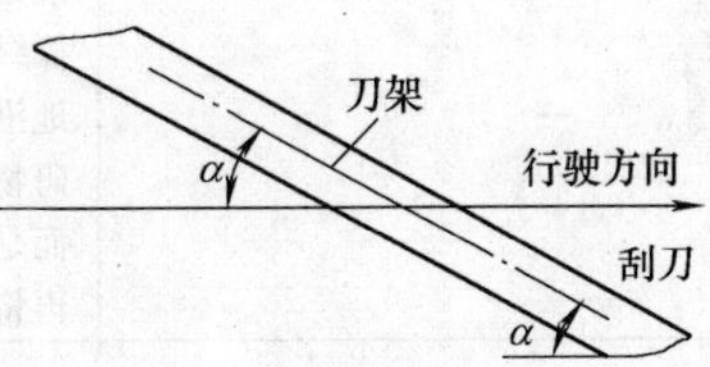	水平回转角为刮刀中线与行驶方向在水平面上的夹角。当回转角增大时，工作宽度减小，但物料的侧移输送能力提高，切削能力也提高，刮刀单位切削宽度上的切削力增大。回转角应视具体情况及要求来确定：对于剥离、摊铺、混合作业及硬土切削作业，可取30°~50°；对于推土摊铺或进行最后一道刮平以及进行松软或轻质土刮整作业，可取0°~30°
	刮刀的切土角	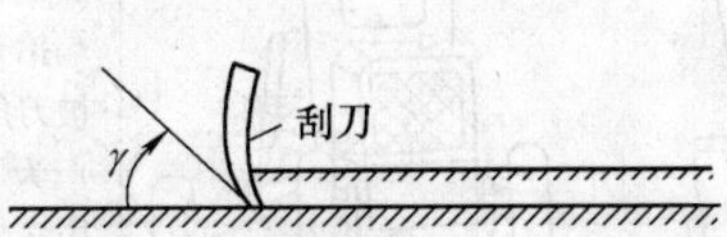	铲土刮刀切削边缘的切线与水平面的夹角，其大小一般根据作业类型确定。中等切土角（60°左右）适用于通常的平整作业；在切削、剥离土壤时，需要较小的切土角，以降低切削阻力；当进行物料混合和摊铺时，则应选用较大的切土角
	刮刀的倾斜角	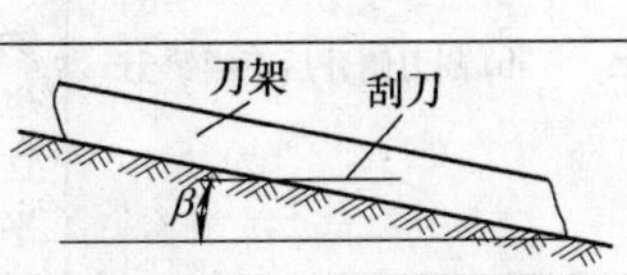	铲土刮刀中线与水平线之间的夹角

（续）

要点		示意图	说明
刮刀移土作业	刮土直移作业	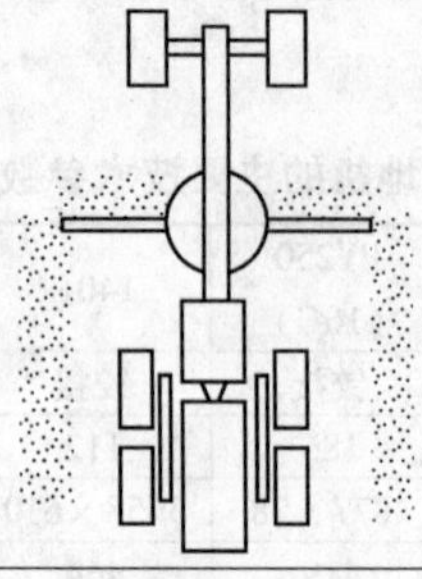	刮刀水平回转角为0°，即刮刀轴线垂直于行驶方向，此时切削宽度最大，但只能以较小的切入深度作业，主要用于铺平作业
	刮土侧移作业	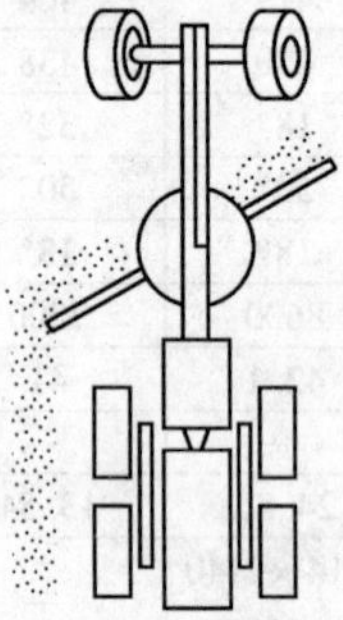	刮刀保持一定的水平回转角，在切削和运土过程中，土沿刮刀侧向流动，回转角越大，切土和移土能力越强。刮土侧移作业用于铺平时，还应采用适当的回转角，始终保证刮刀前有少量但足够的料，既要保证运行阻力小，又要保证铺平质量
	斜行作业	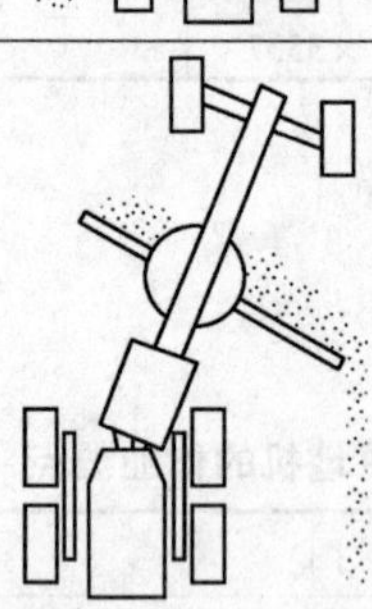	刮刀侧移时，应注意不要使车轮在料堆上行驶，应使物料从车轮中间或两侧流过，必要时可采用斜行方法进行作业，使料离车轮更远一些
刮刀侧移作业		—	平地机在弯道上或作业面边界呈不规则曲线的地段上作业时，可以同时操纵转向和刮刀侧向移动，机动灵活地沿曲折的边界作业。当侧面遇到障碍物时，一般不采用转向的方法躲避，而是将刮刀侧向收回，过了障碍物后再将刮刀伸出
刀角铲土侧移作业		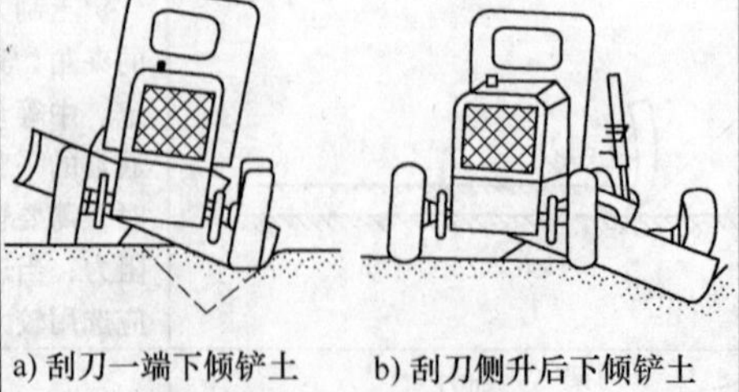 a) 刮刀一端下倾铲土　b) 刮刀侧升后下倾铲土	适用于挖出边沟土壤来修整路型或填筑低路堤。先根据土壤的性质调整好刮刀铲土角和刮土角。平地机以一挡速度前进后，让铲刀前置端下降切土，后置端抬升，形成最大的倾角，如图a所示，被刀角铲下的土层就侧卸于左、右轮之间 为了便于掌握方向，刮刀的前置端应正对前轮之后，遇有障碍物时，可将刮刀的前置端侧伸于机外，再下降铲土。但必须注意，此时所卸的土壤也应处于前轮的内侧，如图b所示，这样可不被驱动后轮压上，以免影响平地机的牵引力

（续）

要　点	示 意 图	说　明
机外刮土作业	 a) 刷边沟边坡 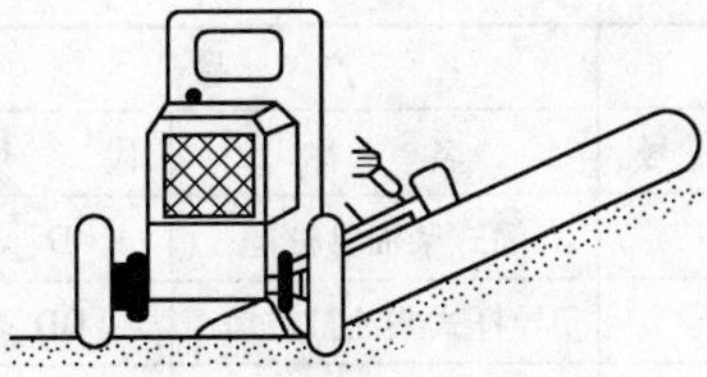 b) 刷路基、路堑边坡	这种作业多用于修整路基、路堑边坡和开挖边沟等工作。工作前首先将刮刀倾斜于机外，然后使其上端向前，平地机以一挡速度前进，放刀刮土，于是刮刀刮下的土就沿刀卸于左、右两轮之间，然后将刮下的土移走。但要注意，用来刷边沟的边坡时，刮土角应小些；刷路基或路堑的边坡时，刮土角应大些

平地机刮刀在不同条件下采用的工作角度见表2-28。

表2-28　平地机刮刀在不同条件下采用的工作角度

作业名称	作业条件	刮刀水平角	刮刀铲土角	刮刀倾斜角
铲土	未疏松的软土和已疏松的土	40°~45°	<15°	40°
		35°~40°	<30°	45°
		35°	<11°	45°
运土	砂性土、干土	35°~45°	<18°	45°
	粘性土、湿土	40°~50°	<15°	40°
修饰	修平	45°~55°	<18°	45°
	平整	55°~60°	<3°	45°
	平整与压实	70°~90°	<2°	60°
	铲刮斜坡	60°~65°	<51°	40°

3 桩工机械

3.1 桩工机械的表示方法

桩工机械的表示方法见表3-1。

表3-1 桩工机械的表示方法

类型				产品		主参数代号	
名称	代号	名称	代号	名称	代号	名称	单位
柴油打桩锤	D（打）	筒式	—	筒式柴油打桩锤	D	冲击部分质量	10^{-2}kg
		导杆式	D（导）	导杆式柴油打桩锤	DD		
液压锤	CY	液压式		液压锤	CY	冲击部分质量	10^{-2}kg
振动桩锤	DZ（打振）	机械式	—	机械式振动桩锤	DZ	振动桩锤功率	kW
		液压式	Y（液）	液压式振动桩锤	DZY		
压桩机	YZ（压桩）	液压式	Y（液）	液压式压桩机	YZY	最大压桩力	10^{-1}kN
钻孔机	K（孔）	长螺旋式	L（螺）	长螺旋钻孔机	KL	最大钻孔直径	mm
		短螺旋式	D（短）	短螺旋钻孔机	KD		
		回转斗式	U（斗）	回转斗钻孔机	KU		
		动力头式	T（头）	动力头钻孔机	KT		
		冲抓式	Z（抓）	冲抓钻孔机	KZ		
		全套管式	QT（全套）	全套管钻孔机	KQT		
		潜水式	Q（潜）	潜水钻孔机	KQ		
		转盘式	P（盘）	转盘钻孔机	KP		
桩架	J（架）	轨道式	G（轨）	轨道式桩架	JG	最大钻孔直径	mm
		履带式	U（履）	履带式桩架	JU		
		步履式	B（步）	步履式桩架	JB		
		简易式	J（简）	简易式桩架	JJ		

3.2 柴油打桩锤

3.2.1 柴油打桩锤的构造组成

1. 导杆式柴油打桩锤

导杆式柴油打桩锤由活塞、缸锤、导杆、顶部横梁、起落架和燃烧室等组成，一般仅适用于小型轻质桩的施工，其结构如图 3-1 所示。

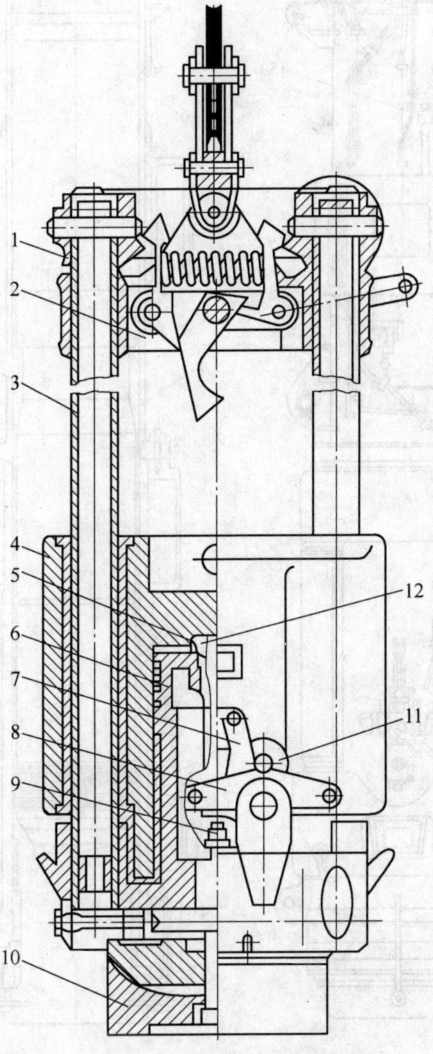

图 3-1 导杆式柴油打桩锤

1—顶部横梁 2—起落架 3—导杆 4—缸锤 5—喷油器 6—活塞 7—曲臂 8—油门调整杆 9—液压泵 10—桩帽 11—撞击销 12—燃烧室

2. 筒式柴油打桩锤

筒式柴油打桩锤由锤体、燃料供给系统、润滑系统、冷却系统和起动系统等构成，依靠活塞的上下跳动来锤击桩。图 3-2 所示为 MH72B 型筒式柴油打桩锤的构造图。

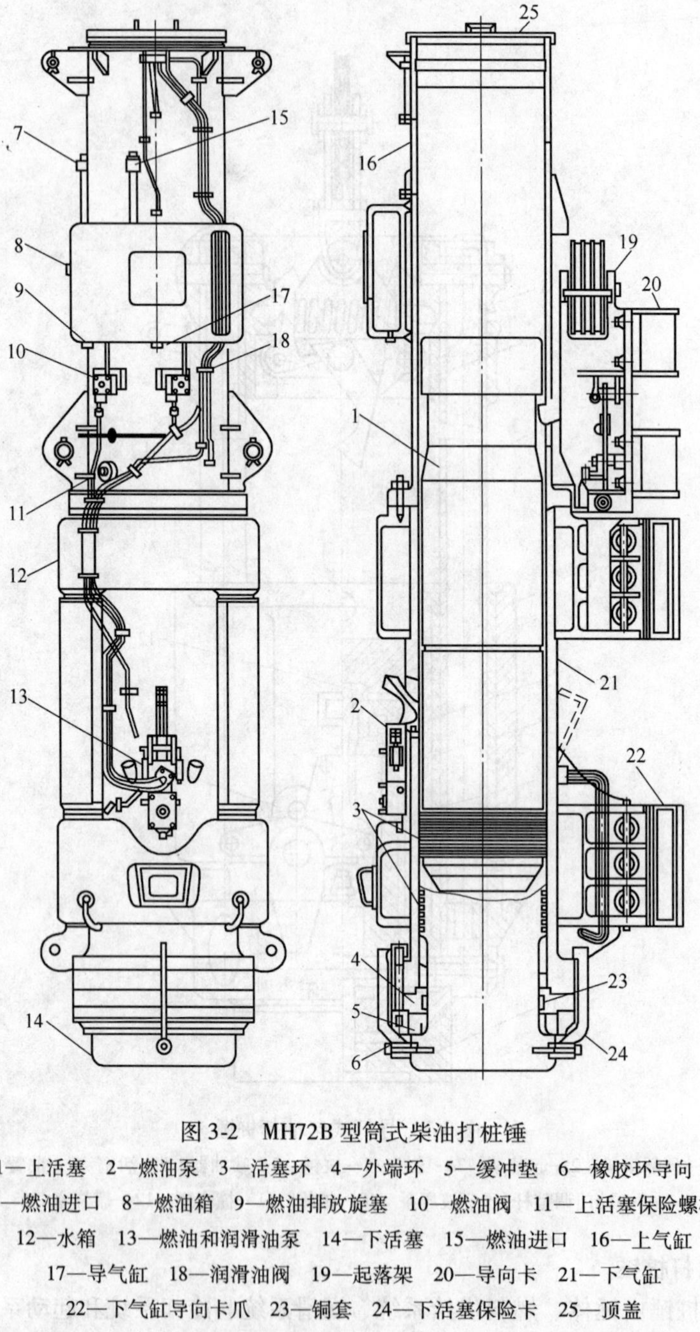

图 3-2　MH72B 型筒式柴油打桩锤

1—上活塞　2—燃油泵　3—活塞环　4—外端环　5—缓冲垫　6—橡胶环导向　7—燃油进口　8—燃油箱　9—燃油排放旋塞　10—燃油阀　11—上活塞保险螺栓　12—水箱　13—燃油和润滑油泵　14—下活塞　15—燃油进口　16—上气缸　17—导气缸　18—润滑油阀　19—起落架　20—导向卡　21—下气缸　22—下气缸导向卡爪　23—铜套　24—下活塞保险卡　25—顶盖

3.2.2　柴油打桩锤的技术参数

筒式柴油打桩锤和导杆式柴油打桩锤的技术参数见表 3-2。

表 3-2 筒式柴油打桩锤和导杆式柴油打桩锤的技术参数

名称	单位	型号									
		DD6	DD18	DD25	D12	D25	D36	D40	D50	D60	D72
冲击体重量	kN	—	—	—	12	25	36	40	50	60	72
冲击能量	kN·m	7.5	14	30	30	62.5	120	100	125	160	180
冲击次数	次/min	—	—	—	40~60	40~60	36~46	40~60	40~60	35~60	40~60
燃油消耗	L/h	—	—	—	6.5	18.5	12.5	24	28	30	43
行程	m	—	—	—	2.5	2.5	3.4	2.5	2.5	2.67	2.5
锤总重	kN	12.5	31	42	2.7	65	84	93	105	150	180
锤总高	m	3.5	4.2	4.5	3.83	4.87	5.28	4.87	5.28	5.77	5.9

3.2.3 筒式柴油打桩锤的工作原理

柴油打桩锤起动时，由桩架卷扬机将起落架吊升，起落架钩住上活塞提升到一定高度，吊钩碰到撞块，上活塞脱离起落架，靠自重落下，柴油打桩锤即可起动。

筒式柴油打桩锤的工作原理见表 3-3。

表 3-3 筒式柴油打桩锤的工作原理

过程	示意图	描述
喷油过程	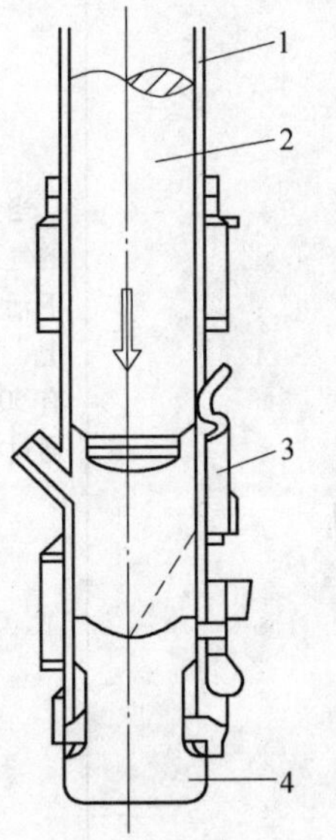 1—气缸 2—上活塞 3—燃油泵 4—下活塞	上活塞被起落架吊起，新鲜空气进入气缸，燃油泵吸油。上活塞提升到一定高度后自动脱钩掉落，上活塞下降，当下降的活塞碰到油泵的压油曲臂时，把一定量的燃油喷入下活塞的凹面

(续)

过程	示意图	描述
压缩过程	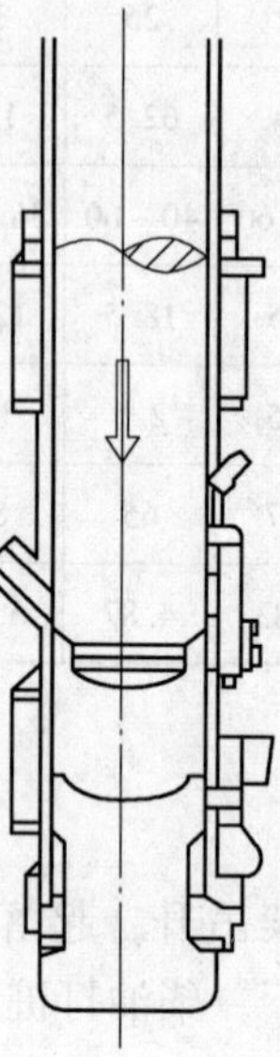	上活塞继续下降，吸、排气口被上活塞挡住而关闭，气缸内的空气被压缩，空气的压力和温度均升高，为燃烧爆发创造条件
冲击、雾化过程	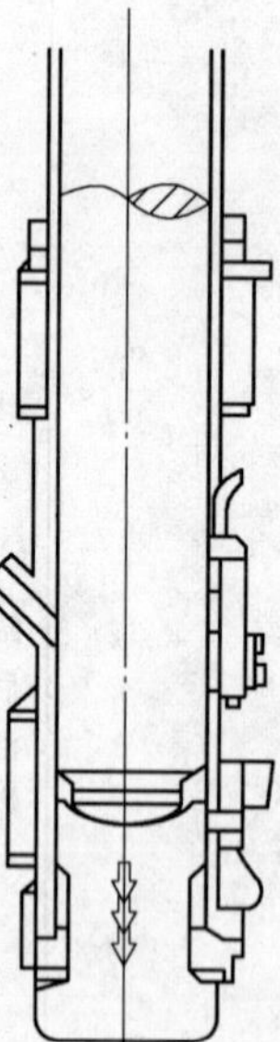	当上活塞快与下活塞相撞时，燃烧室内的气压迅速增大。当上、下活塞碰撞时，下活塞冲击面的燃油因受到冲击而雾化。上、下活塞撞击产生强大的冲击力，大约有50%左右的冲击机械能传递给下活塞，通过桩帽使桩下沉，称为第一次打击

（续）

过　程	示意图	描　述
燃烧过程	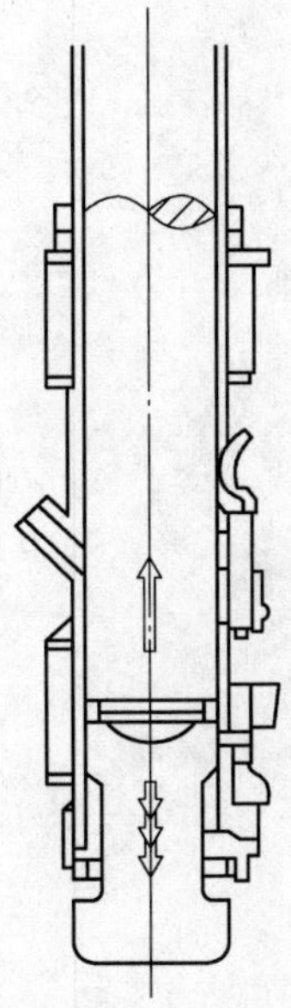	雾化后的混合气体，由于受高温和高压的作用，立刻燃烧爆发，产生巨大的能量，通过下活塞对桩进行再次冲击（即第二次打击），同时使上活塞跳起
排气过程	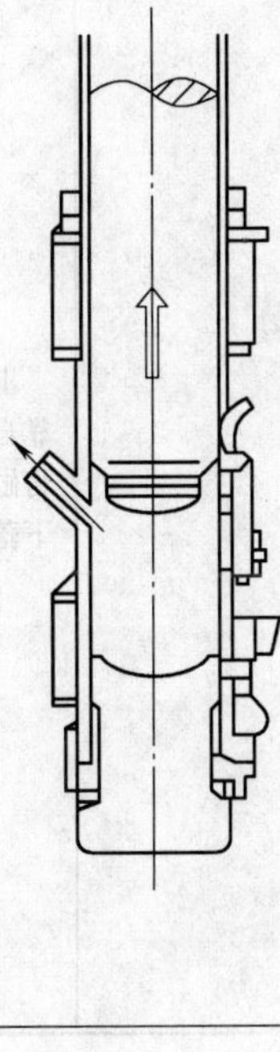	上跳的活塞通过排气口后，燃烧过的废气从排气口排出。上活塞上升越过燃油泵的压油曲臂后，曲臂在弹簧的作用下回复到原位，同时吸入一定量的燃油，为下次喷油作准备

（续）

过　程	示意图	描　述
吸气过程	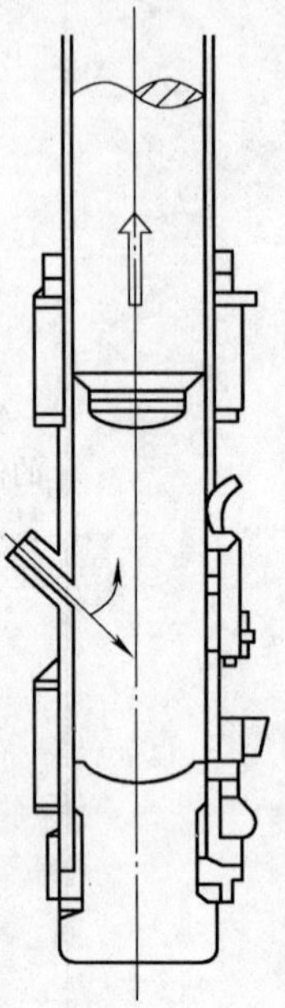	上活塞继续上行，气缸内容积增大，压力下降，新鲜空气被吸入缸内
降落过程	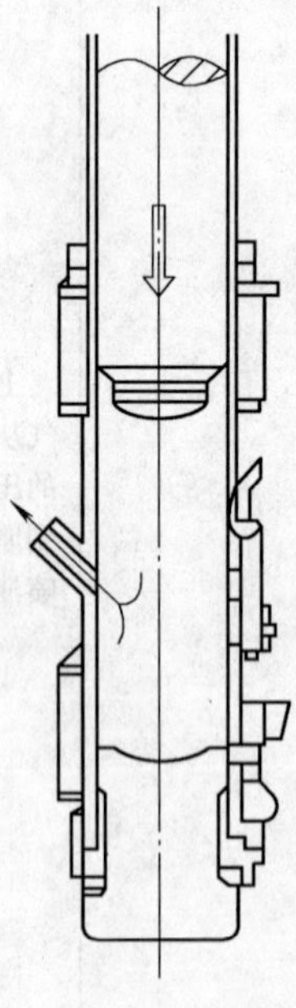	上活塞上升到一定高度后失去动能，又靠自重自由下落，下落至进、排气口前，将缸内空气排出一部分至缸外，然后继续下落，开始下一个工作循环

3.2.4 柴油打桩锤的常见故障及其排除方法

柴油打桩锤的常见故障及其排除方法见表3-4。

表3-4 柴油打桩锤的常见故障及其排除方法

故障现象	故障原因	排除方法
桩锤不能起动	土质软，桩的阻力小	关闭油门，对桩冲击几次然后供油起动。此时应拉动曲臂控制绳多供油一次，连续数次即可
	外界温度过低	关闭油门，突击几次，以提高气缸内温度后起动；或打开检查孔旋盖，放入浸有乙醚的棉纱，旋紧旋盖后起动。水箱内应加热水
	砧块凹形球碗有水	打开检查铜丝堵，清洗干净
桩锤突然停止运动	燃油不足	向燃油箱加油
	油管堵塞	清洗油管
	上活塞活塞环卡死	打开清洗修复或更换活塞环
桩锤不能正常工作	油管内有空气	拆开油管，拉动曲臂以排除空气
	供油泵柱塞副间隙过大	更换柱塞副
	供油泵曲臂严重磨损	更换或修复曲臂
	单向阀漏油	更换橡皮锥头或进油阀
	砧块球碗有异物	清洗球碗
	润滑油流进球碗过多	调整润滑油油量
	气缸磨损过大	修复气缸或更换活塞环
	冲击球头球面，麻点过多	修复球头、球碗
桩锤不能停止运转	供油泵内部回路堵塞	清洗供油泵
	供油泵调节阀位置不正确	松开调节阀压板，调整调节阀位置
排气为黑色	燃油过多	调节供油量
	燃油不纯	更换燃油
废气从缓冲橡胶处喷出	活塞环失去弹力	更换活塞环
	润滑油不足，活塞环卡死	观察加油泵是否出油或人工向油嘴加油
上活塞跳动过高	燃油过多	调节供油量
	土质太硬	将贯入度控制在20mm/10次

3.3 振动桩锤

3.3.1 振动桩锤的构造组成

振动桩锤主要由电动机、振动器、夹桩器和减振装置等组成，其结构如图3-3所示。

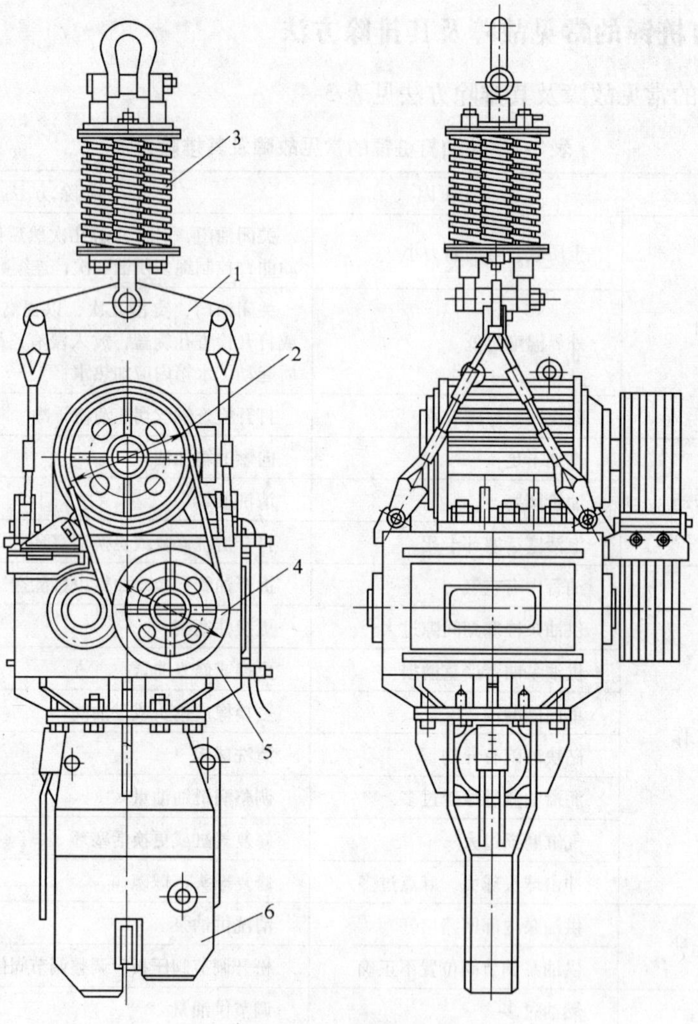

图 3-3　振动桩锤的构造

1—扁担梁　2—电动机　3—减振装置　4—传动机构　5—振动器　6—夹桩器

3.3.2　振动桩锤的技术参数

振动桩锤的技术参数见表 3-5。

表 3-5　振动桩锤的技术参数

性能指标 \ 产品型号	DZ22	DZ90	DZJ60	DZJ90	DZJ240	VM2-4000E	VM2-1000E
电动机功率/kW	22	90	60	90	240	60	394
静偏心力矩/N·m	13.2	120	0～353	0～403	0～3528	300、360	600、800、1000
激振力/kN	100	350	0～477	0～546	0～1822	335、402	669、894、1119
振动频率/Hz	14	8.5	—	—	—	—	—
空载振幅/mm	6.8	22	0～7.0	0～6.6	0～12.2	7.8、9.4	8、10.6、13.3
允许拔桩力/kN	80	240	215	254	686	250	500

3.3.3 振动桩锤的常见故障及其排除方法

振动桩锤的常见故障及其排除方法见表3-6。

表3-6 振动桩锤的常见故障及其排除方法

故障现象	故障原因	排除方法
电动机不运转	电源开关未导通	检查后导通
	熔断式保护器烧断	查找原因，及时更换
	电缆线内部不导通	用仪表查找电缆线断处并接通
	起动装置中接触不良	清除操纵盘触点片上的脏物
	耐振电动机本身烧坏	更换或修复
电动机起动时有响声	起动器或换向器片接触不良	修理或更换
	电缆线某处即将断裂	用仪表查找电缆线断处并接通
电动机转速慢及激振力小	电压太低或电源容量不足	提高电压，增加电源容量
	电缆线流通截面过小	按说明书要求更换
	从电源到操纵盘距离太远	按说明书规定重新布置
	激振器箱体内润滑油超量	减少到规定的油位线
	传动胶带太松	用张紧轮调整
熔丝经常烧断	电流过大	土体对桩的阻力过大，应在振动桩锤上适当增加配重或更换大一级的桩锤
	起动方法错误造成电流峰值过大	严格按说明书规定的起动方法重新起动
夹桩器打滑，夹不住桩	夹桩器液压缸压力太低	调整溢流阀，将压力提高到规定值
	夹齿磨损	重新堆焊或更换夹齿片
	活动齿下颚周围有泥沙	清除泥沙及杂物
	液压缸压力超过额定值，使杠杆弯曲，行程减少	调整液压缸压力，更换或修复杠杆
	各部销子及衬套磨损太大	检查后更换
液压油压力太小	液压泵电动机转动方向相反	检查电动机转动方向，及时更正
	压力表损坏	通过检验台调整或更换
	压力表开关未打开	适当打开压力表开关
	溢流阀流量过大	调整溢流阀压力
	液压泵转轴断裂	更换转轴或液压泵
	溢流阀阀芯磨损	更换阀芯
	液压油油箱油位不足	按说明书规定添加
	管道漏油	查明原因，进行修复
振动器箱体异响	齿轮啮合间隙过大	调整齿轮啮合间隙
	箱体内有金属物遗留	排除
振动有横振现象	偏心块调整不当	按说明书规定调整

3.4 桩架

3.4.1 桩架的分类及构造组成

按导管的安装方法，可分为无导杆桩架、悬挂式桩架及上下固定式桩架，如图 3-4 所示。

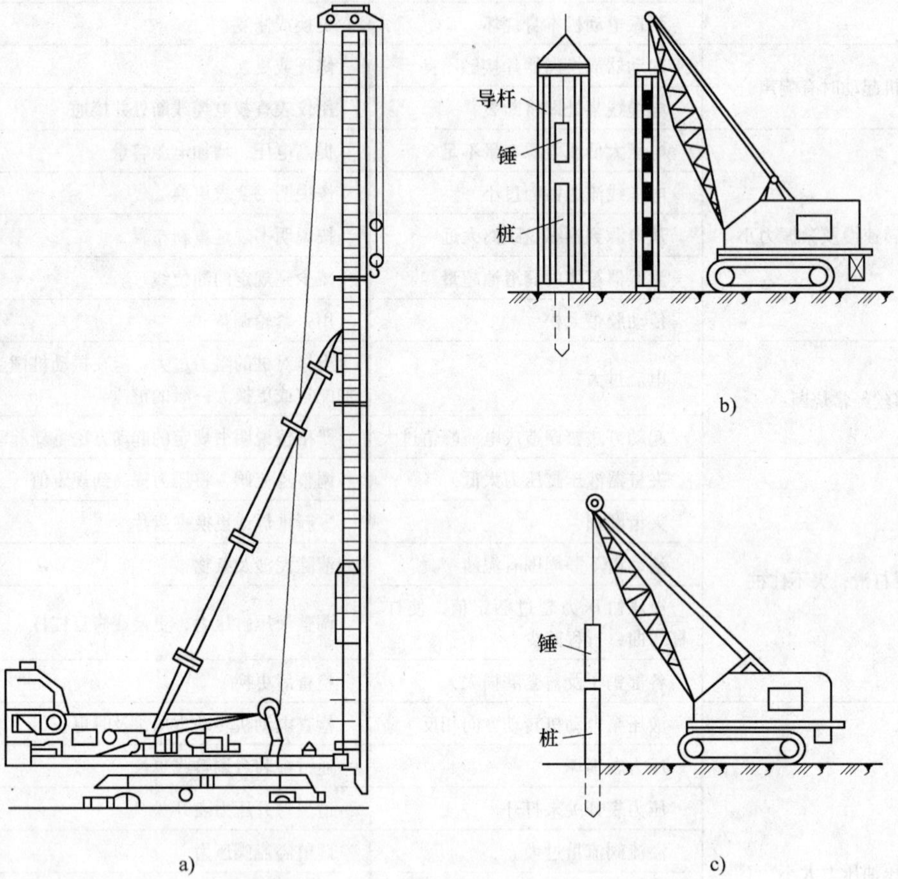

图 3-4　桩架的形式

a）固定导杆桩架　b）悬吊导杆桩架　c）无导杆桩架

按行走方式不同，可分为轨道式（图 3-5）、履带式（图 3-6）、步履式（图 3-7）、滚管式（图 3-8）和筒式桩架。

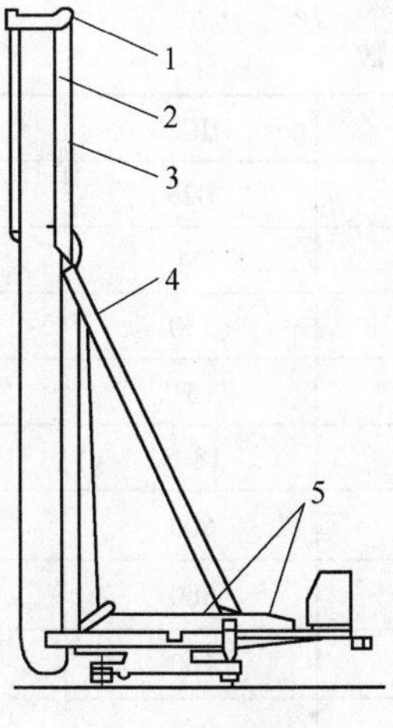

图 3-5 轨道式桩架

1—顶部滑轮组 2—导杆 3—锤和柱起吊用钢丝绳 4—斜撑 5—吊锤和桩用卷扬机

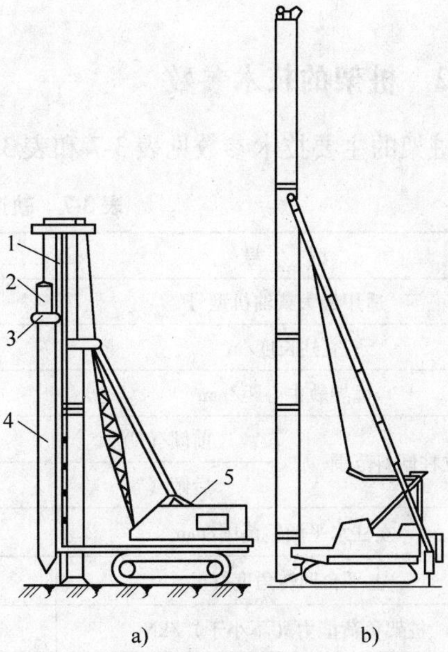

图 3-6 履带式桩架

a）悬挂式履带桩架 b）三点支承式履带桩架

1—导架 2—桩锤 3—桩帽 4—桩 5—吊车

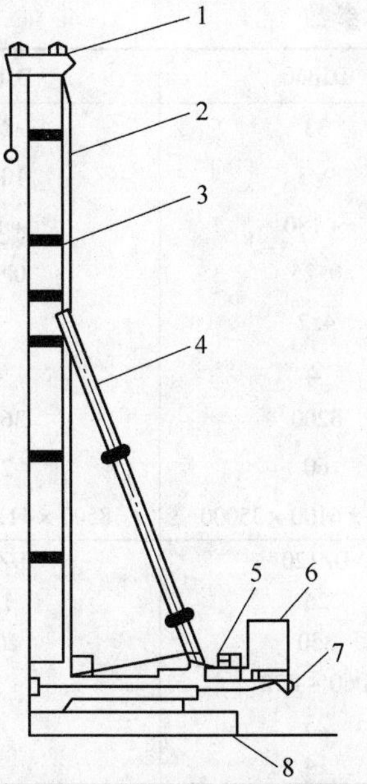

图 3-7 步履式桩架

1—顶部滑轮组 2—导杆 3—锤和桩起吊用钢丝绳 4—斜撑 5—吊锤和桩用卷扬机 6—操作室 7—配重 8—步履式底筋

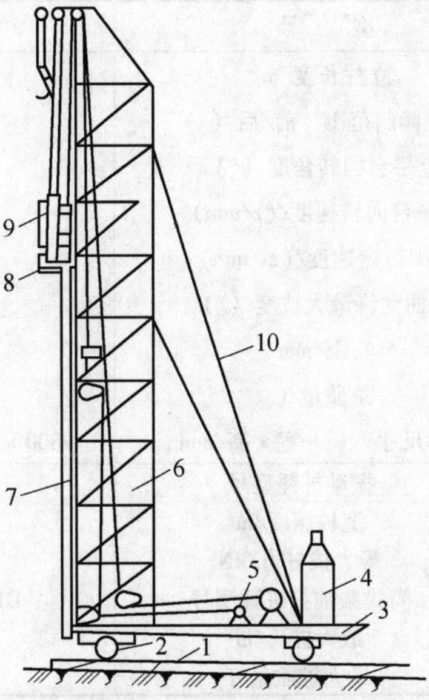

图 3-8 滚管式桩架

1—枕木 2—滚管 3—底架 4—锅炉 5—卷扬机 6—桩架 7—龙门架 8—桩帽 9—蒸汽锤 10—牵绳

3.4.2 桩架的技术参数

桩架的主要技术参数见表3-7和表3-8。

表3-7 轨道式桩架的主要技术参数

型号		DJG12	DJG18	DJG25	DJG40
适用最大柴油机型号		D12	D18	D25	D40
立柱长度/m		18	21	24	27
锤导轨中心距/mm		330	330	330	330
立柱倾斜范围	前倾/(°)	5	5	5	5
	后倾/(°)	14	18.5	18.5	18.5
立柱水平调整范围/mm		—	500	500	500
上平台回转角度/(°)		360	360	360	360
桩架负荷能力（不小于）/kN		60	100	160	240
桩架行走速度（不大于）/(km/h)		0.5	0.5	0.5	0.5
上平台回转速度/(r/min)		<1	<1	<1	<1
轮距/mm		3000	3800	4400	4400
自重（不包括桩锤）/t		12	20	33	45

表3-8 步履式桩架的主要技术参数

型号		DJB25	DJB60	DJB45
立柱长度/m		24	33	20
立柱倾斜范围 前/后（°）		5/5	9/3	10/5
上平台回转角度（°）		+180	+180	+180
上平台回转速度/(r/min)		0.32	0.25	0.39
桩架行走速度/(m/min)		4.2	4.2	
地面允许最大坡度（°）		2	2	2
轨距/mm		4000	5200	3600
总质量/t		30	60	21
外形尺寸 长×宽×高/mm		9800×7000×24500	13500×6100×35000	8500×4120×21650
适应桩锤	振动桩锤型号	DZ90	DZ120	DZ45
	沉桩深度/m	20	26	15
	最大拔桩力/kN	250	350	200
	筒式柴油打桩锤型号	D12～D25	D60～D72	
	最大桩长/m	13	23	
	最大桩质量/t	6.6	14	

3.4.3 桩架的保养与维护

桩架的润滑及保养周期见表3-9。

表 3-9 桩架的润滑及保养周期

所需润滑项目	润 滑 剂	润 滑 方 法
前托架、导向架滑动部分	润滑脂	月检的同时擦洗、清洁，加注润滑脂
导向架、销轴		拆卸时加注润滑脂
前导向滑轮		日常工作前加油
导向架上轴承（旋转导向架）		拆卸时加油
斜撑销		月检时加油
斜撑液压缸支承		拆卸时加油
导向架下轴承（旋转导向架）	轴承脂	每周一次
导向架导管	润滑脂	每日工作前加油（弯曲部分）
柴油打桩锤导轨		每日工作前加油
导向架旋转驱动部分	轴承脂	月检时进行

3.5 静力压桩机

3.5.1 静力压桩机的构造组成

图 3-9 所示是 YZY500 型静力压桩机，主要由支腿平台结构、长船行走机构、短船行走机构与回转机构、夹持机构、导向压桩架、液压起重机、液压系统、电气系统和操作室等部分组成，见表 3-10。

表 3-10 YZY500 型静力压桩机的构造组成

机 构	描 述
支腿平台机构	支腿平台由底盘、支腿、顶升液压缸和配重梁等组成。底盘的作用是支承导向压桩架、夹持机构、液压系统装置和起重机。液压系统和操作室安装在底盘上，组成了压桩机的液压电控操纵系统。配重梁上安置了配重块，支腿由球铰装配在底盘上。支腿前部安装的顶升液压缸与长船行走台车铰接，底盘上的球头轴与短船行走及回转机构相连。整个桩机通过平台结构连成一体，直接承受压桩时的反力。底盘上的支腿在拖运时可以收回并拢在平台边，工作时支腿打开并通过连杆与平台形成稳定的支承结构
长船行走机构	图 3-10 所示为长船行走机构，由船体 3，长船液压缸 2、长船行走台车 1 和顶升液压缸 4 等组成。长船液压缸活塞杆球头与船体连接，缸体通过销铰与行走台车相连，行走台车与底盘支腿上的顶升液压缸铰接。工作时，顶升液压缸顶升使长船落地，短船离地，接着长船液压缸伸缩推动行走台车，使桩机沿着长船轨道前后移动。顶升液压缸回缩使长船离地，短船落地。短船液压缸动作时，长船船体悬挂在桩机上移动，重复上述动作，桩机即可纵向行走
短船行走机构与回转机构	图 3-11 所示为短船行走机构与回转机构，由船体 11、行走梁 5、回转梁 2、交换齿轮 7、行走轮 10、短船液压缸 9、回转轴 4 和滑块 6 组成。回转梁 2 的两端通过球头轴 1 与底盘结构铰接，中间由回转轴 4 与行走梁 5 相连。行走梁上装有行走轮 10，正好落在船体的轨道上，用船体上的交换齿轮机构挂在行走梁 5 上，使整个船体组成一体。短船液压缸的一端与船体铰接，另一端与行走梁铰接 工作时，顶升液压缸动作，使长船落地，短船离地，然后短船液压缸工作，使船体沿行走梁前后移动。顶升液压缸回程，长船离地，短船落地，短船液压缸伸缩推动行走轮沿船体的轨道行走，带动桩机左右移动。上述动作反复交替进行，实现桩机的横向行走。桩机的回转动作是：长船接触地面，短船离地，两个短船液压缸各伸长 1/2 行程，然后短船接触地面，长船离地，此时让两个短船液压缸一个伸出一个收缩，于是桩机通过回转轴使回转梁上的滑块在行走梁上作回转滑动。液压缸行程走满，桩机可转动 10°左右，随后顶升液压缸让长船落地，短船离地，两个短船液压缸又恢复到 1/2 行程处，并将行走梁恢复到与回转梁平行的位置。重复上述动作，可使整机回转到任意角度

（续）

机　　构	描　　述
液压系统	图 3-12 所示为压桩机液压系统原理图，该系统采用双泵双回路，由两个电动机驱动两个轴向柱塞液压泵给系统提供动力。多路换向阀 7 控制两个长船行走液压缸 1、两个短船行走液压缸 2 和两个压桩液压缸 3。多路换向阀 9 控制四个夹桩液压缸 4、四个支腿液压缸 5 和两个压桩液压缸 3。两个泵既可单独给两个压桩液压缸 3 供油，也可同时给两个压桩液压缸 3 供油，以提高压桩的工作速度。每个支腿液压缸和长船液压缸上均安装有双向液压锁 6，用来保证支腿安全可靠地工作
夹持机构与导向压桩架	图 3-13 所示为夹持机构与导向压桩架，该部分由夹持器横梁 5、夹持液压缸 7、导向压桩架 1 和压桩液压缸 2 等组成。夹持液压缸装在夹持横梁里面，压桩液压缸与导向压桩架相连。压桩时，先将桩吊入夹持器横梁内，夹持液压缸通过夹板 4 将桩夹紧，然后压桩液压缸伸长，使夹持机构在导向压桩架内向下运动，将桩压入土中。压桩液压缸行程满后，松开夹持液压缸，压桩液压缸回缩，重复上述程序，直至将桩全部压入地下

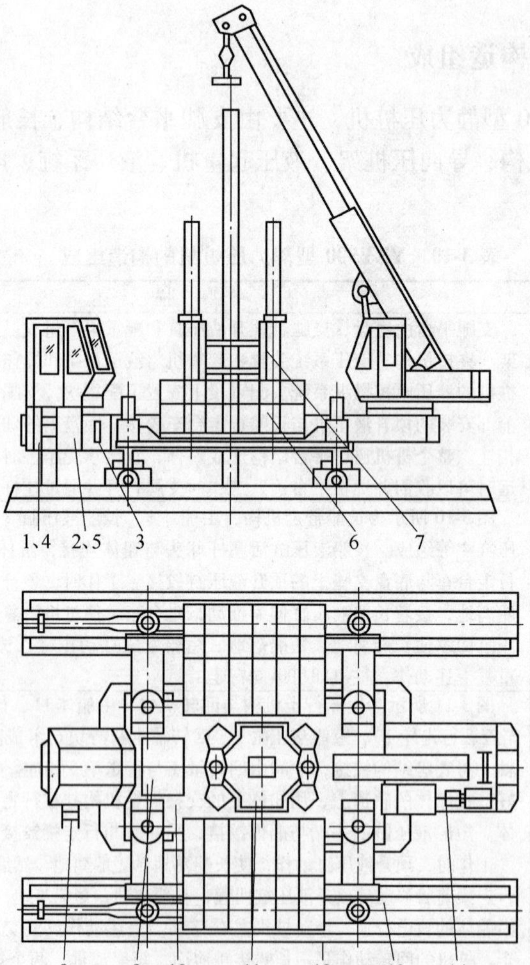

图 3-9　YZY500 型静力压桩机

1—操作室　2—液压总装室　3—油箱系统　4—电气系统　5—液压系统　6—配重铁　7—导向压桩架　8—楼梯　9—踏板　10—支腿平台结构　11—夹持机构　12—长船行走机构　13—短船行走机构与回转机构　14—液压起重机

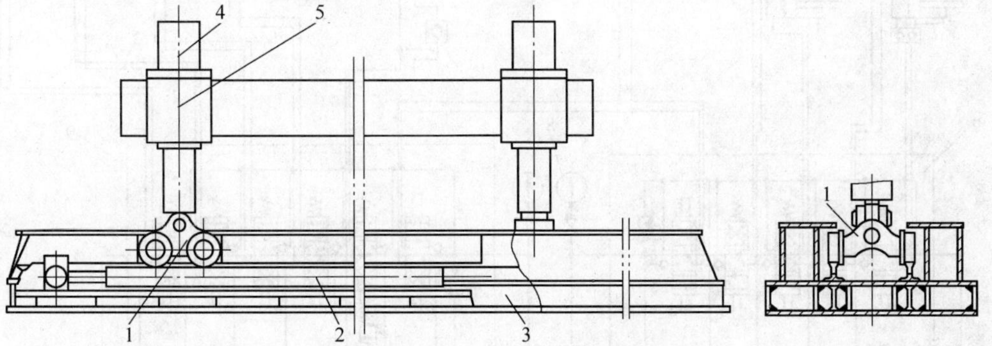

图 3-10 长船行走机构

1—长船行走台车 2—长船液压缸 3—船体 4—顶升液压缸 5—支腿

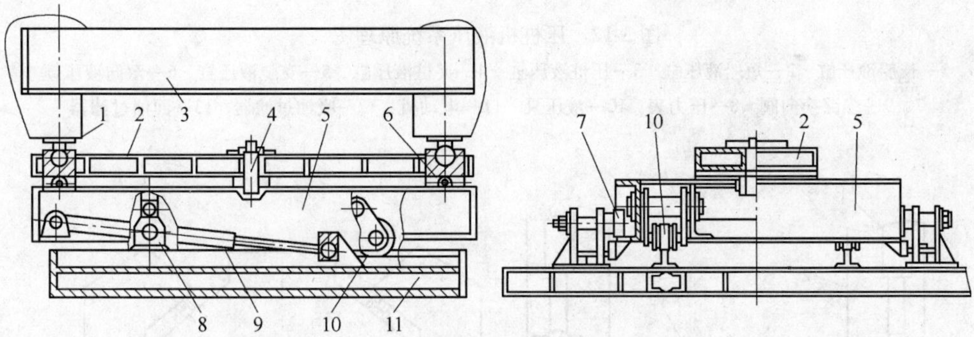

图 3-11 短船行走机构与回转机构

1—球头轴 2—回转梁 3—底盘 4—回转轴 5—行走梁 6—滑块 7—交换齿轮

8—挂轮支座 9—短船液压缸 10—行走轮 11—船体

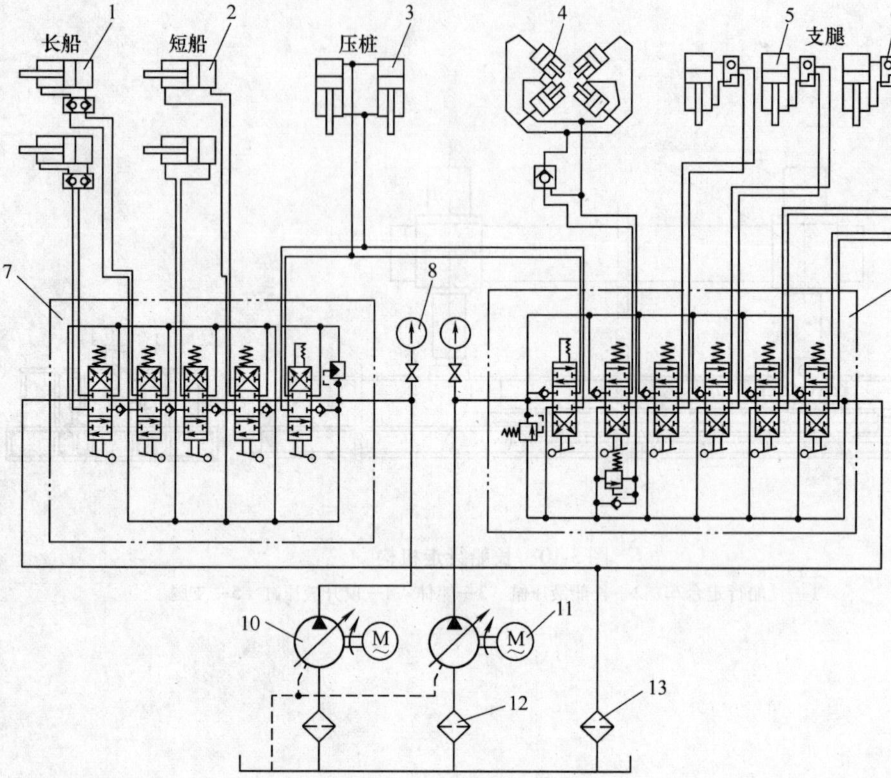

图 3-12　压桩机液压系统原理图

1—长船液压缸　2—短船液压缸　3—压桩液压缸　4—夹桩液压缸　5—支腿液压缸　6—双向液压锁　7、9—多路换向阀　8—压力表　10—液压泵　11—电动机　12—吸油过滤器　13—回油过滤器

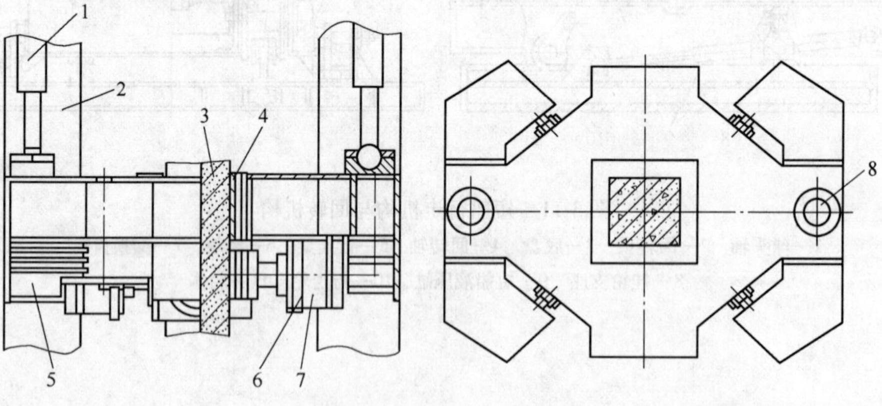

图 3-13　夹持机构与导向压桩架

1—导向压桩架　2—压桩液压缸　3—桩　4—夹板　5—夹持器横梁　6—夹持液压缸支架　7—夹持液压缸　8—压桩液压缸球铰

3.5.2 静力压桩机的技术参数

静力压桩机的主要技术参数见表3-11。

表3-11 静力压桩机的主要技术参数

型号		YZY80	YZY120	YZY160	YZY240	YZY330
最大夹持力/kN		2600	3530	5000		
夹持速度/(m/min)		0.7	0.7	0.55		
最大压桩力/kN		900	1200	1600	2400	3300
压桩速度/(m/min)		1.7	2	1.81	1.6~2.1	1.6~2.1
最大顶升力/kN		1440	2430	1840		
顶升速度/(m/min)		1	1	1.01		
最大桩段长度/m		12	12	10	12	12
最大桩段截面/mm		400×400	400×400	450×450	550×550	550×550
最小桩段截面/mm		300×300	350×350	350×350	300×300	300×300
液压系统额定压力/MPa		13	17	17	21	21
液压系统额定流量/(L/min)		146	154	176.5		
主电动机功率/kW		30	30	40	30×2	30×2
副电动机功率/kW		13	13	30	37	37
外形尺寸	长/mm	9000	9000	11450	10000	10000
	宽/mm	6760	6760	7800	7706	8400
	高/mm	6450	6450	15480	6600	6600
总质量/t		110	120	188.5		

3.5.3 静力压桩机的常见故障及其排除方法

静力压桩机的常见故障及其排除方法见表3-12。

表3-12 静力压桩机的常见故障及其排除方法

故障现象	故障原因	排除方法
液压缸活塞动作缓慢	油压太低	提高溢流阀卸载压力
	液压缸内吸入空气	检查油箱油位，不足时添加；检查吸油管，消除漏气
	过滤器或吸油管堵塞	拆下清洗，疏通
	液压泵或操纵阀内泄漏	检修或更换
油路漏油	管接头松动	重新拧紧或更换
	密封件损坏	更换漏油处密封件
	溢流阀卸载压力不稳定	修理或更换
液压系统噪声太大	油内混入空气	检查并排出空气
	油管或其他元件松动	重新紧固或装橡胶垫
	溢流阀卸载压力不稳定	修理或更换

3.6 钻孔机

3.6.1 转盘钻孔机

1. 转盘钻孔机的构造组成

KPG3000A型全液压钻孔机由钻架、转盘、水龙头、主卷扬机、钻具、液压泵站、封口平车等主要部件组成，如图 3-14 所示。

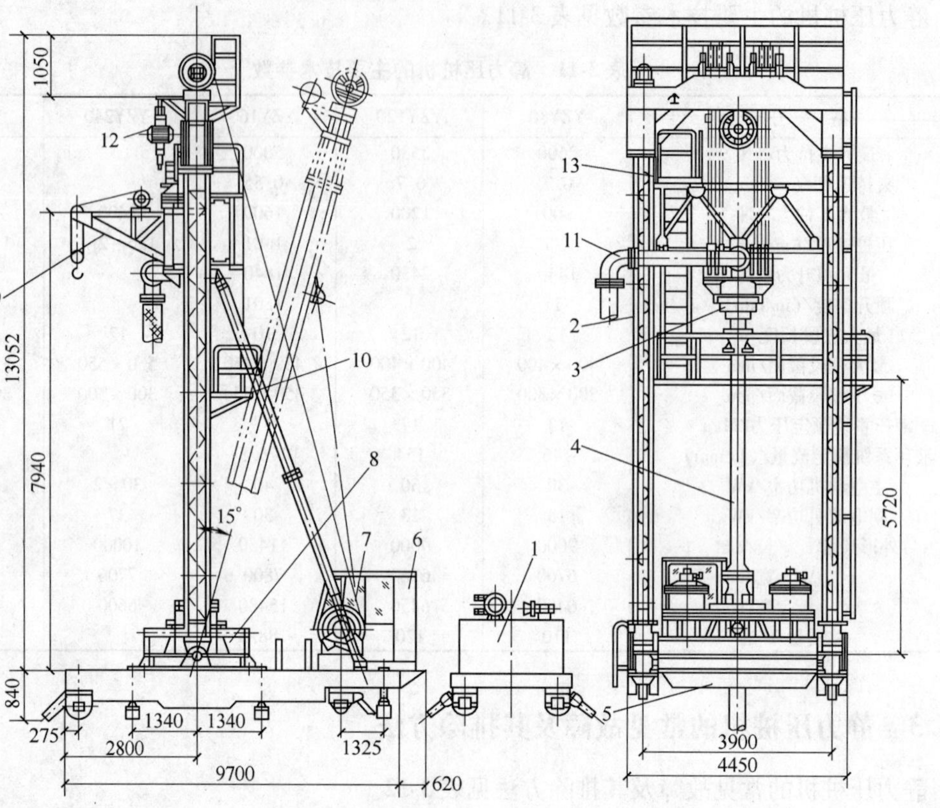

图 3-14 KPG3000A 型全液压钻孔机（单位：mm）

1—液压泵站 2—钻架 3—水龙头 4—钻具 5—封口平车 6—驾驶室 7—主卷扬机 8—转盘 9—钻杆起吊装置 10—二层平台 11—排渣管 12—电动葫芦 13—小平台

2. 转盘钻孔机的技术参数

转盘钻孔机的主要技术参数见表 3-13。

表 3-13 转盘钻孔机的主要技术参数

技术性能 \ 型号	GPS15	SPJT300	SPC500	QJ250	ZJ1501	G4	BRM1	BRM4	GJD1500	红星 400、XF3	GJC400 HF
钻孔直径/mm	800 ~ 1500	500	500 ~ 3500	2500	1500	1000	1250	3000	1500 ~ 2000	1500	1000 ~ 1500
钻孔深度/m	50	300	600	100	70 ~ 100	50	40 ~ 60	40 ~ 100	50	50	40
转盘转矩/kN · m	17.7	17.7	—	68.6	3.5 ~ 19.5	20	3.3 ~ 12.1	15 ~ 80	39.2	40.0	14.0
转盘转速/(r/min)	13 ~ 42	40 ~ 128	42 ~ 203	12 ~ 40	12 ~ 120	10 ~ 80	9 ~ 52	6 ~ 35	6.3 ~ 30.6	12	20 ~ 47
钻孔方式	泵吸反循环	正反循环	正循环	正反循环	正反循环	正反循环	正反循环	正反循环	正反循环冲击钻进	正反循环	正反循环

（续）

技术性能 \ 型号	GPS15	SPJT300	SPC500	QJ250	ZJ1501	G4	BRM1	BRM4	GJD1500	红星400、XF3	GJC400HF
加压进给方式	—	—	—	自重	自重	—	配重	配重	—	自重	—
驱动功率/kW	30	40	75	95	55	20	22	75	63	40	116
质量/kg	15000	11000	25000	13000	10000	—	9200	32000	20500	7000	15000

3.6.2 螺旋钻孔机

1. 长螺旋钻孔机

长螺旋钻孔机安装于履带底盘上，其钻具由电动机、减速器、钻杆、钻头等组成，整套钻具悬挂于钻架上，钻具的就位、起落均由履带底盘控制。长螺旋钻孔机的外形结构如图3-15所示。

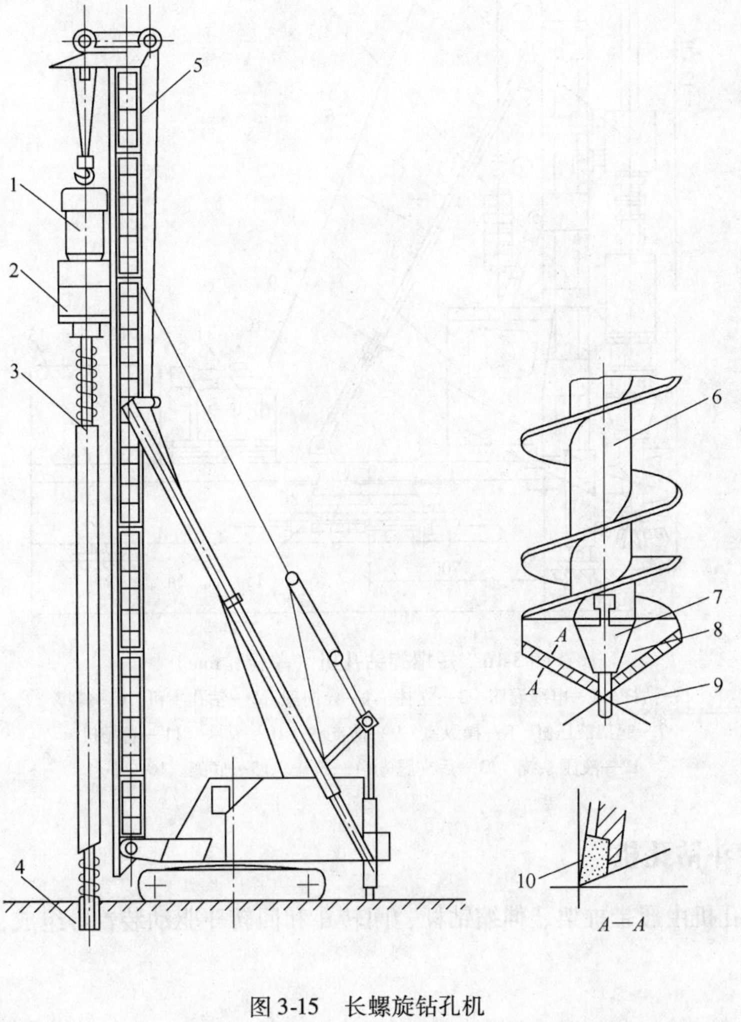

图3-15 长螺旋钻孔机

1—电动机 2—减速器 3—钻杆 4—钻头 5—钻架 6—无缝钢管 7—钻头接头 8—刀板 9—定心尖 10—切削刃

2. 短螺旋钻孔机

短螺旋钻孔机的外形结构如图 3-16 所示。

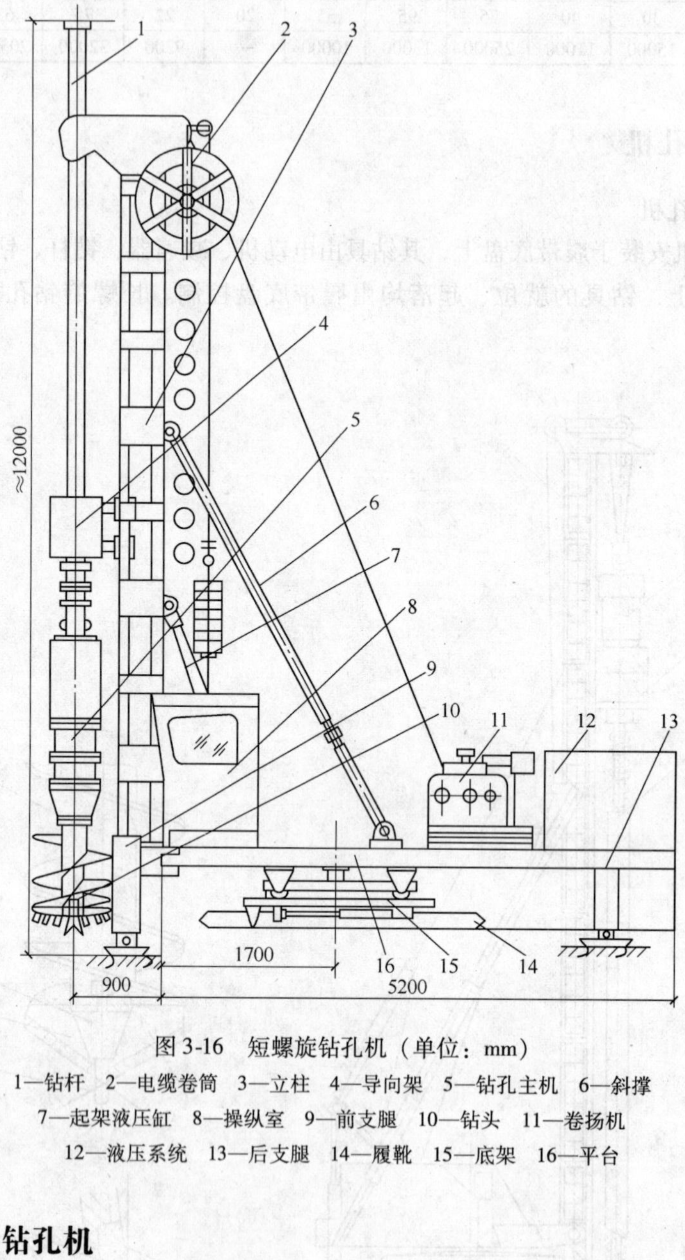

图 3-16　短螺旋钻孔机（单位：mm）

1—钻杆　2—电缆卷筒　3—立柱　4—导向架　5—钻孔主机　6—斜撑　7—起架液压缸　8—操纵室　9—前支腿　10—钻头　11—卷扬机　12—液压系统　13—后支腿　14—履靴　15—底架　16—平台

3.6.3　回转斗钻孔机

回转斗钻孔机由履带桩架、伸缩钻杆、回转斗和回转斗驱动装置等组成，其外形结构如图 3-17 所示。

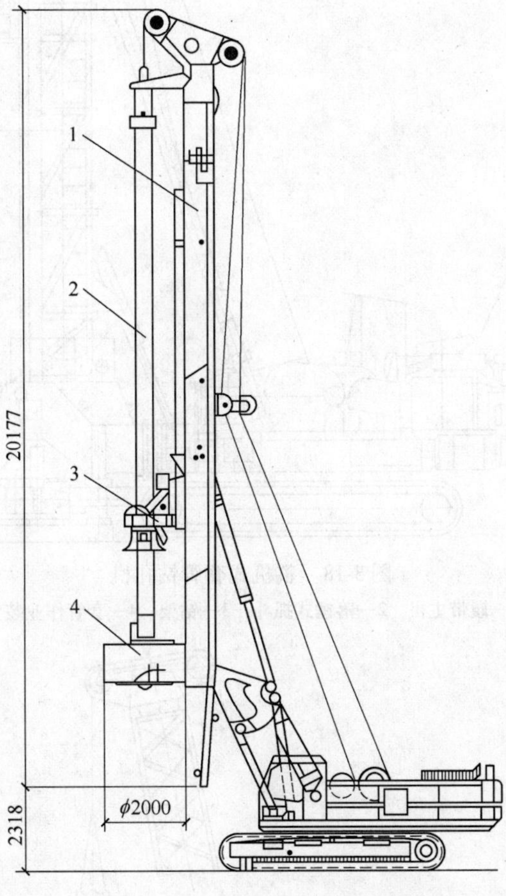

图 3-17 回转斗钻孔机（单位：mm）
1—履带桩架 2—伸缩钻杆 3—回转斗 4—回转斗驱动装置

3.6.4 全套管钻孔机

1. 整机式套管钻孔机

整机式套管钻孔机由履带主机、落锤式抓斗、钻架和套管作业装置组成，其外形结构如图 3-18 所示。

2. 分体式套管钻孔机

分体式套管钻孔机由履带起重机、落锤式抓斗、套管和独立摇动式钻机等组成，其外形结构如图 3-19 所示。

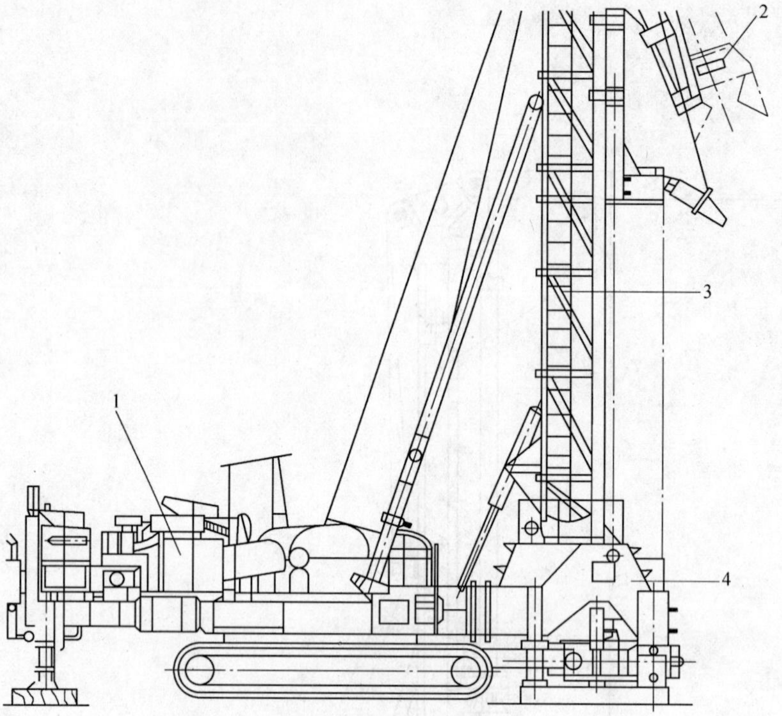

图 3-18　整机式套管钻孔机

1—履带主机　2—落锤式抓斗　3—钻架　4—套管作业装置

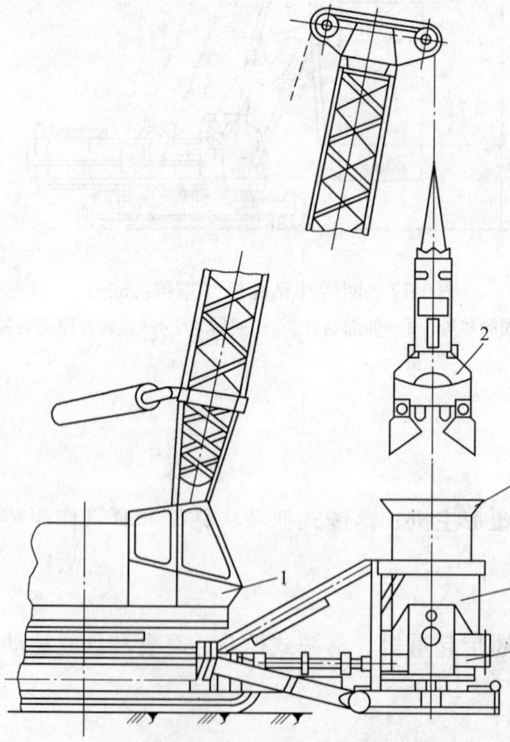

图 3-19　分体式套管钻孔机

1—履带起重机　2—落锤式抓斗　3—导向口　4—套管　5—独立摇动式钻机

3.6.5 潜水钻孔机

1. 潜水钻孔机的构造组成

潜水钻孔机主要由潜水电动机、齿轮减速器、密封装置、钻杆、钻头等组成，其外形结构如图 3-20 所示。

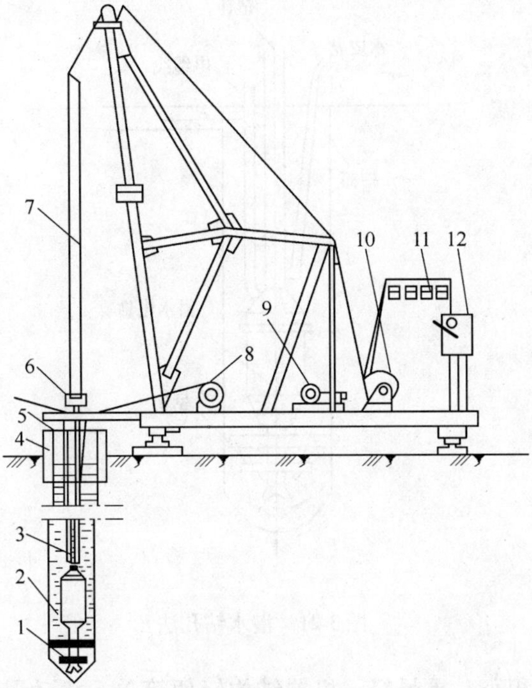

图 3-20 潜水钻孔机

1—钻头 2—潜水电钻 3—电缆 4—护筒 5—水管 6—滚轮（支点） 7—钻杆 8—电缆盘 9—0.5t 卷扬机 10—卷扬机 11—电流电压表 12—起动开关

2. 潜水钻孔机的技术参数

潜水钻孔机的主要技术参数见表 3-14。

表 3-14 潜水钻孔机的主要技术参数

技术性能指标		钻机型号						
		KQ800	CZQ800	KQ1250A	CZQ1250A	KQ1500	GZQ1500	KQ2000
钻孔深度/m		80	50	80	50	80	50	80
钻孔直径/mm		450 ~ 800	800	450 ~ 1250	1250	800 ~ 1500	1500	800 ~ 2000
主轴转速/(r/min)		200	200	45	45	38.5	38.5	21.3
最大转矩/kN·m		1.90	1.07	4.60	4.76	6.87	5.57	13.72
潜水电动机功率/kW		22	22	22	22	37	22	41
潜水电动机转速/(r/min)		960	960	960	960	960	960	960
钻进速度/(m/min)		0.3 ~ 1.0	0.3 ~ 1.0	0.3 ~ 1.0	0.16 ~ 0.20	0.06 ~ 0.16	0.02	0.03 ~ 0.10
整机外形尺寸	长/mm	4306	4300	5600	5350	6850	5300	7500
	宽/mm	3260	2230	3100	2220	3200	3000	4000
	高/mm	7020	6450	8742	8742	10500	8350	11000
主要质量/t		0.55	0.55	0.70	0.70	1.00	1.00	1.00
整机质量/t		7.28	4.60	10.46	7.50	15.43	15.40	20.18

3. 潜水钻孔机的安全操作

施工时，应将电动机和变速器机构加以密封，并与底部钻头连接在一起组成一个专钻机具，潜入孔内作业，钻削下来的土块被循环的水或泥浆带出孔外，如图 3-21 所示。

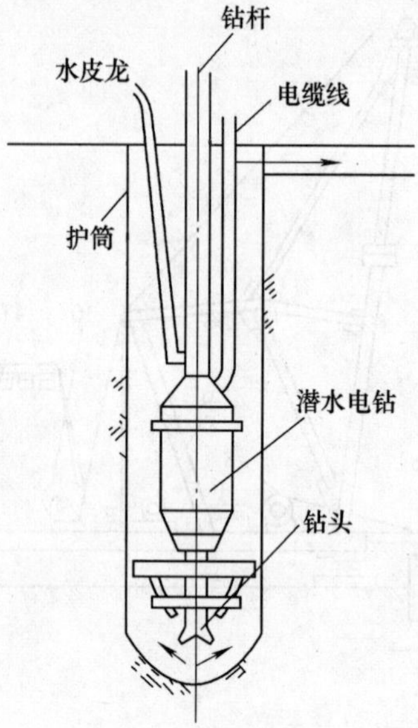

图 3-21 潜水钻孔法

潜水钻孔机具有体积小、重量轻、机器结构轻便简单、机动灵活、钻孔速度较快等特点，宜用于地下水位高的轻便土层，如淤泥质土、黏性土及砂质土等。潜水钻孔机的构造如图 3-22 所示。

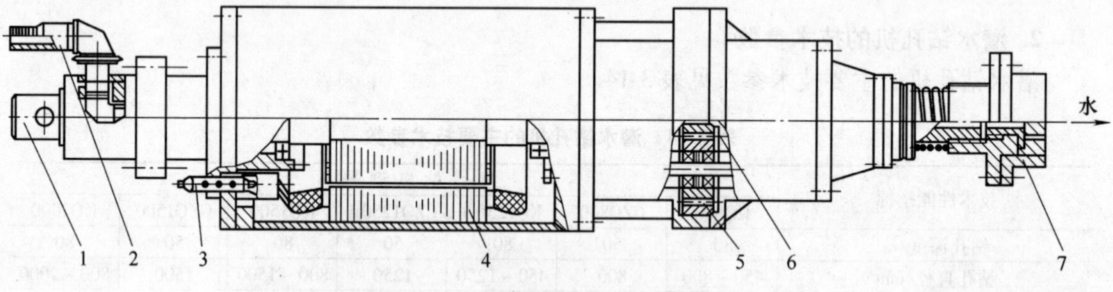

图 3-22 潜水钻孔机构造示意图

1—提升盖 2—进水管 3—电缆 4—潜水电钻机
5—行星减速箱 6—中间进水管 7—钻头接箍

4 钢筋机械

4.1 钢筋冷加工机械

4.1.1 钢筋冷拉机

1. 钢筋冷拉机的构造组成

卷扬机式钢筋冷拉机属于常用的钢筋冷拉机械之一，其主要由电动卷扬机、滑轮组、地锚、导向滑轮、夹具和测力器等组成，如图 4-1 所示。

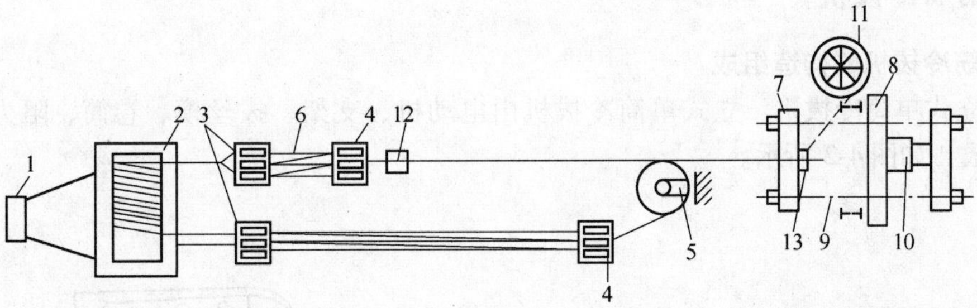

图 4-1 卷扬机式钢筋冷拉机

1—地锚 2—卷扬机 3—定滑轮组 4—动滑轮组 5—导向滑轮 6—钢丝绳 7—活动横梁 8—固定横梁 9—传力杆 10—测力器 11—放盘架 12—前夹具 13—后夹具

2. 钢筋冷拉机的技术参数

钢筋冷拉机的主要技术参数见表 4-1 和表 4-2。

表 4-1 卷扬机式钢筋冷拉机的主要技术参数

项 目	粗钢筋冷拉	细钢筋冷拉
卷扬机型号规格	JJM-5（5t 慢速）	JJM-3（3t 慢速）
滑轮直径及门数	计算确定	计算确定
钢丝绳直径/mm	24	15.5
卷扬机速度/(m/min)	小于 10	小于 10
测力器形式	千斤顶式测力器	千斤顶式测力器
冷拉钢筋直径/mm	12 ~ 36	6 ~ 12

表 4-2 液压钢筋冷拉机的主要技术参数

项 目	单 位	性能参数	项 目	单 位	性能参数
冷拉钢筋直径	mm	12 ~ 18	冷拉速度	m/s	0.04 ~ 0.05
冷拉钢筋长度	mm	9000	回程速度	m/s	0.05
最大拉力	kN	320	工作压力	MPa	32
液压缸直径	mm	220	台班产量	根/台班	700 ~ 720
液压缸行程	mm	600	油箱容量	L	400
液压缸截面积	cm^2	380	总质量	kg	1250
高压油泵 型号		ZBD40	低压油泵 型号		CB-B50
高压油泵 压力	MPa	210	低压油泵 压力	MPa	2.5
高压油泵 流量	mL/r	40	低压油泵 流量	L/min	50
高压油泵 电动机型号		Y 型 6 极	低压油泵 电动机型号		Y 型 4 极
高压油泵 电动机功率	kW	7.5	低压油泵 电动机功率	kW	2.2
高压油泵 电动机转速	r/min	960	低压油泵 电动机转速	r/min	1430

4.1.2 钢筋冷拔机

1. 钢筋冷拔机的构造组成

（1）立式单筒冷拔机　立式单筒冷拔机由电动机、支架、拔丝模、卷筒、阻力轮、盘料架等组成，如图 4-2 所示。

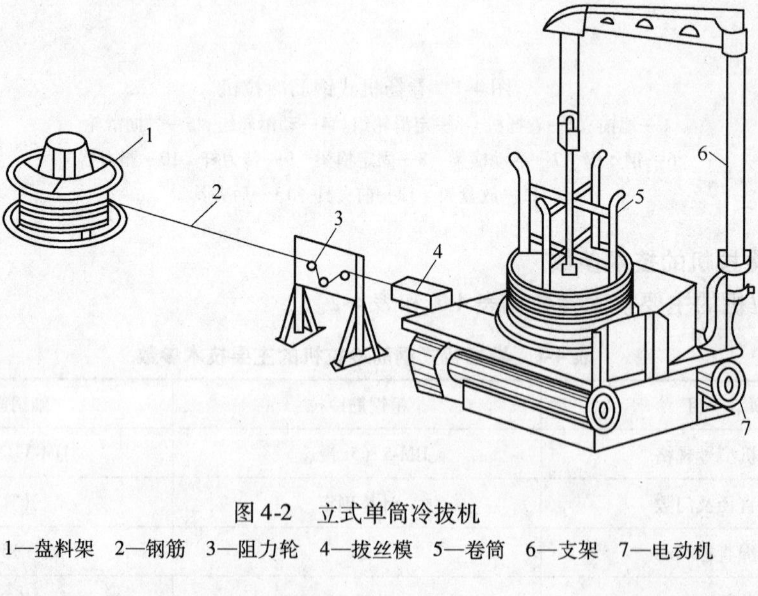

图 4-2　立式单筒冷拔机

1—盘料架　2—钢筋　3—阻力轮　4—拔丝模　5—卷筒　6—支架　7—电动机

（2）卧式双筒冷拔机　卧式双筒冷拔机的卷筒水平设置，有单筒、双筒之分，常用的为双筒，其结构如图 4-3 所示。

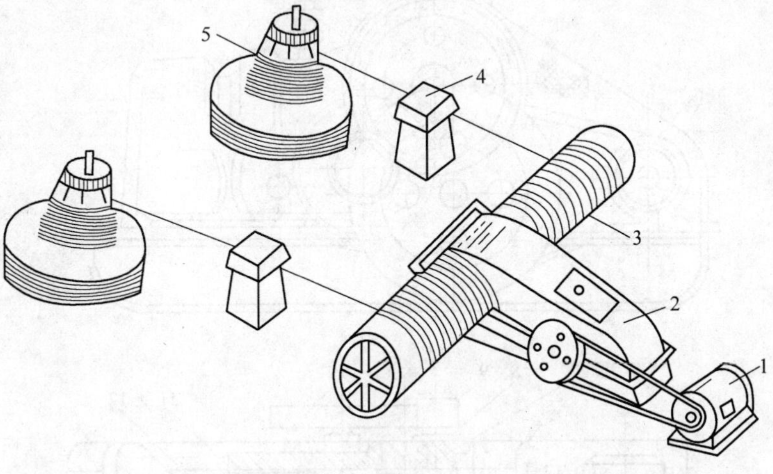

图 4-3 卧式双筒冷拔机
1—电动机 2—减速器 3—卷筒 4—拔丝模盒 5—承料架

2. 钢筋冷拔机的技术参数

钢筋拔丝机的技术参数见表 4-3。

表 4-3 钢筋拔丝机的技术参数

指 标	单 位	1/750	4/650
卷筒个数		1	4
卷筒直径	mm	750	650
进/出钢筋直径	mm	9/4	7.1/3～5
卷筒转速	r/min	30	40～60
拔丝速度	m/min	75	80～160
功率/转速	kW/(r/min)	46/750	40/1000、2000
钢筋拉拔后强度极限	MPa	13000	14500
冷却水耗量	L/min	2	4.5
外形尺寸	m	9.55×3×3.7	1.55×4.15×3.7
总质量	kg	6030	20125

4.2 钢筋成形机械

4.2.1 钢筋切断机

1. 钢筋切断机的构造组成

（1）机械传动式钢筋切断机 卧式钢筋切断机属于机械传动式钢筋切断机，主要由电动机、传动系统、减速机构、曲轴机构、机体及切断刀等组成，如图 4-4 所示。

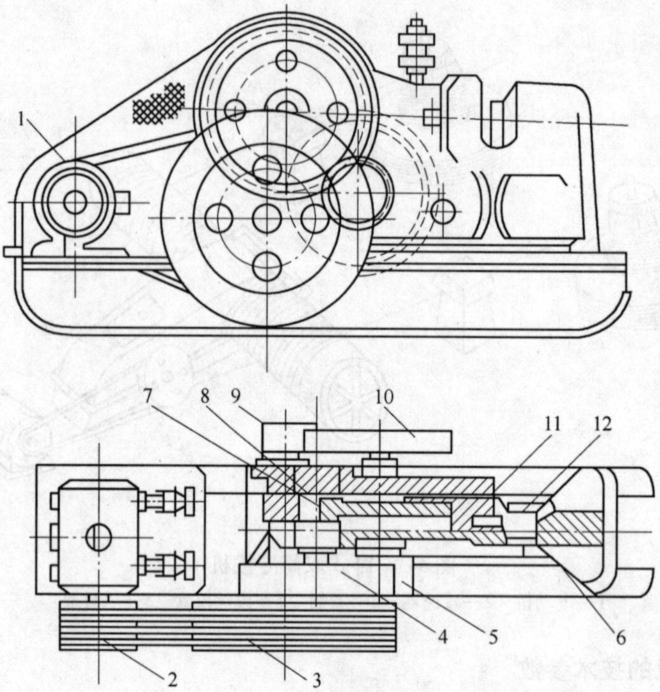

图 4-4　卧式钢筋切断机

1—电动机　2、3—V 带　4、5、9、10—减速齿轮　6—固定刀片
7—连杆　8—曲柄轴　11—滑块　12—活动刀片

（2）液压传动式钢筋切断机　电动液压式钢筋切断机主要由电动机、液压传动系统、操纵装置和刀片等组成，如图 4-5 所示。

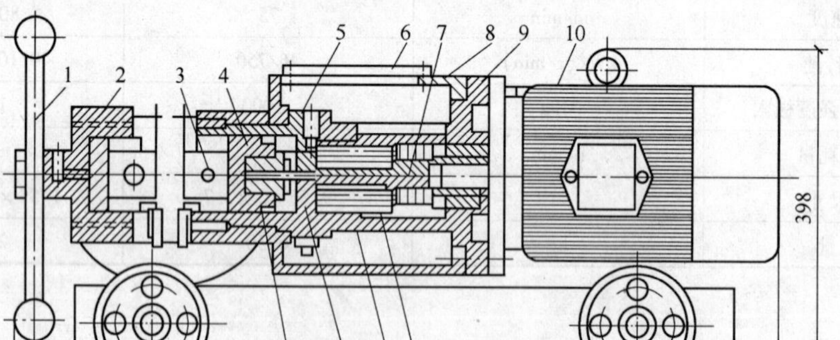

图 4-5　电动液压传动式钢筋切断机（单位：mm）

1—手柄　2—支座　3—主刀片　4—活塞　5—放油阀　6—观察玻璃　7—偏心轴　8—油箱
9—连接架　10—电动机　11—皮碗　12—液压缸体　13—液压缸　14—柱塞

2. 钢筋切断机的技术参数

钢筋切断机的主要技术参数见表4-4和表4-5。

表4-4 机械传动式钢筋切断机的主要技术参数

形式		半封闭式				封闭式			立式
型号		GQ40A	GQ40F	GQ50B	GQ65A	GQ35B	GQ40D	GQ50A	GQL40
切断钢筋直径/mm		6~40	6~40	6~50	6~65	6~35	6~40	6~50	6~40
切断螺纹钢直径/mm		6~32	6~28	6~40	6~50	6~25	6~30	6~36	6~30
动力往复次数/(次/min)		28	31	29	29	29	37	40	38
开口距/mm			35~42	44~54	52~68	34	34	40	
电动机	型号	Y112M-4	Y100L-2	Y112M-2	Y132-4	$Y100L_1$-4	Y100L-2	Y112M-2	$Y100L_2$-4
	功率/kW	4	3	4	5.5	2.2	3	4	3
	转速/(r/min)	1430	2870	2890	1440	2840	2880	2890	1420
外形尺寸	长/mm	1525	1080	1240	1500	980	1200	1270	690
	宽/mm	615	433	550	654	395	420	590	575
	高/mm	810	795	1160	864	645	570	580	984
质量/kg		670	560	820	1100	375	460	705	600

表4-5 液压传动式钢筋切断机的主要技术参数

形式		电动	手动	手持电动	
型号		DYJ32	SYJ16	CQ12	CQ20
切断钢筋直径/mm		8~32	16	6~12	6~20
工作总压力/kN		320	80	100	150
活塞直径/mm		95	36		
最大行程/mm		28	30		
液压泵柱塞直径/mm		12	8		
单位工作压力/MPa		45.5	79	34	34
液压泵输油率/(L/min)		4.5			
压杆长度/mm			438		
压杆作用力/N			220		
储油量/kg			35		
电动机	型号	Y型		单相串激	单相串激
	功率/kW	3		0.567	0.750
	转数/(r/min)	1440			
外形尺寸	长/mm	889	680	367	420
	宽/mm	396		110	218
	高/mm	398		185	130
质量/kg		145	6.5	7.5	14

3. 钢筋切断机的常见故障及其排除方法

钢筋切断机的常见故障及其排除方法见表4-6。

表 4-6 钢筋切断机的常见故障及其排除方法

故障现象	故障原因	排除方法
剪切不顺利	刀片安装不牢固，刀口损伤	紧固刀片或修磨刀口
	刀片侧间隙过大	调整间隙
切刀或衬刀打坏	一次切断钢筋太多	减少钢筋数量
	刀片松动	调整垫铁，拧紧刀片螺栓
	刀片质量不好	更换
切细钢筋时切口不直	切刀过钝	更换或修磨
	上、下刀片间隙过大	调整间隙
轴承及连杆瓦发热	润滑不良，油路不通	加油
	轴承不清洁	清洁
连杆发出撞击声	轴瓦磨损，间隙过大	联磨或更换轴瓦
	联接螺栓松动	紧固螺栓
齿轮传动有噪声	齿轮损伤	修复齿轮
	齿轮啮合部位不清洁	清洁齿轮，重新加油

4.2.2 钢筋调直切断机

1. 钢筋调直切断机的构造组成

GT4/8 型钢筋调直切断机主要由放盘架、调直筒、传动箱、切断机构、承受架及机座等组成，如图 4-6 所示。

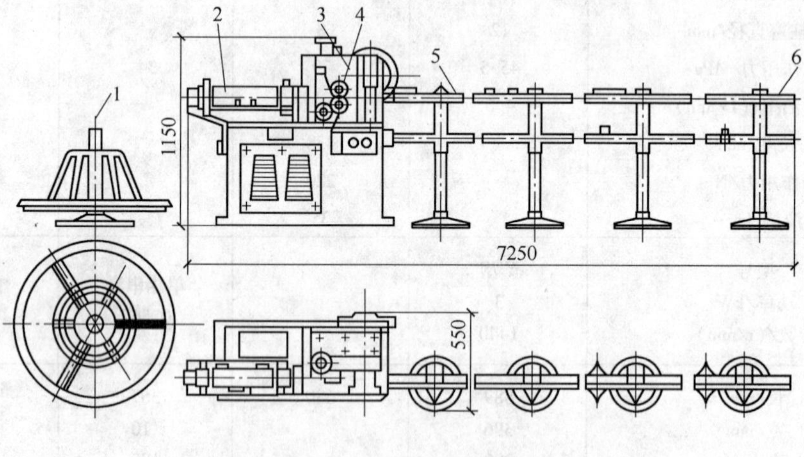

图 4-6 GT4/8 型钢筋调直切断机（单位：mm）

1—放盘架 2—调直筒 3—传动箱 4—机座 5—承受架 6—定尺板

2. 钢筋调直机的技术参数

钢筋调直机的主要技术参数见表 4-7。

表 4-7 钢筋调直机的主要技术参数

型号		GT1.6/4	GT3/8	GT6/12	LGT4/8	LGT6/14	GT5/7	WGT10/16
钢筋公称直径/mm		1.6~4	3~8	6~12	4~8	6~14	5~7	10~16
钢筋抗拉强度/MPa		650	650	650	800	800	1500	1000
切断长度/mm		200~400	200~6000	300~12000	300~12000	1000~16000	300~7000	2000~10000
切断长度误差/mm		1	1	1	1	1.5	1	1.5
牵引速度/(m/min)		20~30	40	30~50	40	30~50	30~50	20~30
调直筒转速/(r/min)		2800	2800	1900	2800	1450	1900	1450
调直电动机	型号	Y100L-2	Y132M-4	Y160L-4	Y132S-4	Y160L-4	Y160M-4	Y180M-4
	功率/kW	3	7.5	15	5.5	15	11	18.5
切断电动机	型号	Y90L-4		Y112M-4		Y112M-4	Y112M-4	Y112M-4
	功率/kW	1.5		4		4	4	4
外形尺寸	长/mm	5000	7400	1000	7250	10300	10000	10300
	宽/mm	400	550	740	550	740	740	740
	高/mm	970	1170	1425	1150	1425	1425	1425
整机质量/kg		750	1200	2000	1100	2300	2000	2300

3. 钢筋调直切断机的工作原理

GT4/8 型钢筋调直切断机的工作原理如图 4-7 所示。

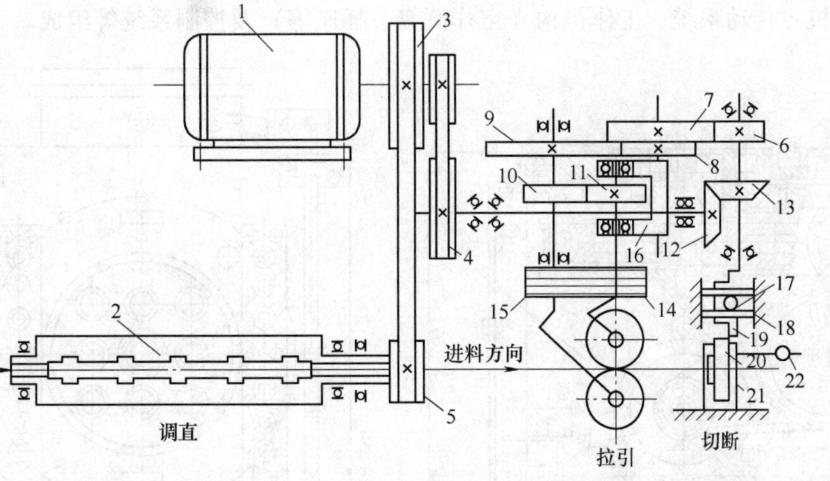

图 4-7 GT4/8 型钢筋调直切断机的工作原理

1—电动机 2—调直筒 3~5—胶带轮 6~11—齿轮 12、13—锥齿轮 14、15—上、下压辊 16—框架 17、18—双滑块 19—锤头 20—上切刀 21—方刀台 22—拉杆

4. 钢筋调直切断机的保养与维护

钢筋调直切断机属于电动简易机械，一般执行二级维护制，即每班维护和定期维护。定期维护间隔期一般为工作 600h，也可在工程竣工或冬修时进行，其润滑部位及润滑周期见表 4-8。

表 4-8　钢筋调直切断机润滑部位及润滑周期

润滑点名称	润 滑 点 数	润滑周期/h
齿轮箱传动轴及曳引轮轮轴支点的滚动轴承	6	480
调直筒滚动轴承	2	8
放盘架顶端支座	1	100
传动轴齿轮滑套及离合器	1	4
剪切齿轮轴及衬套	3	
上曳引轮滑块与齿轮箱相配的滑道	2	8
齿轮箱传动齿轮的齿面	7	8
拨叉轴轴承	2	8
压紧曳引轮螺杆	1	
离合器凸轮拨叉滑块	3	1
杠杆和承受架上各铰键处	全部	8
放盘架旋转主轴	1	

4.2.3　钢筋弯曲机

1. 钢筋弯曲机的分类及构造组成

(1) 蜗轮式钢筋弯曲机　图 4-8 所示为 GW40 型蜗轮式钢筋弯曲机的结构，它主要由机架、电动机、传动系统、工作机构（工作圆盘、插座等）及控制系统等组成。

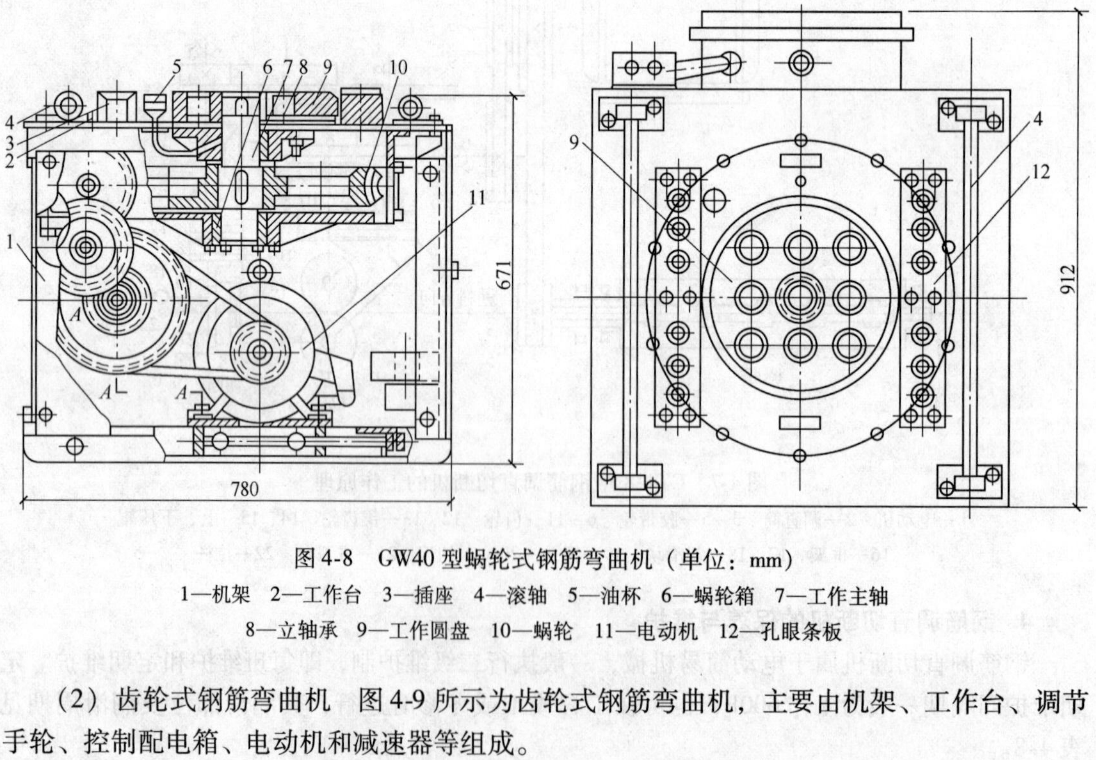

图 4-8　GW40 型蜗轮式钢筋弯曲机（单位：mm）

1—机架　2—工作台　3—插座　4—滚轴　5—油杯　6—蜗轮箱　7—工作主轴　8—立轴承　9—工作圆盘　10—蜗轮　11—电动机　12—孔眼条板

(2) 齿轮式钢筋弯曲机　图 4-9 所示为齿轮式钢筋弯曲机，主要由机架、工作台、调节手轮、控制配电箱、电动机和减速器等组成。

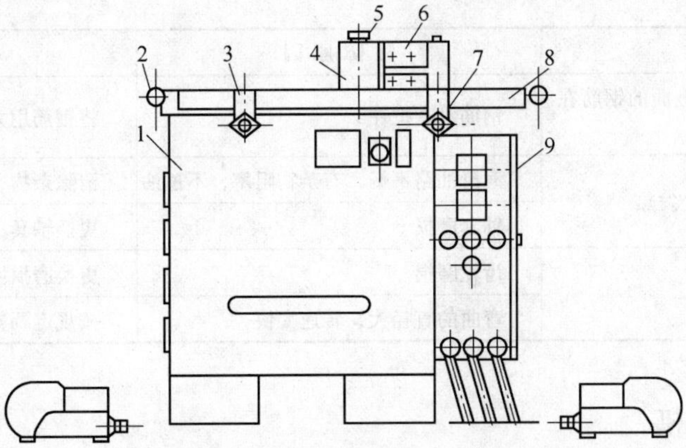

图 4-9　齿轮式钢筋弯曲机

1—机架　2—滚轴　3、7—调节手轮　4—转轴　5—紧固手轮
6—夹持器　8—工作台　9—控制配电箱

2. 钢筋弯曲机的工作原理

钢筋弯曲机的工作过程如图 4-10 所示。

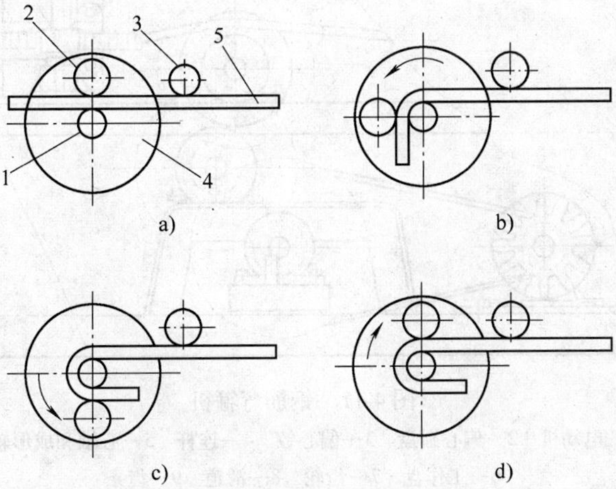

图 4-10　钢筋弯曲机的工作过程

a）装料　b）弯 90°　c）弯 180°　d）回位

1—心轴　2—成形轴　3—挡铁轴　4—工作盘　5—钢筋

3. 钢筋弯曲机的常见故障及其排除方法

钢筋弯曲机的常见故障及其排除方法见表 4-9。

表 4-9　钢筋弯曲机的常见故障及其排除方法

故障现象	故障原因	排除方法
弯曲的钢筋角度不合适	中心轴和挡铁轴选用不合理	按规定选用中心轴和挡铁轴
弯曲大直径钢筋时无力	传动带松弛	调整带的紧度

（续）

故障现象	故障原因	排除方法
弯曲多根钢筋时，最上面的钢筋在机器开动后跳出	钢筋没有把住	将钢筋用力把住并保持一致
立轴上部与轴套配合处发热	润滑油路不畅，有杂物阻塞，不过油	清除杂物
	轴套磨损	更换轴套
传动齿轮噪声大	齿轮磨损	更换磨损齿轮
	弯曲的直径大，转速太快	按规定调整转速

4.2.4 钢筋弯箍机

钢筋弯箍机是弯制箍筋的专用弯曲机，弯曲角度可在0°~210°内任意选择，用于弯曲低碳钢筋，其构造如图4-11所示。

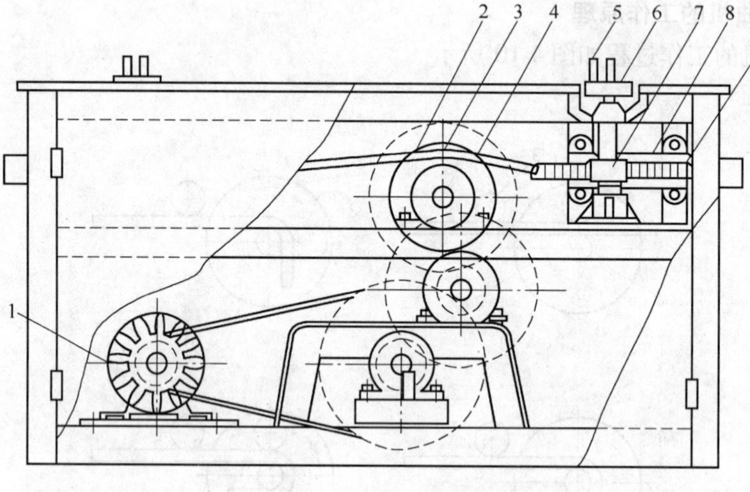

图4-11 钢筋弯箍机

1—电动机 2—偏心圆盘 3—偏心铰 4—连杆 5—心轴和成形轴 6—工作盘 7—齿轮 8—滑道 9—齿条

4.2.5 钢筋镦粗机

1. 钢筋镦粗机的分类及构造组成

（1）电动钢筋冷镦机 电动钢筋有固定式和移动式两种。固定式电动钢筋冷镦机的构造和工作原理如图4-12所示，主要由电动机、带轮、加压凸轮、顶镦凸轮、顶镦滑块及加压杠杆等组成。

（2）液压钢筋冷镦机 液压钢筋冷镦机的构造如图4-13所示，主要由缸体、夹紧活塞、镦头活塞、顺序阀、回油阀、镦头模、夹片及锚环等组成。

2. 钢筋镦粗机的技术参数

钢筋镦粗机的主要技术参数见表4-10和表4-11。

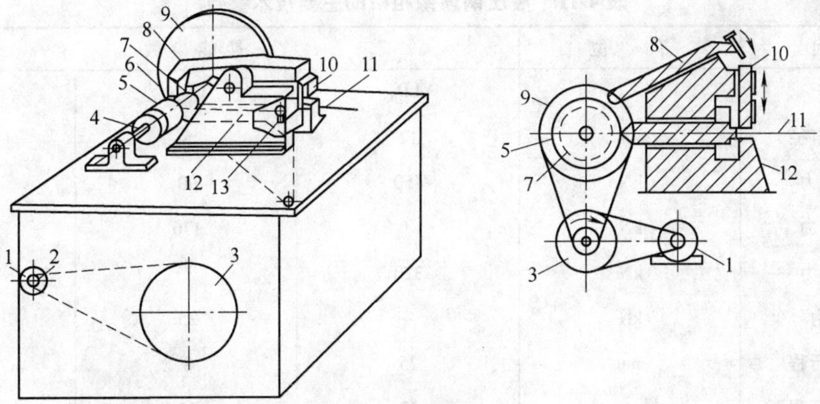

图 4-12 电动钢筋镦粗机

1—电动机 2、3、9—带轮 4—凸轮轴 5—加压凸轮 6—加压杠杆滚轮 7—顶镦凸轮 8—加压杠杆 10—压模 11—钢筋 12—顶镦滑块 13—镦模

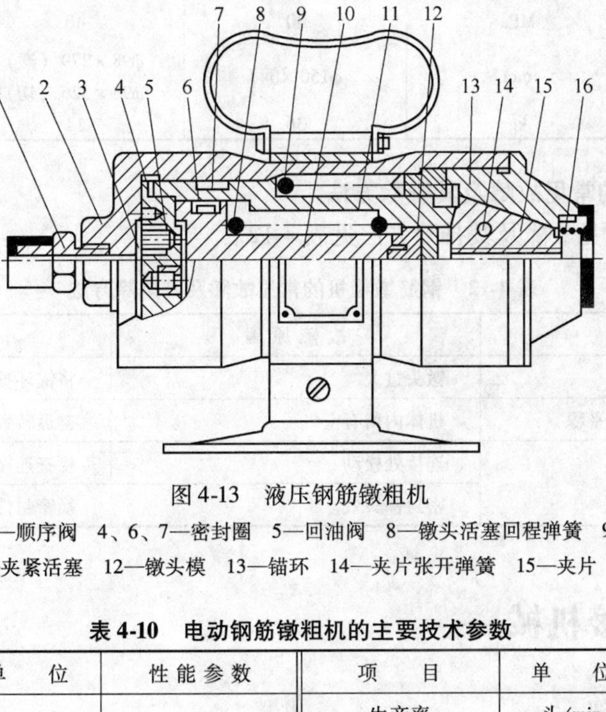

图 4-13 液压钢筋镦粗机

1—油嘴 2—缸体 3—顺序阀 4、6、7—密封圈 5—回油阀 8—镦头活塞回程弹簧 9—夹紧活塞回程弹簧 10—镦头活塞 11—夹紧活塞 12—镦头模 13—锚环 14—夹片张开弹簧 15—夹片 16—夹片回程弹簧

表 4-10 电动钢筋镦粗机的主要技术参数

项 目	单 位	性能参数	项 目	单 位	性能参数
型号		GLD_5	生产率	头/min	16~18
可镦钢筋直径	mm	4~5	电动机型号		Y132S-6
工作转数	r/min	60	功率	kW	3
加压凸轮高度	mm	45	转数	r/min	960
顶镦凸轮高度	mm	12			
加压竖杆行程	mm	0~9（可调）	外形尺寸 长	mm	1110
顶镦推杆行程	mm	0~12（可调）	宽	mm	1000
夹紧力	kN	30	高	mm	900
顶镦力	kN	20	质量	kg	500

表 4-11 液压钢筋镦粗机的主要技术参数

项目	单位	性能参数		
型号		YLD_{45}	LD_{10}	LD_{13}
可镦钢筋直径	mm	12	5	7
最大镦头力	kN	450	90	130
最大切断力	kN		176	226
最大夹紧力	kN	320		
预夹紧力	kN		25	
镦头活塞行程	mm	25	8	8
夹紧活塞行程	mm	32	12	
切断动刀片行程	mm		20	
最大切断力	kN		170	
生产率	头/min	4～5	4～6	4～6
额定油压	MPa	40	40	40
外形尺寸（直径×长）	mm	$\phi150\times347$	$\phi98\times279$（镦） $\phi98\times326$（切）	$\phi115\times280$
质量	kg	36	11	16

3. 钢筋镦粗机的常见故障及其排除方法

钢筋镦粗机的常见故障及其排除方法见表 4-12。

表 4-12 钢筋镦粗机的常见故障及其排除方法

故障现象	故障原因	排除方法
钢筋镦头后取不出来	镦头过大	将锚环拧松几扣直至取出钢筋
镦粗机运行时滑行不够平稳	机体内留有空气	空运转数次后即正常
漏油及渗油	连接处松动	检查连接处并拧紧
	密封件失效	换密封件

4.3 钢筋焊接机械

4.3.1 钢筋点焊机

1. 钢筋点焊机的构造组成

钢筋点焊机主要由变压器、时间调节器、电极、加压机构、脚踏开关等组成。杠杆弹簧式钢筋点焊机如图 4-14 所示。

2. 钢筋点焊机的技术参数

钢筋点焊机的主要技术参数见表 4-13。

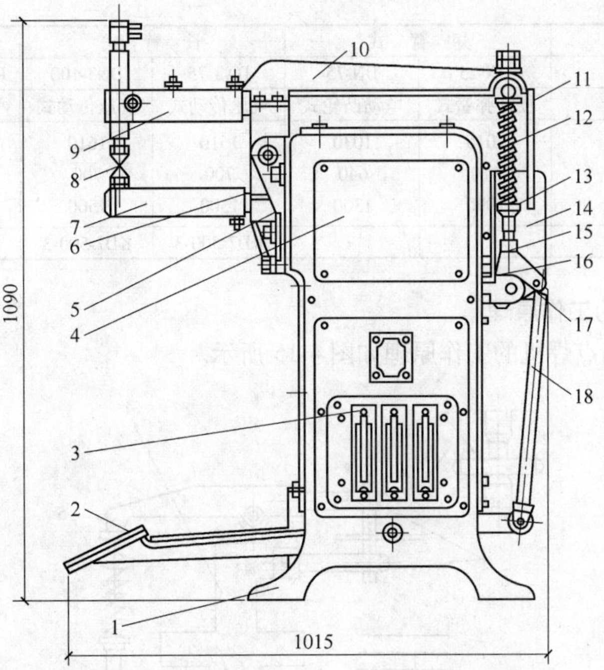

图 4-14 杠杆弹簧式钢筋点焊机（单位：mm）

1—基础螺栓 2—脚踏开关 3—分级开关 4—变压器 5—夹座 6—下夹块 7—下电极臂 8—电极 9—上电极臂 10—压力臂 11—指示板 12—压簧 13—调节螺母 14—开关罩 15—转块 16—滚柱 17—三角形连杆 18—连杆

表 4-13 钢筋点焊机的主要技术参数

形 式	短臂式		长臂式		多头式	
型 号	DN-25	DN1-75	DN3-75	DN3-100	DN7-3 × 100	DN7-6 × 35
传动方式	杠杆弹簧式	电动凸轮式	气压传动式	气压传动式	气压传动式	气压传动式
额定容量/kV · A	25	75	75	100	3 × 100	6 × 35
额定电压/V	220/380	200/380	380	380	380	380
额定暂载率（%）	20	20	20	20	20	20
初级额定电流/A	114/66	341/197	198	263		
焊件厚度/mm	3 + 3 ~ 4 + 4	2.5 + 2.5	2.0 + 2.0	2.5 + 2.5		
点焊数/(点/h)	600	3000	3600	3600	180m	120m
次级电压/V	1.76 ~ 3.52	3.52 ~ 7.04	3.33 ~ 6.66	3.65 ~ 7.3	3.02 ~ 9.26	2.75 ~ 6.15
次级电压调节级数	8	8	8	8	16	8
电极臂伸长距离/mm	250	350	800	800		
工作行程/mm	20	20	20	20		35
电极间最大压力/N	1550	3500	4000	5500	1500 ~ 10000	2500
电极间距离/mm	125	160				
下电极垂直调节/mm			150	150		
压缩空气网络压力/MPa			0.55	0.55	0.56	0.55
压缩空气消耗量/(m^3/h)			15	15	60	15
冷却水消耗量/(L/h)	120	300	400	700	1200	1500
总量/kg	240	455	800	850	3000	2500

（续）

形　式		短臂式		长臂式		多头式	
型　号		DN-25	DN-75	DN3-75	DN3-100	DN7-3×100	DN7-6×35
传动方式		杠杆弹簧式	电动凸轮式	气压传动式	气压传动式	气压传动式	气压传动式
外形尺寸	长/mm	1015	1030	1610	1610	3360	3000
	宽/mm	510	640	700	700	1420	2520
	高/mm	1090	1300	1500	1500	1930	1720
配用控制箱型号				KD7-500-3	KD7-500-3		

3. 钢筋点焊机的工作原理

杠杆弹簧式钢筋点焊机的工作原理如图 4-15 所示。

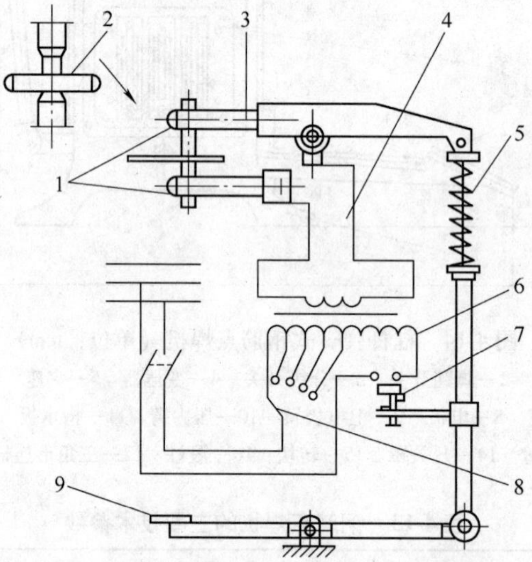

图 4-15　杠杆弹簧式钢筋点焊机的工作原理

1—电极　2—钢筋　3—电极臂　4—变压器次级线圈　5—弹簧　6—变压器初级线圈　7—断路器　8—变压器调节级数开关　9—脚踏板

4. 钢筋点焊机的常见故障及其排除方法

钢筋点焊机的常见故障及其排除方法见表 4-14。

表 4-14　钢筋点焊机的常见故障及其排除方法

故障现象	故障原因	排除方法
焊接时无焊接电流	焊接程序循环停止	检查时间调节器电路
	继电器接触不良或电阻断路	清除接触点故障或更换电阻
	无引燃脉冲或幅值很小	逐级检查电路和管脚是否松动
	气温低，引燃管不工作	外部加热
焊件大，电流烧穿	电极下降速度太慢	检查导轨的润滑情况和气阀是否正常，气缸活塞是否胀紧
	焊接压力未加上	检查电极间距离是否太大，气路压力是否正常
	上下电极不对中	校正电极
	焊件表面有污尘或内部夹杂物	清理焊件
	引燃管冷却不良而引起温度增高	畅通冷却水
	继电器触点间隙太小或继电器接触不良	调整间隙，清理触点

（续）

故障现象	故障原因	排除方法
引燃管失控，自动闪弧	引燃管不良	更换引燃管
	闸流管损坏	更换闸流管
	引燃电路无栅偏压	测量和检查栅偏压
焊接时电极不下降	脚踏开关损坏	修理脚踏开关
	电磁阀卡死或线圈开路	修理和重绕线圈
	压缩空气压力调节过低	调高气压
	气缸活塞卡死	拆修气缸活塞

4.3.2　钢筋对焊机

1. 钢筋对焊机的构造组成

钢筋对焊机主要由焊接变压器、左电极、右电极、交流接触器、送料机构和控制元件等组成，如图4-16所示。

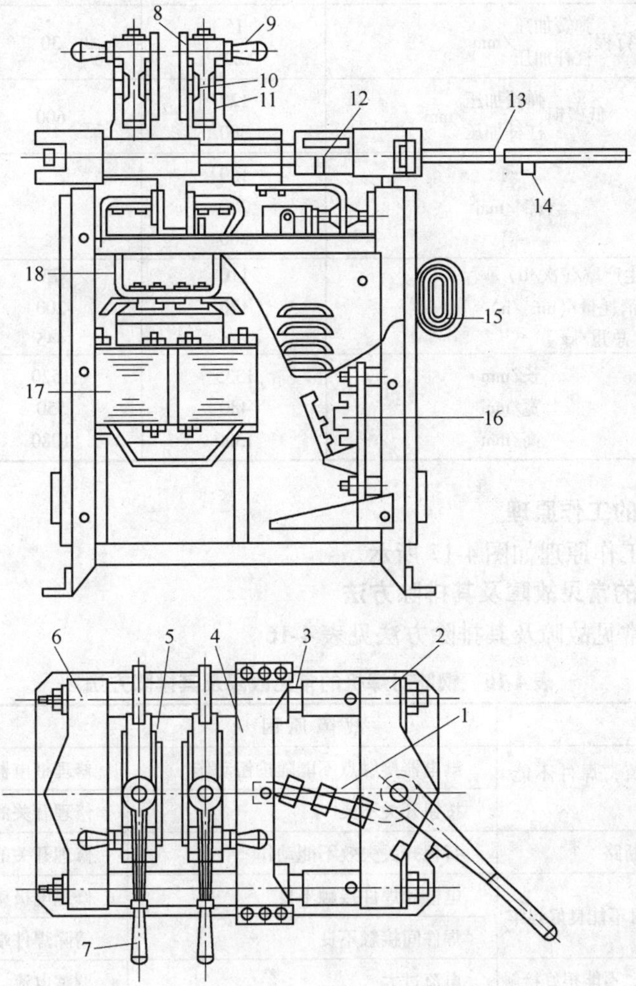

图4-16　钢筋对焊机

1—调节螺钉　2—导轨架　3—导轮　4—滑动平板　5—左电极　6—固定平板　7—旋紧手柄　8—护板　9—套钩　10—右电极　11—夹紧臂　12—行程水准尺　13—操纵杆　14—接触器按钮　15—分级开关　16—交流接触器　17—焊接变压器　18—铜引线

2. 钢筋对焊机的技术参数

钢筋对焊机的主要技术参数见表4-15。

表4-15　钢筋对焊机的主要技术参数

型　号			UN1-25	UN1-75	UN1-100
传动方式			杠杆加压式	杠杆加压式	杠杆加压式
额定容量/kV·A			25	75	100
初级电压/V			220/380	220/380	380
暂载率（%）			20	20	20
次级电压调节范围/V			1.75~3.52	3.52~7.04	4.5~7.6
次级电压调节级数			8	8	8
钳口夹紧力/kN					35~40
最大顶锻力/kN	弹簧加压		1.50	30.00	40.00
	杠杆加压		10.00		
钳口最大距离/mm			50	80	80
最大送料行程/mm	弹簧加压		15	30	40~50
	杠杆加压		20		
焊件最大截面	低碳钢/mm^2	弹簧加压	120	600	1000
		杠杆加压	300		
	铜/mm^2		150		
	黄铜/mm^2		200		
	铝/mm^2		200		
焊接生产率/（次/h）			110	75	20~30
冷却水消耗量/（dm^3/h）			120	200	200
总重/kg			275	445	465
外形尺寸	长/mm		1335	1520	1580
	宽/mm		480	550	550
	高/mm		1300	1080	1150

3. 钢筋对焊机的工作原理

钢筋对焊机的工作原理如图4-17所示。

4. 钢筋对焊机的常见故障及其排除方法

钢筋对焊机的常见故障及其排除方法见表4-16。

表4-16　钢筋对焊机的常见故障及其排除方法

故障现象	故障原因	排除方法
焊接时次级没有电流，焊件不能熔化	继电器接触点不能随按钮动作	修理继电器接触点，清除积尘
	按钮开关不灵	修理开关的接触部分或更换
焊件熔接后不能自动断路	行程开关失效不能动作	修理开关的接触部分或更换
变压器通路，但焊接时不能良好焊牢	电极和焊件接触不良	修理电极钳口，用砂纸打光氧化物
	焊件间接触不良	清除焊件端部的氧化皮和污物
焊接时焊件熔化过快，不能很好接触	电流过大	调整电流
焊接时焊件熔化不好，焊不牢，有粘点现象	电流过小	调整电压

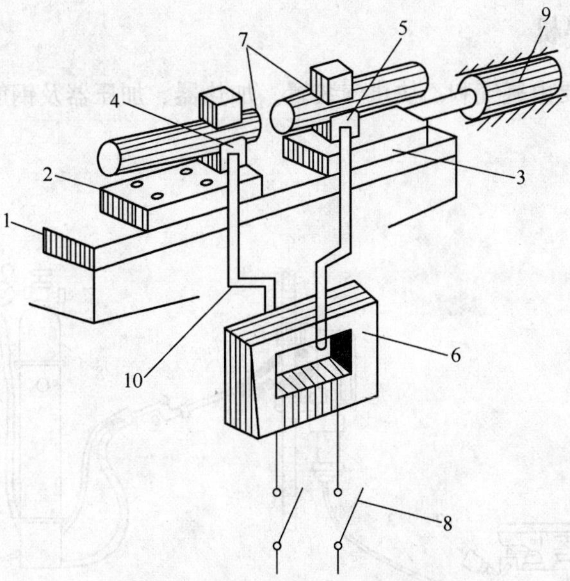

图4-17 钢筋对焊机的工作原理

1—机身 2—固定平板 3—滑动平板 4—固定电极 5—活动电极
6—变压器 7—钢筋 8—开关 9—压力机构 10—变压器次级线圈

4.3.3 钢筋电渣压力焊机

钢筋电渣压力焊的工作原理如图4-18所示。

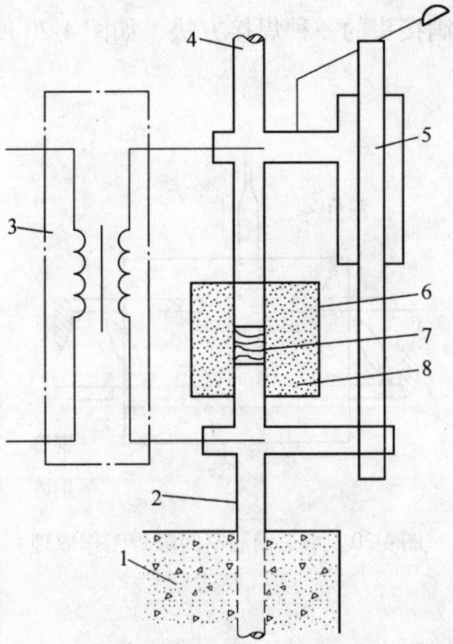

图4-18 钢筋电渣压力焊的工作原理

1—混凝土 2—下钢筋 3—电源 4—上钢筋
5—夹具 6—焊剂盒 7—铁丝球 8—焊剂

4.3.4 钢筋气压焊机

钢筋气压焊机主要由氧气和乙炔供气装置、加热器、加压器及钢筋夹具等组成，其工作示意图如图 4-19 所示。

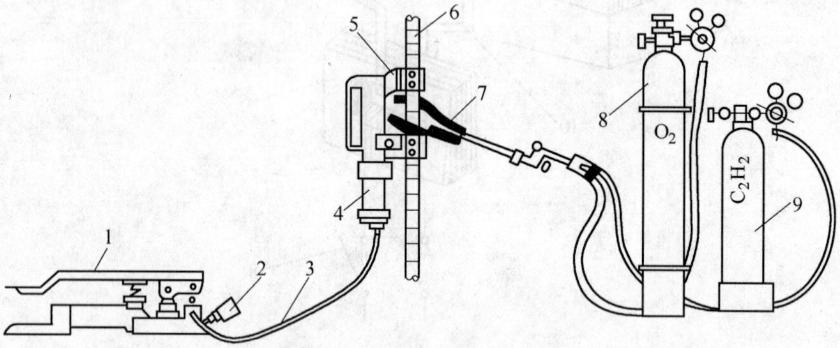

图 4-19 钢筋气压焊工作示意图

1—脚踏液压泵 2—压力表 3—液压胶管 4—液压缸 5—钢筋夹具
6—被焊接钢筋 7—多火口烤钳 8—氧气瓶 9—乙炔瓶

4.3.5 水平钢筋窄间隙焊设备

水平钢筋窄间隙焊是将两钢筋的连接处置于 U 形模具中，留出一定间隙予以固定，随后采用电弧焊连续焊接，填满接头的一种焊接方法，如图 4-20 所示。

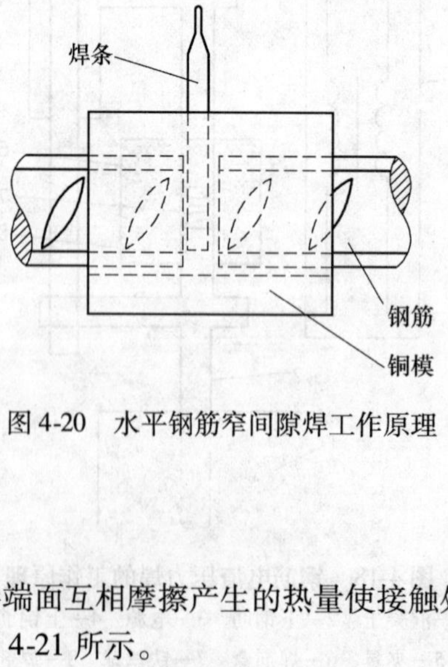

图 4-20 水平钢筋窄间隙焊工作原理

4.3.6 钢筋摩擦焊机

钢筋摩擦焊是利用被焊接端面互相摩擦产生的热量使接触处的金属融化，然后加压形成接头的方法，其工作原理如图 4-21 所示。

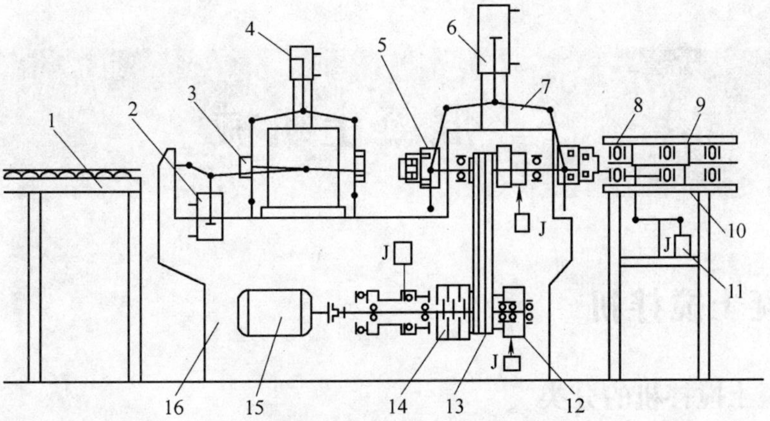

图 4-21　钢筋摩擦焊机工作原理

1—托料架　2—顶锻气缸　3—固定卡盘　4、6—压紧气缸　5—活动卡盘　7—杠杆机构　8—压料滚轮　9—安全卡头　10—压料架　11—电磁铁　12—制动器　13—带传动装置　14—离合盘　15—电动机　16—机架

5　混凝土机械

5.1　混凝土搅拌机

5.1.1　混凝土搅拌机的分类

混凝土搅拌机按搅拌原理不同，可分为自落式搅拌机和强制式搅拌机两类。

1. 自落式搅拌机

自落式搅拌机的搅拌鼓筒是垂直放置的，搅拌鼓筒转动时，混凝土拌和料在鼓筒内作自由落体式翻转搅拌，从而达到搅拌的目的。自落式搅拌机多用于搅拌塑性混凝土和低流动性混凝土。筒体和叶片磨损较小，易于清理，但动力消耗大，效率低。自落式搅拌机的搅拌时间一般为90～120s/盘，其构造如图5-1～图5-3所示。由于此类搅拌机对混凝土骨料有较大的磨损，从而影响了混凝土质量，现已逐步被强制式搅拌机所取代。

2. 强制式搅拌机

强制式搅拌机的鼓筒内有若干组叶片，搅拌时叶片绕竖轴或卧轴旋转，对材料进行强行搅拌，直至搅拌均匀为止。强制式搅拌机的搅拌作用强烈，适用于搅拌干硬性混凝土和轻骨料混凝土，也可用于搅拌流动性混凝土，具有搅拌质量好、搅拌速度快、生产率高、操作简便及安全等优点；但机件磨损严重，一般需用高强合金钢或其他耐磨材料做内衬，多用于集中搅拌站。涡桨式强制搅拌机的外形如图5-4所示，其构造如图5-5所示；强制式混凝土搅拌机的形式如图5-6所示。

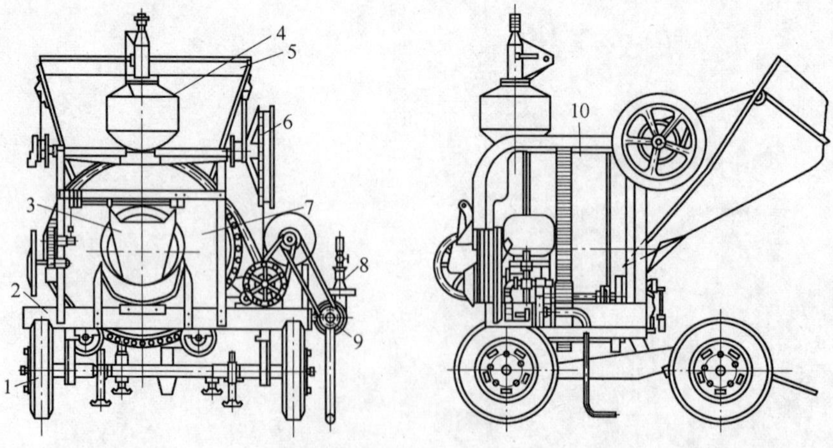

图5-1　自落式搅拌机

1—车轮　2—台架　3—溜槽　4—配水箱　5—上料斗　6—上料斗绳轮　7—搅拌筒　8—水泵管道　9—水泵　10—搅拌鼓筒

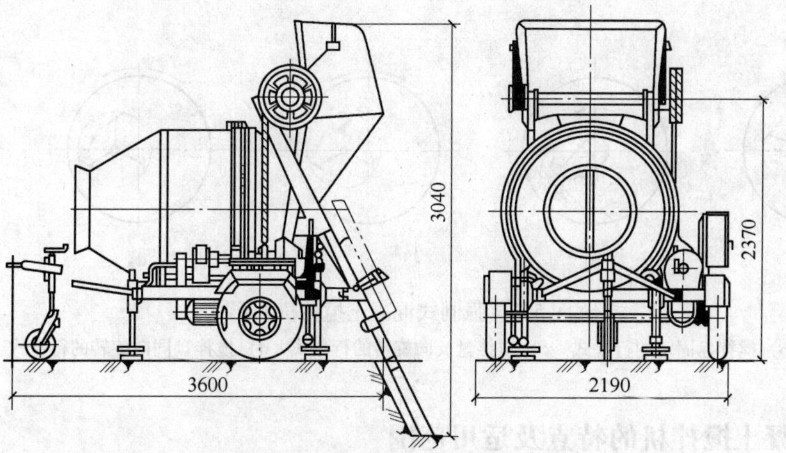

图 5-2　自落式锥形反转出料搅拌机（单位：mm）

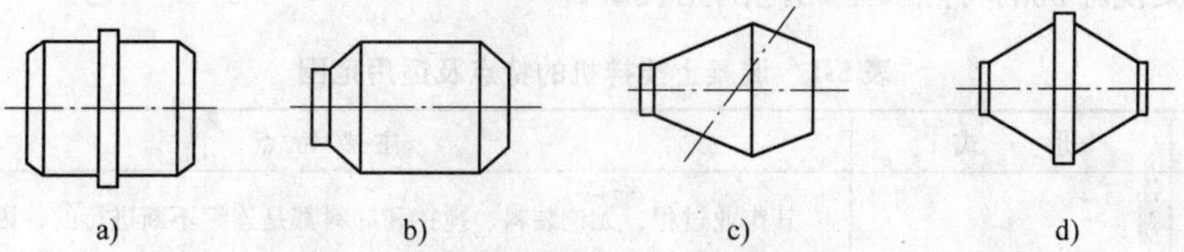

图 5-3　自落式混凝土搅拌机搅拌筒的形式

a）鼓筒式搅拌机　b）锥形反转出料搅拌机　c）单开口双锥形倾翻出料搅拌机　d）双开口双锥形倾翻出料搅拌机

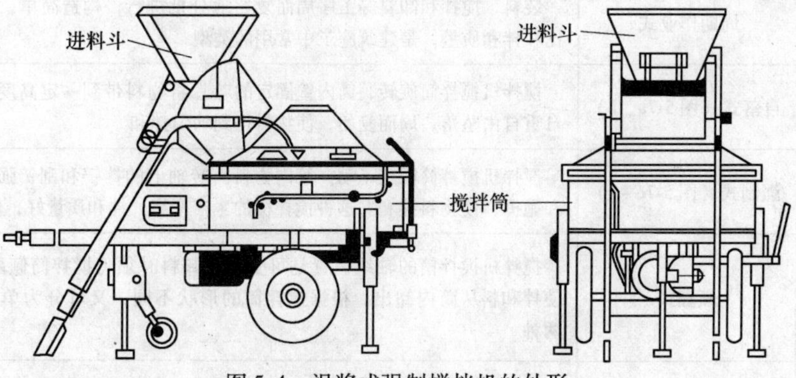

图 5-4　涡桨式强制搅拌机的外形

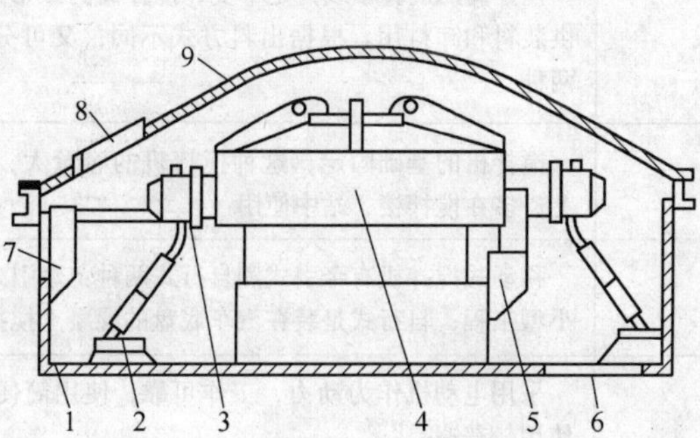

图 5-5　涡桨式强制搅拌机的构造

1—搅拌盘　2—搅拌叶片　3—搅拌臂　4—转子　5—内壁铲刮叶片　6—出料口

7—外壁铲刮叶片　8—进料口　9—盖板

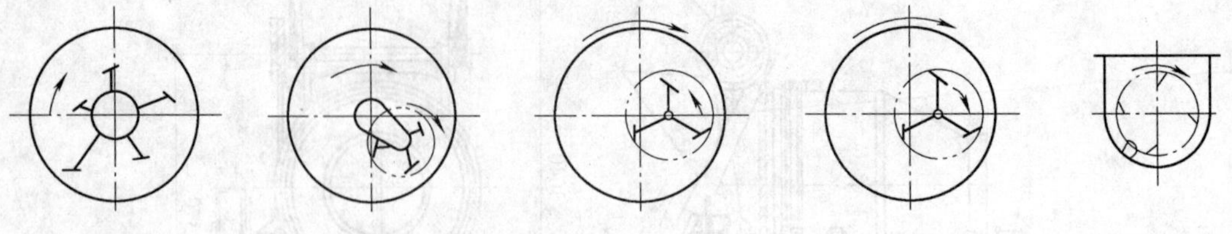

图 5-6　强制式混凝土搅拌机的形式

a）涡桨式　b）搅拌盘固定的行星式　c）搅拌盘反向旋转的行星式　d）搅拌盘同向旋转的行星式　e）单卧轴式

5.1.2　混凝土搅拌机的特点及适用范围

各类混凝搅拌机的特点及适用范围见表 5-1。

表 5-1　混凝土搅拌机的特点及适用范围

分　类	形　式	主要特点
按工作原理	连续作业式	其作业过程，无论装料、搅拌和卸料都是连续不断进行的，因而生产率高，但混凝土的配合比和拌和质量难以控制，一般建筑施工中很少采用，多用于混凝土需求量大的路桥和水坝工程
	周期作业式	装料、搅拌和卸料等工序周而复始地分批进行，构造简单，容易控制配合比和拌和质量，是建筑施工中常用的类型
按搅拌方式	自落式（图 5-7a、b）	搅拌机搅拌筒旋转，筒内壁固定的叶片将物料带到一定高度，然后物料靠自重自由坠落，周而复始，使物料得到均匀拌和
	强制式（图 5-7c～g）	搅拌机搅拌筒固定不动，筒内物料由转轴上的拌铲和刮铲强制挤压、翻转和抛掷，使物料拌和。这种搅拌机的生产率高，拌和质量好，但耗能大
按卸料方式	倾翻式	搅拌机搅拌筒的轴线位置是可变的，卸料时须将搅拌筒倾翻至一定角度，使拌和料从筒内卸出。根据搅拌筒的形状不同，又可分为单锥形和双锥形两种
	不倾翻式	搅拌筒的旋转轴线固定不变，搅拌筒为鼓形或双锥形，两端各有一个开口供装料和卸料用。根据出料方式不同，又可分为反转卸料式和斜槽卸料式两种
按移动方式	固定式	搅拌机的基础固定，这种搅拌机的容量大，一般出料容量都在 0.35m^3 以上，多在搅拌楼、站中使用
	移动式	移动式搅拌机有牵引式和自行式两种：牵引式由汽车牵引移动，多用于中、小型工程；自行式是装在汽车底盘的混凝土搅拌运输车
按使用动力	电动式	采用电动机作为动力，工作可靠，使用简便，费用较低，但需要有电源，使用较普遍
	内燃式	采用内燃机作为动力，使用维护比较复杂，成本高，适用于无电源处

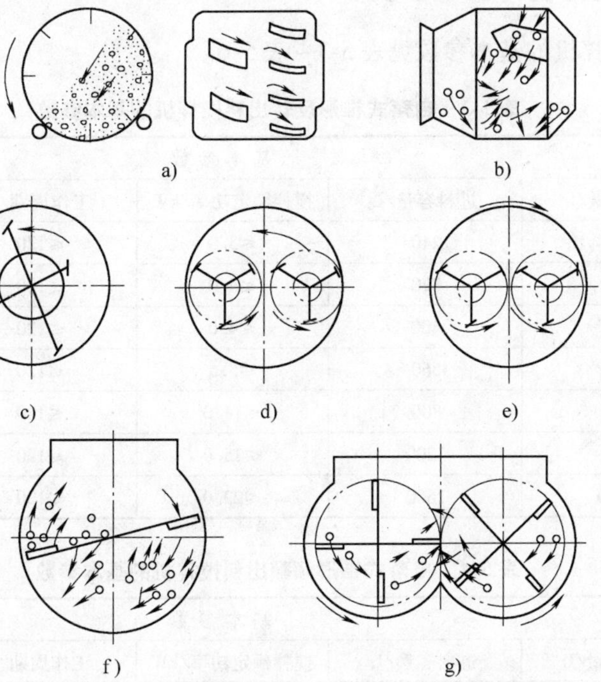

图 5-7 各类搅拌机工作原理示意

a）鼓形 b）锥形反转出料 c）涡桨式 d）、e）行星式 f）单卧轴式 g）双卧轴式

5.1.3 混凝土搅拌机的型号

混凝土搅拌机的型号及表示方法见表 5-2。

表 5-2 混凝土搅拌机的型号及表示方法

类	组	型	特性	代号	代号含义	主参数	
						名称	单位表示法
混凝土机械	混凝土搅拌机 J（搅）	锥形反转出料式 Z（锥）	C（齿）	JZC	齿圈锥形反转出料混凝土搅拌机	公称容量	L
			M（摩）	JZM	摩擦锥形反转出料混凝土搅拌机		
			R（内）	JZR	内燃机驱动锥形反转出料混凝土搅拌机		
			Y（液）	JZY	液压上料锥形反转出料混凝土搅拌机		
		锥形倾翻出料式 F（翻）		JFC	齿圈传动锥形倾翻出料混凝土搅拌机		
				JFM	摩擦传动锥形倾翻出料混凝土搅拌机		
		涡桨式 W（涡）	—	JW	涡桨式混凝土搅拌机		
		行星式（N）行	—	JN	行星式混凝土搅拌机		
		单卧轴式 D（单）	—	JD	单卧轴式混凝土搅拌机		
			Y（液）	JDY	单卧轴式液压上料混凝土搅拌机		
		双卧轴式 S（双）	—	JS	双卧轴式混凝土搅拌机		
			Y（液）	JSY	双卧轴式液压上料混凝土搅拌机		

5.1.4　混凝土搅拌机的基本参数

各类混凝土搅拌机的基本参数见表5-3～表5-6。

表 5-3　自落式锥形反转出料搅拌机的基本参数

型　号	基本参数				
	出料容量/L	进料容量/L	搅拌额定功率/kW	工作周期/s	骨料最大粒径/mm
JZ150	150	240	≤3.0	≤120	60
JZ200	200	320	≤4.0	≤120	60
JZ250	250	400	≤4.0	≤120	60
JZ350	350	560	≤5.5	≤120	60
JZ500	500	800	≤11.0	≤120	80
JZ750	750	1200	≤15.0	≤120	80
JZ1000	1000	1600	≤22.0	≤120	100

表 5-4　自落式锥形倾翻出料搅拌机的基本参数

型　号	基本参数				
	出料容量/L	进料容量/L	搅拌额定功率/kW	工作周期/s	骨料最大粒径/mm
JF50	50	80	≤1.5	—	40
JF100	100	160	≤2.0	—	60
JF150	150	240	≤3.0	≤120	60
JF250	250	400	≤4.0	≤120	60
JF350	350	500	≤5.5	≤120	80
JF500	500	800	≤7.5	≤120	80
JF750	750	1200	≤11.0	≤120	120
JF1000	1000	1600	≤15.0	≤144	120
JF1500	1500	2400	≤22.0	≤144	150
JF3000	3000	4800	≤45.0	≤180	180
JF4500	4500	7200	≤60.0	≤180	180
JF6000	6000	9600	≤75.0	≤180	180

表 5-5　强制式涡桨搅拌机和强制式行星搅拌机的基本参数

型　号	基本参数				
	出料容量/L	进料容量/L	搅拌额定功率/kW	工作周期/s	骨料最大粒径/mm
JW50	50	80	≤4.0	—	40
JW100	100	160	≤7.5	—	40
JW150	150	240	≤11.0	≤72	40
JW200	200	320	≤15.0	≤72	40
JW250	250	400	≤15.0	≤72	40

（续）

型号	基本参数				
	出料容量/L	进料容量/L	搅拌额定功率/kW	工作周期/s	骨料最大粒径/mm
JW350 JN350	350	560	≤18.5	≤72	40
JW500 JN500	500	800	≤22.0	≤72	60
JW750 JN750	750	1200	≤30.0	≤80	60
JW1000 JN1000	1000	1600	≤45.0	≤80	60
JW1250 JN1250	1250	2000	≤45.0	≤80	80
JW1500 JN1500	1500	2400	≤55.0	≤80	80
JW2000 JN2000	2000	3200	≤75.0	≤90	80
JW2500 JN2500	2500	4000	≤90.0	≤90	80
JW3000 JN3000	3000	4800	≤110.0	≤90	80
JW3500 JN3500	3500	5600	≤132.0	≤90	80

表5-6 单卧轴、双卧轴混凝土搅拌机的基本参数

型号	基本参数				
	出料容量/L	进料容量/L	搅拌额定功率/kW	工作周期/s	骨料最大粒径/mm
JD50	50	80	≤2.2	—	40
JD100	100	160	≤4.0	—	40
JD150	150	240	≤5.5	≤72	40
JD200	200	320	≤7.5	≤72	40
JD250	250	400	≤11.0	≤72	40
JD350 JS350	350	560	≤15.0	≤72	40
JD500 JS500	500	800	≤18.5	≤72	60
JD750 JS750	750	1200	≤22.0	≤80	60
JD1000 JS1000	1000	1600	≤37.0	≤80	80
JD1250 JS1250	1250	2000	≤45.0	≤80	80

（续）

型　号	基本参数				
	出料容量/L	进料容量/L	搅拌额定功率/kW	工作周期/s	骨料最大粒径/mm
JD1500 JS1500	1500	2400	≤45.0	≤80	100
JD2000	2000	3200	≤60.0	≤80	100
JS2000			≤75.0		120
JD2500	2500	4000	≤75.0	≤80	100
JS2500			≤90.0		150
JD3000	3000	4800	≤90.0	≤86	100
JS3000			≤110.0		150
JD3500	3500	5600	≤110.0	≤86	100
JS3500			≤132.0		150
JD4000	4000	6400	≤132.0	≤90	100
JS4000			≤150.0		150
JS4500	4500	7200	≤150.0	≤90	100/150
JS6000	6000	9600	≤150/≤180	≤90	100/180

5.2　混凝土搅拌站（楼）

5.2.1　混凝土搅拌站（楼）的型号

混凝土搅拌站（楼）的型号及表示方法见表5-7。

表5-7　混凝土搅拌站（楼）的型号及表示方法

类	组	型	装机台数	代　号	代号含义	主参数	
						名　称	单　位
混凝土机械	混凝土搅拌楼 HL（混楼）	锥形反转出料式 Z（锥）	2（双主机）	2HLZ	双主机锥形反转出料混凝土搅拌楼	理论生产率	m^3/h
		锥形倾翻出料式 F（翻）	2（双主机）	2HLF	双主机锥形倾翻出料混凝土搅拌楼		
			3（三主机）	3HLF	三主机锥形倾翻出料混凝土搅拌楼		
			4（四主机）	4HLF	四主机锥形倾翻出料混凝土搅拌楼		
		涡桨式 W（涡）	—（单主机）	HLW	单主机涡桨式混凝土搅拌楼		
			2（双主机）	2HLW	双主机涡桨式混凝土搅拌楼		
		行星式 N（行）	—（单主机）	HLN	单主机行星式混凝土搅拌楼		
			2（双主机）	2HLN	双主机行星式混凝土搅拌楼		
		单卧轴式 D（单）	—（单主机）	HLD	单主机单卧轴式混凝土搅拌楼		
			2（双主机）	2HLD	双主机单卧轴式混凝土搅拌楼		
		双卧轴式 S（双）	—（单主机）	HLS	单主机双卧轴式混凝土搅拌楼		
			2（双主机）	2HLS	双主机双卧轴式混凝土搅拌楼		
		连续式 L（连）	—	HLL	连续式混凝土搅拌楼		

（续）

类	组	型	装机台数	代号	代号含义	主参数	
						名称	单位
混凝土机械	混凝土搅拌站 HZ（混站）	锥形反转出料式 Z（锥）	—（单主机）	HZZ	单主机锥形反转出料混凝土搅拌站	理论生产率	m^3/h
		锥形倾翻出料式 F（翻）	—（单主机）	HZF	单主机锥形倾翻出料混凝土搅拌站		
		涡桨式 W（涡）	—（单主机）	HZW	单主机涡桨式混凝土搅拌站		
		行星式 N（行）	—（单主机）	HZN	单主机行星式混凝土搅拌站		
		单卧轴式 D（单）	—（单主机）	HZD	单主机单卧轴式混凝土搅拌站		
		双卧轴式 S（双）	—（单主机）	HZS	单主机双卧轴式混凝土搅拌站		
		连续式 L（连）	—	HZL	连续式混凝土搅拌站		

5.2.2 混凝土搅拌站（楼）的构造组成

混凝土搅拌站（楼）主要由骨料供储系统、水泥供储系统、配料系统、搅拌系统、控制系统及辅助系统等组成，如图 5-8 所示。

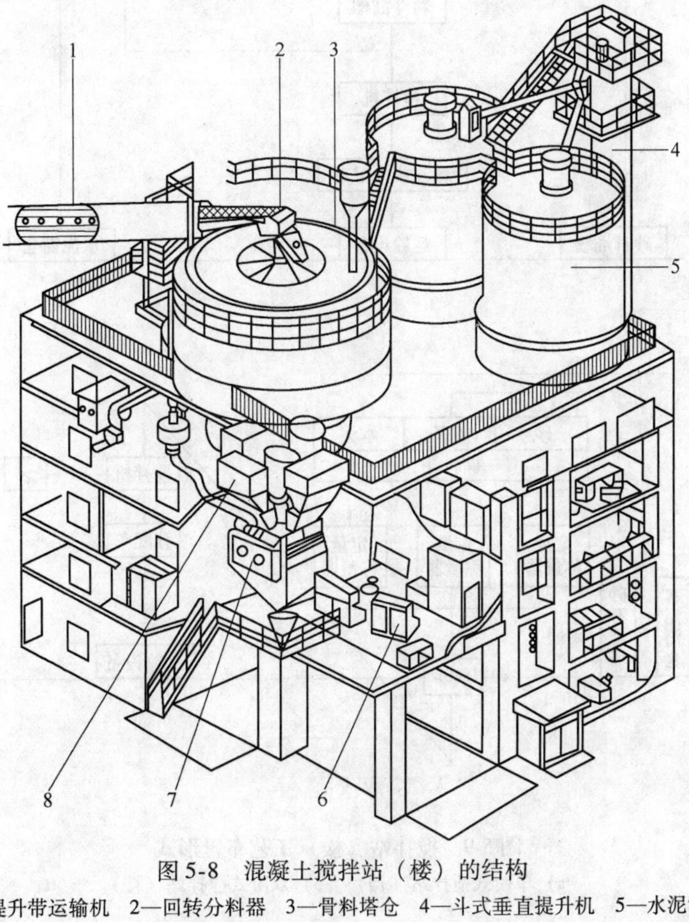

图 5-8 混凝土搅拌站（楼）的结构

1—提升带运输机 2—回转分料器 3—骨料塔仓 4—斗式垂直提升机 5—水泥筒仓 6—控制系统 7—搅拌系统 8—骨料称量斗

5.2.3　混凝土搅拌站（楼）的工作原理

混凝土搅拌站（楼）按工艺布置形式不同，可分为单阶式和双阶式两类。

1. 单阶式

单阶式混凝土搅拌站（楼）一次提升石子、砂、水泥等材料至搅拌站（楼）最高层的储料斗，然后配料称量直至搅拌成混凝土，供物料自重下落而形成垂直生产工艺体系，其工艺流程如图5-9a所示。单阶式搅拌站（楼）具有生产率高、动力消耗少、机械化和自动化程度高，布置紧凑和占地面积小等特点；但因其设备较复杂、基建投资大，仅适用于大型永久性搅拌站（楼）。

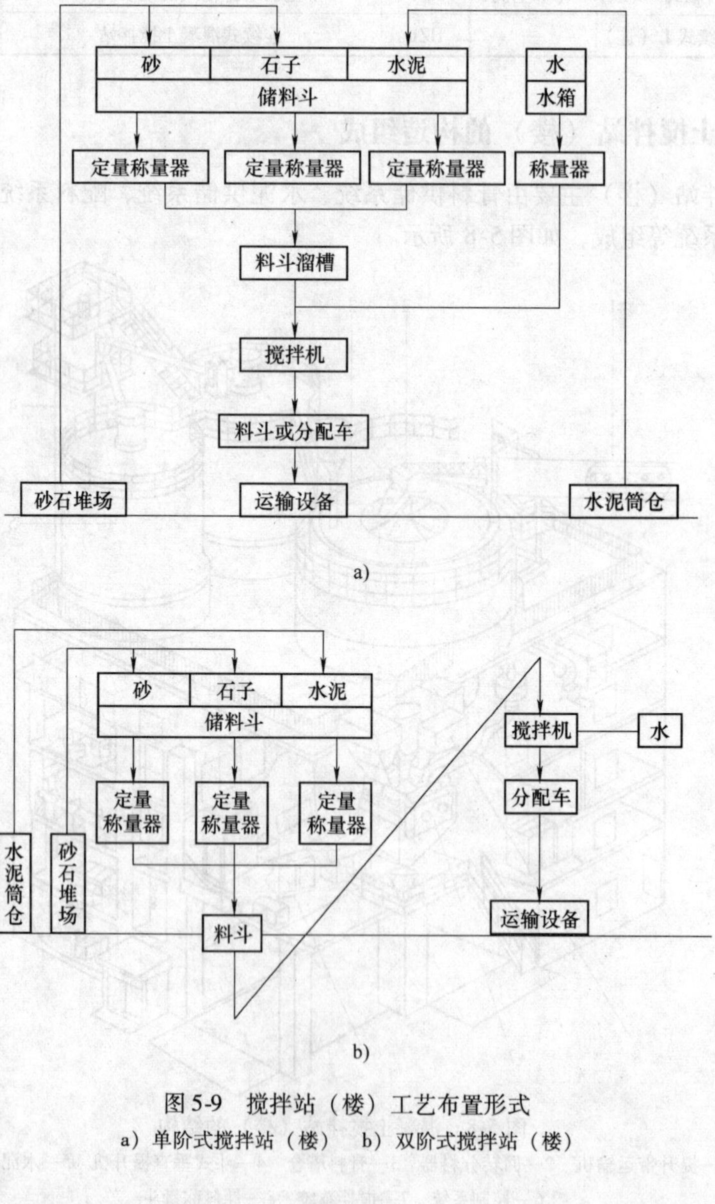

图5-9　搅拌站（楼）工艺布置形式

a）单阶式搅拌站（楼）　b）双阶式搅拌站（楼）

2. 双阶式

双阶式混凝土搅拌站（楼）分两次提升砂、石子、水泥等材料，第一次将材料提升至储料斗，经配料称重后，第二次再将材料提升并卸入搅拌机，其工艺流程如图 5-9b 所示。双阶式搅拌站（楼）具有设备简单、投资少、建成快等优点；但因其机械化和自动化程度较低、动力消耗大，仅适用于中小型搅拌站（楼）。

5.3　混凝土搅拌运输车

5.3.1　混凝土搅拌运输车的型号

混凝土搅拌运输车的型号及表示方法见表 5-8。

表 5-8　混凝土搅拌运输车的型号及表示方法

类	组	型	特性	代号	代号含义	主参数	
						名称	单位表示法
混凝土机械	混凝土搅拌运输车 JC(搅车)	飞轮取力 前端取力 单独驱动 前端卸料	— Q（前） D（单） L（料）	JC JCQ JCD JCL	飞轮取力混凝土搅拌运输车 前端取力混凝土搅拌运输车 单独驱动混凝土搅拌运输车 前端卸料混凝土搅拌运输车	搅拌容量	m^3

5.3.2　混凝土搅拌运输车的构造

混凝土搅拌运输车由汽车底盘和搅拌装置等构成，其外形结构如图 5-10 所示。

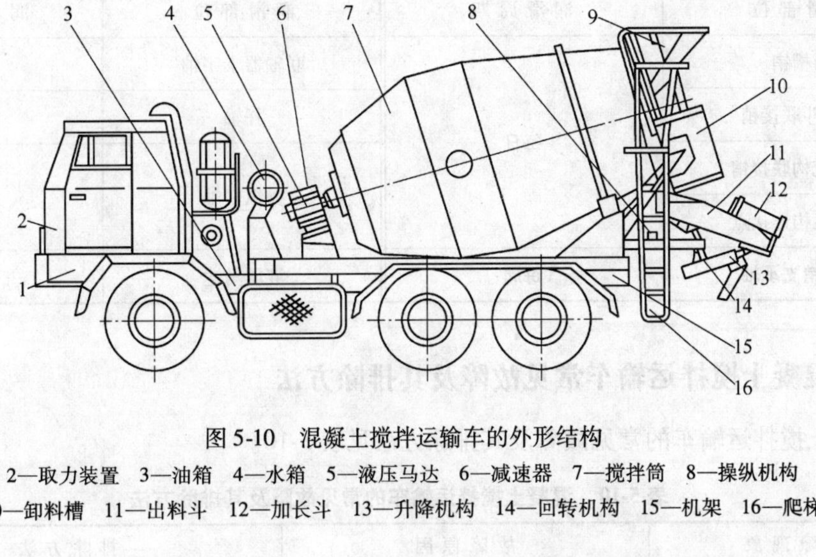

图 5-10　混凝土搅拌运输车的外形结构

1—液压泵　2—取力装置　3—油箱　4—水箱　5—液压马达　6—减速器　7—搅拌筒　8—操纵机构　9—进料斗　10—卸料槽　11—出料斗　12—加长斗　13—升降机构　14—回转机构　15—机架　16—爬梯

搅拌装置主要由搅拌筒、加料和卸料装置、传动系统、供水系统等组成，如图 5-11 所示。

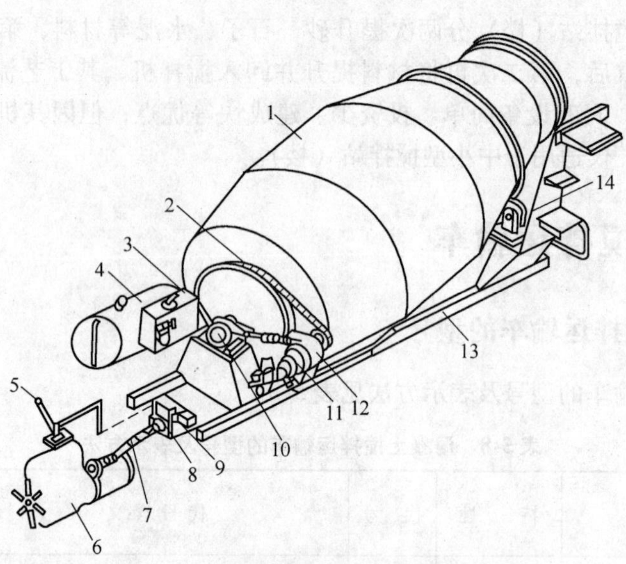

图 5-11　混凝土搅拌输送车的搅拌装置

1—搅拌筒　2—链传动　3—油箱　4—水箱　5—液压传动系统操纵手柄　6—发动机　7—取力联轴器传动轴　8—液压泵　9—集成式液压阀　10—中心支承装置　11—液压马达　12—齿轮减速器　13—机架　14—支承滚轮

5.3.3　混凝土搅拌运输车的保养与维护

混凝土搅拌运输车上车润滑部位及润滑周期见表 5-9。

表 5-9　混凝土搅拌运输车上车润滑部位及润滑周期

润滑部位	润滑周期	润滑部位	润滑周期
斜槽销	每日	联轴器十字轴	每周
加长斗联接销	每日	托轴	每月
升降机构联接销	每日	操纵软轴	每月
操纵机构连接点	每日	操纵软轴	每月
斜槽销支承轴	每周	液压马达	每年

5.3.4　混凝土搅拌运输车常见故障及其排除方法

混凝土搅拌运输车的常见故障及其排除方法见表 5-10。

表 5-10　混凝土搅拌运输车的常见故障及其排除方法

故障现象	故障原因	排除方法
进料斗堵塞	进料搅拌不均匀，出现“生料”，放料过快	堵塞后用工具捣通，控制放料速度

（续）

故障现象		故障原因	排除方法
搅拌筒不能转动		发动机或液压泵发生故障	检修柴油机或液压泵，当混凝土已装入搅拌筒时，柴油机或液压泵发生故障，则应采取如下紧急措施：将一辆救援搅拌运输车驶近有故障的车，将有故障的液压马达油管接到救援车的液压泵上，由救援车的液压泵带动故障车的液压马达旋转，紧急排除故障车搅拌筒内的混凝土
		液压管路损坏	修理管路
		操纵失灵	修理操作系统
搅拌筒转动不出料		混凝土坍落度太小	加适量水，以搅拌速度搅拌30转，然后反转出料
		叶片磨损严重	修复或更换
搅拌筒转动不出料		滚道和托轮磨损不均	修复或更换
		夹卡套太松	调整夹卡套螺母
噪声	液压泵吸空	吸油滤油器堵塞	更换滤油器
	油生泡沫	油量不足	补油
		空气过滤器堵塞	更换空气过滤器
	油温过高	冷却器故障	检修冷却器
液压泵压力不足		油脏，液压泵磨损	清洗更换油，修理液压泵
流量太小	真空表度数很大	吸油过滤器失效	更换过滤器
	漏油	机件磨损，接头松动，管壁磨损	修理或更换

5.4 混凝土泵及泵车

5.4.1 混凝土泵及泵车的型号

混凝土泵及泵车的型号及表示方法见表5-11。

表5-11 混凝土泵及泵车的型号及表示方法

类	组	型	代号	代号含义	主参数	
					名称	单位表示法
混凝土机械	混凝土泵 HB（混泵）	固定式 G（固） 拖式 T（拖） 车载式 C（车）	HBG HBT HBC	固定式混凝土泵 拖式混凝土泵 车载式混凝土泵	理论输送量	m^3/h
	臂架式混凝土泵车 BC（泵车）	整体式 半挂式 B（半） 全挂式 Q（全）	BC BCB BCQ	整体式臂架混凝土泵车 半挂式臂架混凝土泵车 全挂式臂架混凝土泵车	理论输送量 布料高度	m^3/h m

5.4.2　混凝土泵

液压活塞式混凝土泵目前定型生产的有 HB8（图 5-12）、HB15、HB30（图 5-13）和 HB60 等型号，分单缸和双缸两种。

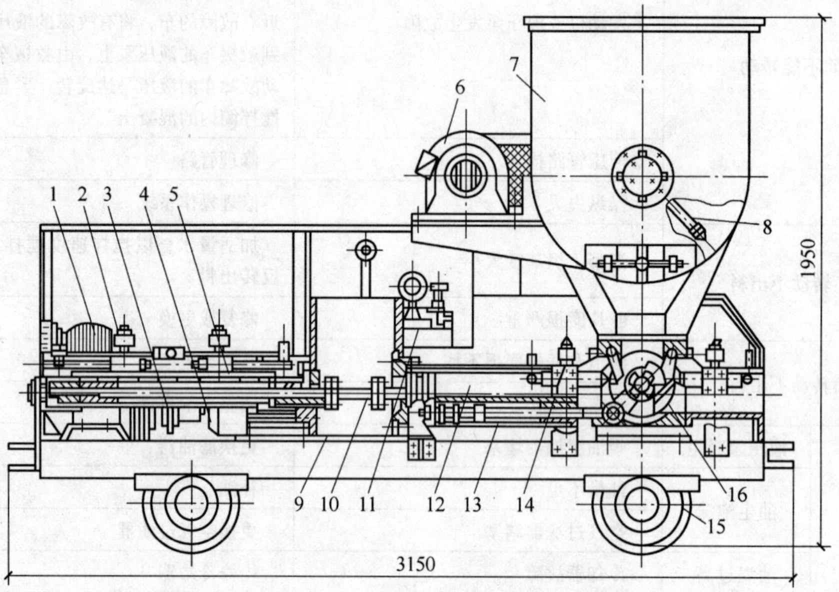

图 5-12　HB8 型液压活塞式混凝土泵（单位：mm）

1—空气压缩机　2—主液压缸行程阀　3—空压机离合器　4—主电动机　5—主液压缸　6—电动机　7—料斗　8—叶片　9—水箱　10—中间接杆　11—操纵阀　12—混凝土泵缸　13—球阀液压缸　14—球阀行程阀　15—车轮　16—球阀

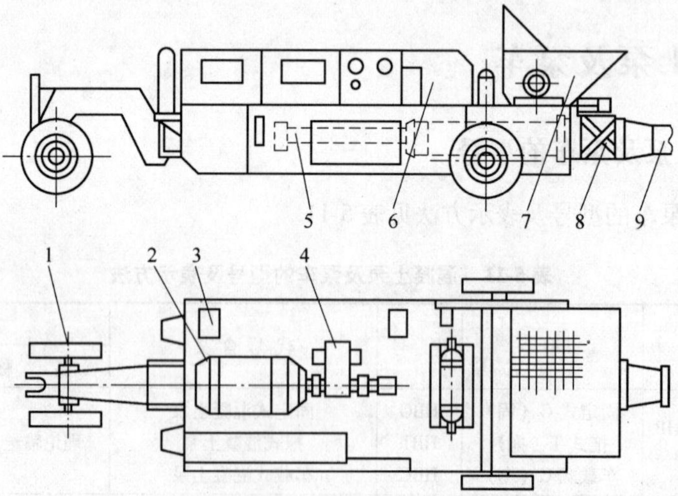

图 5-13　HB30 型混凝土泵

1—机架及行走机构　2—电动机及电气系统　3—液压系统　4—机械传动系统　5—推送机构　6—机罩　7—料斗及搅拌装置　8—分配阀　9—输送管道

5.4.3 混凝土泵车

混凝土泵车是将液压活塞式或挤压式混凝土泵安装在汽车底盘上，并用液压折叠式臂架管道来输送混凝土，从而构成一种汽车式混凝土输送泵，其外形如图5-14所示。

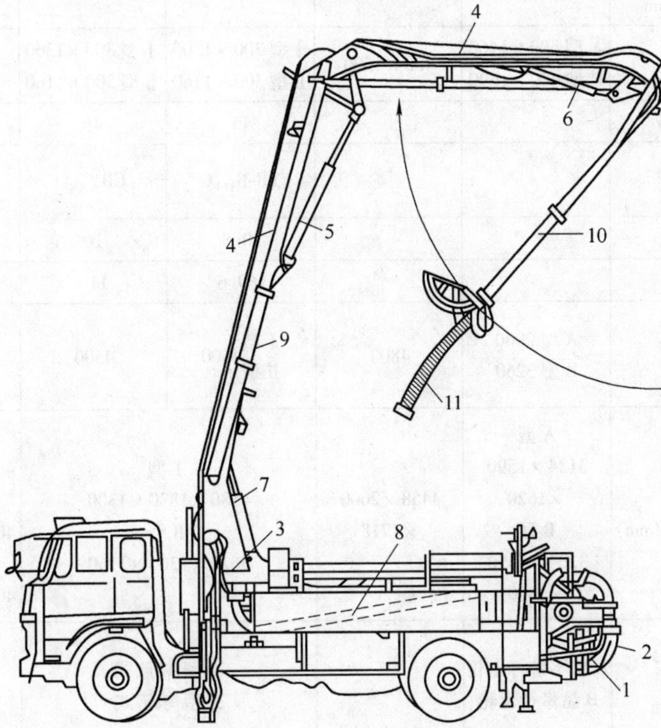

图5-14 混凝土输送泵车外形

1—混凝土泵 2—输送泵 3—布料杆回转支承装置 4—布料杆臂架 5、6、7—控制布料杆摆动的液压缸 8、9、10—输送管 11—橡胶软管

5.4.4 混凝土泵及泵车的技术参数

混凝土泵及泵车的技术参数见表5-12和表5-13。

表5-12 混凝土泵的主要技术参数

型号			HB8	HB15	HB30	HB30B	HB60
性能	理论输送量/(m^3/h)		8	10~15	30	15；30	~60
	最大输送距离/m	水平垂直	200 30	250 35	350 60	420 70	390 65
	输送管直径/mm		150	150	150	150	150
	混凝土坍落度/cm		5~23	5~23	5~23	5~23	5~23
	骨料最大粒径/mm		卵石50 碎石40	卵石50 碎石40	卵石50 碎石40	卵石50 碎石40	卵石50 碎石40
	输送管清洗方式		气洗	气洗	气洗	气洗	气洗

（续）

	型　号	HB8	HB15	HB30	HB30B	HB60
规格	混凝土缸数	1	2	2	2	2
	混凝土缸直径/mm×行程/mm	150×600	150×1000	220×825	220×825	220×1000
	料斗容量/L×离地高度/mm	A型400×1460 B型400×1690	400×1500	Ⅰ型300×1300 Ⅱ型300×1160	Ⅰ型300×1300 Ⅱ型300×1160	Ⅰ型300×1290 Ⅱ型300×1185
	主电动机功率/kW			45	45	55
	主液压泵型号			YB-B_{114}C	CBY_{2040}	CBY $\frac{3100}{3063}$
	额定压力/MPa			10.5	16	20
	排量/(L/rain)			169.6	119	243
	总量/kg	A型2960 B型3260	4800	Ⅰ型 Ⅱ型 4500	4500	Ⅰ型5900 Ⅱ型5810 Ⅲ型5500
	外形尺寸（长/mm×宽/mm×高/mm）	A型 3134×1590 ×1620 B型 3134×1590 ×1850	4458×2000 ×1718	Ⅰ型 4580×1830×1300 Ⅱ型 3620×1360×1160		Ⅰ型 4980×1840×1420 Ⅱ型 4075×1360×1315 Ⅲ型 4075×1360×1240
备注		A型不带行走轮 B型带行走轮		Ⅰ型 轮胎式 Ⅱ型 轨道式		Ⅰ型 轮胎式 Ⅱ型 轨道式 Ⅲ型 固定式

表 5-13　臂架式混凝土泵车的主要技术参数

	型　号		B-HB20	IPF85B	HBQ60
性能	理论输送量/(m^3/h)		20	10~85	15~70
	最大输送距离/m	水平	270 （管径150mm）	310~750 （因管径而异）	340~500 （因管径而异）
		垂直	50 （管径150mm）	80~125 （因管径而异）	65~90 （因管径而异）
	容许骨料的最大尺寸/mm		40（碎石） 50（卵石）	25~50 （因管径和骨料种类而异）	25~50 （因管径和骨料种类而异）
	混凝土坍落度适应范围/cm		5~23	5~23	5~23
泵体规格	混凝土缸数		2	2	2
	缸径/mm×行程/mm		180×1000	195×1400	180×1500
	清洗方式		气、水	水	气、水

（续）

型号		B-HB20	IPF85B		HBQ60
汽车底盘	型号	黄河 JN150	IPF85B-2 ISUZU CVR144	IPF85B ISUZUK – SJR461	罗曼 R10，215F
汽车底盘	发动机最大功率 ［马力/（r/min）］	160/1800	188/2300	188/2300	215/2200
臂架	最大水平长度/m	17.96	17.40		17.70
臂架	最大垂直高度/m	21.20	20.70		21.00
总重/kg		约 15000	14740	15330	约 15500
外形尺寸 （长/mm×宽/mm×高/mm）		9490×2470 ×3445	9030 ×2490 ×3270	9000 ×2495 ×3280	8940×2500 ×3340

型号			DC-S115B	NCP9FB		PTF75B	
性能	理论输送量/（m^3/h）		70	大排量时 15～90	高压时 10～45	10～75	
性能	最大输送距离/m	水平	270～530 （因管径而异）	470～1720 （因管径、压力而异）		250～600 （因管径而异）	
性能	最大输送距离/m	垂直	70～110 （因管径而异）	90～200 （因管径、压力而异）		50～95 （因管径而异）	
性能	容许骨料的最大尺寸/mm		25～50 （因管径和骨料种类而异）	25～50 （因管径和骨料种类而异）		25～50 （因管径和骨料种类而异）	
性能	混凝土坍落度适应范围/cm		5～23	5～23		5～23	
泵体规格	混凝土缸数		2	2		2	
泵体规格	缸径/mm×行程/mm		180×1500	190×1570		195×1400	
清洗方式			气、水	气、水		气、水	
汽车底盘	型号		三菱 EP117J 型 8t 车	日产 K-CK20L		ISUZU SLR450	日野 KB721
汽车底盘	发动机最大功率 ［马力/（r/min）］		215/2500	185/2300		195/2300	190/2350
臂架	最大水平长度/m		17.70	18.10		17.40	
臂架	最大垂直高度/m		21.20	20.60		20.70	
总重/kg			15350	约 16000		15430	15290
外形尺寸 （长/mm×宽/mm×高/mm）			8840×2475 ×3400	9135×2490 ×3365		8900×2490 ×3490	

5.4.5 混凝土泵的维护

混凝土泵执行日常、月度和年度三级维护制。如有可靠的运转记录，除日常维护外，可执行间隔工作 200h 的一级维护和间隔工作 1200h 的二级维护。各级维护规程见表 5-14～表 5-16。

表 5-14　混凝土泵的日常维护（工作前、中、后进行）

维护部件	作业项目	技术要求
电气设备	检查	线路连接牢固，绝缘良好，各种开关、按钮、接触器、继电器等作用正常，接地装置可靠
连接件及管路	检查、紧固	各部联接螺栓完整无缺，紧固牢靠，输送管路固定、垫实、无渗漏
液压油箱及空压机曲轴箱油量	检查	油位指示器应在蓝线范围内，不足时应添加
水箱水量	检查	水箱水量充足
液压系统	检查	液压泵、缸、马达及各操纵阀、管路等元件应无渗漏，工作压力正常，动作平稳正确，油温在 15～65℃范围内
搅拌机构	检查	工作正常，无卡阻等现象
推送机构	检查	分配阀动作及时，位置正确，泵送频率正常，正反泵操作便捷，无漏水、漏油、漏浆等现象
整机	清洁	开动泵机，用清水将泵体、料斗、阀箱、泵缸和管路中所有剩余混凝土冲洗干净，如作业面不准放水，可采用气洗
各润滑点	润滑	按润滑表进行

表 5-15　混凝土泵的月度维护（每月或工作 200h 后进行）

维护部件	作业项目	技术要求
连接、紧固件	检查、紧固	各部连接和紧固件应齐全完好，缺损者补齐
减速器（分动器）	检查	放出底部沉积的污垢，补充润滑油至规定油面高度
传动链条	检查、调整	调整传动链条松紧度，一般挠度为 20～30mm
分配阀	检查、调整	检查分配阀磨损情况。球阀阀芯和阀体之间的间隙应为 0.5～1mm；板阀和杆系的间隙超过 3mm，板阀上端间隙超过 1mm、下端间隙超过 1.5mm，以及板阀和杆系对中程度超过 3mm 时均应调整或更换密封件。阀窗应关闭严密
料斗和搅拌装置	检查	料斗和搅拌叶片应无变形、磨损，视需要进行调整或修复
推送机构	检查	推送活塞、橡胶圈应无磨损、脱落、剥离或扯裂等现象，必要时予以更换
液压系统	检查、清洁	清洁过滤器滤芯，如有内泄、外漏或压力失调等现象，应予以调整或更换密封件
空气压缩机	检查、清洗	空压机压力应正常，清洗空气过滤器
输送管道	检查	无漏水、漏浆等现象，安装牢固
主机	清洁、润滑	清除机身外表灰浆，按润滑表规定进行润滑

表 5-16　混凝土泵的年度维护（每年或工作 1200h 后进行）

维护部件	作业项目	技术要求
减速器（分动箱）	拆检	打开上盖，放尽脏油，冲洗内部。检查齿轮副和轴承的磨损情况，更换磨损零件及油封，调整齿轮的啮合间隙，加注新油至规定油面
搅拌装置	拆检	料斗、搅拌叶片、搅拌轴和支座等如有磨损应修复或更换，传动链轮和链条应无过量磨损，更换已磨损的轴承、密封盘、压圈、螺栓等易损件

（续）

维护部件	作业项目	技术要求
推送机构	拆检	拆检混凝土缸和活塞的磨损情况，更换橡胶圈、密封圈等易损件，如活塞杆弯曲或混凝土缸磨损超限应修复或更换
分配阀	拆检	拆检各部零件的磨损情况，必要时修复或更换，更换密封件
液压系统	检查、清洁	清洁各液压元件，检测其工作性能，必要时调整或拆修；检测液压油，如油质变坏应予以更换，更换时应进行全系统清洗
给水系统	拆检	拆检水泵，检查轴承、叶片、泵壳等应无磨损，水管及吸水笼头应无老化或损坏，必要时予以修复或更换；更换水封及其他易损件
电气设备	检查	检查输电导线的绝缘情况和接线柱头等应完好，检查各开关和继电器触头的接触情况，如有烧伤和弧坑应予以清除，必要时调整继电器的整定值
输送管道	检查	检查随机配备的各型管子及管接头等，如有破损应予以修复并补齐联接螺栓
整机	清洁、补漆	全机清洗，对外表进行补漆防腐
整机	润滑	按润滑表规定进行
整机	试运转	按试运转要求进行，各部应运转正常，作业性能符合要求

5.5 混凝土喷射机

5.5.1 混凝土喷射机的分类

混凝土喷射机按混凝土拌合料的加水方法不同，可分为干式、湿式和介于两者之间的半湿式三种；按喷射机结构形式可分为缸罐式、螺旋式和转子式三种，见表5-17。

表5-17 混凝土喷射机的类型

分类方式	类型	说明
混凝土拌合料的加水方法	干式	按一定比例将水泥及骨料搅拌均匀后，经压缩空气吹送到喷嘴和来自压力水箱的压力水混合后喷出。这种方式的施工方法简单，速度快，但粉尘太大，喷出料回弹量损失较大，且要用高强度等级水泥。国内生产的混凝土喷射机大多为干式
	湿式	进入喷射机的是已加水的混凝土拌合料，因而喷射中粉尘含量低，回弹量也少，是理想的喷射方式。但是湿料易于在料罐、管路中凝结而造成堵塞，清洗麻烦，因而未能推广使用
	半湿式	也称潮式，即混凝土拌合料为含水率5%～8%的潮料（按体积计），这种料喷射时粉尘减少，由于比湿料粘结性小，不粘罐，是干式和湿式的改良方式
喷射机结构形式	缸罐式	缸罐式喷射机坚固耐用，但机体过重，上、下钟形阀的启闭需手工操作，劳动强度大，且易造成堵管，故已逐步淘汰
	螺旋式	螺旋式喷射机结构简单、体积小、质量小、机动性能好。但输送距离超过30m时容易返风，生产率低且不稳定，只适用于小型巷道的喷射支护
	转子式	转子式喷射机具有生产能力大、输送距离远、出料连续稳定、上料高度低、操作方便、适合机械化配套作业等优点，并可用于干喷、半湿喷和湿喷等多种喷射方式，是目前广泛应用的机型

5.5.2 混凝土喷射机的型号

混凝土喷射机的型号及表示方法见表5-18。

表 5-18　混凝土喷射机的型号及表示方法

类	组	型	特性	代号	代号含义	主参数	
						名称	单位表示法
混凝土机械	混凝土喷射机 HP（混喷）	缸罐式 螺旋式 转子式	G（缸） L（螺） Z（转）	HPG HPL HPZ	缸罐式混凝土喷射机 螺旋式混凝土喷射机 转子式混凝土喷射机	理论输送量	m^3/h
	混凝土喷射机械手 PS（喷射）	—	—	PS	混凝土喷射机械手	喷头主轮前水平距离	m
	混凝土喷射台车 PC（喷车）	—	—	PC	混凝土喷射台车	理论输送量	m^3/h

5.5.3　混凝土喷射机的构造组成

1. 缸罐式混凝土喷射机

缸罐式混凝土喷射机结构简单、工作可靠，但不能连续加料，因而操作频繁。其可分为 HP_1-0.8、HP_1-5、HP_1-5A、WG-25g 等形式，均为垂直排列双罐式。其中，WG-25g（图 5-15）

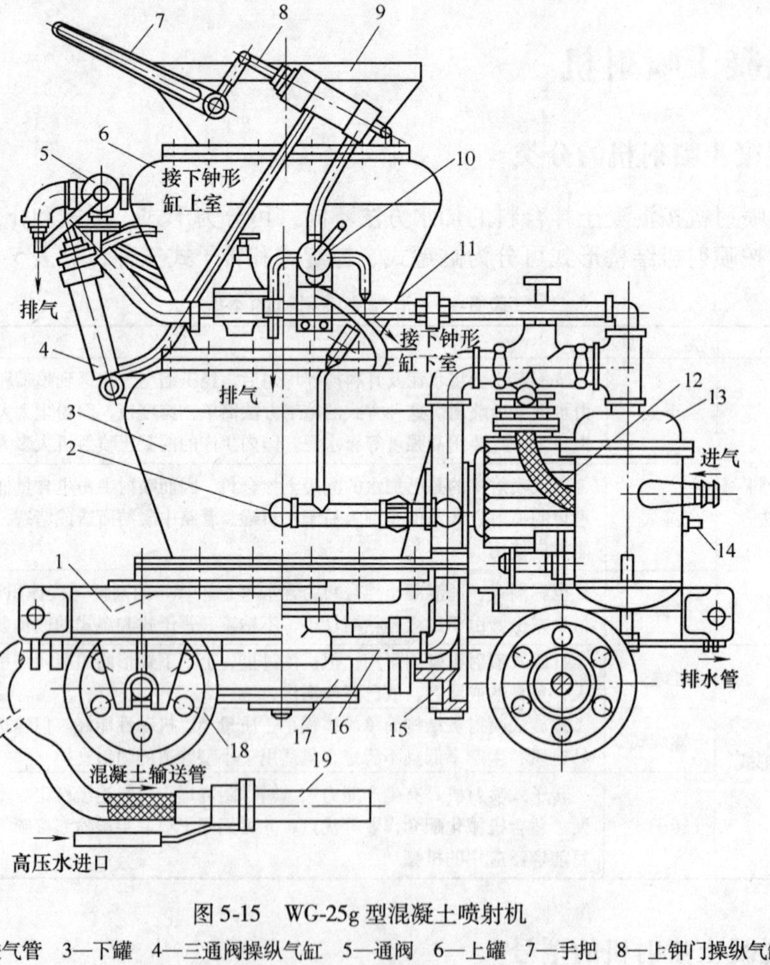

图 5-15　WG-25g 型混凝土喷射机

1—车架　2—下罐进气管　3—下罐　4—三通阀操纵气缸　5—通阀　6—上罐　7—手把　8—上钟门操纵气缸　9—加料斗　10—操纵阀　11—气压表　12—电动机　13—油水分离器　14—电源线　15—角带轮　16—主吹气管　17—蜗轮蜗杆减速器　18—车轮　19—喷嘴

采用气压联锁装置，操作更加简单、可靠。

2. 螺旋式混凝土喷射机

螺旋式混凝土喷射机主要靠螺旋外缘和筒壁间的混凝土拌和料作为密封层进行输送，其结构如图 5-16 所示。

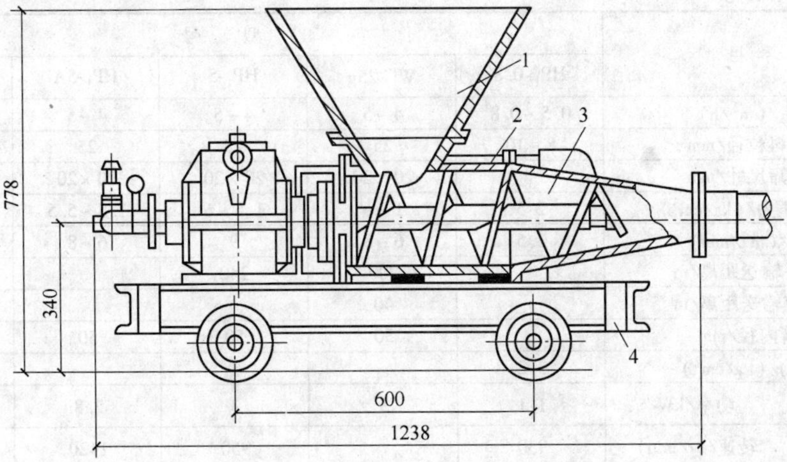

图 5-16　螺旋式混凝土喷射机（单位：mm）

1—料斗　2—套筒　3—螺旋轴　4—车架

3. 转子式混凝土喷射机

转子式混凝土喷射机主要由驱动装置、转子总成、压紧机构、给料系统、气路系统和输料系统等组成，如图 5-17 所示。

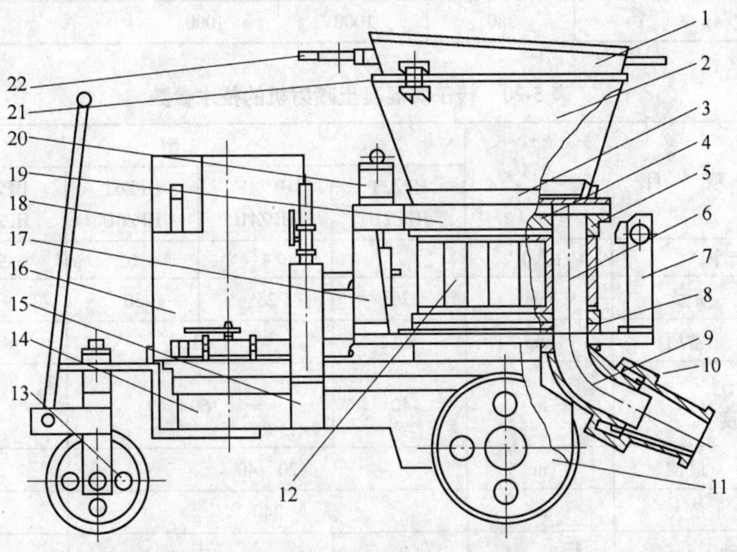

图 5-17　转子式混凝土喷射机

1—振动筛　2—料斗　3—上座体　4—上密封板　5—衬板　6—料腔　7—后支架　8—下密封板　9—弯头　10—助吹器　11—轮组　12—转子　13—前支轮　14—减速器　15—气路系统　16—电动机　17—前支架　18—开关　19—压环　20—压紧杆　21—弹簧座　22—振动器

5.5.4　混凝土喷射机的技术参数

混凝土喷射机的技术参数见表5-19和表5-20。

表5-19　缸罐式混凝土喷射机的技术参数

项　目		型　号				
		HP_1-0.8	WG-25g	HP_1-5	HP_1-5A	HP_1-4
喷射量/(m^3/h)		0.5~0.8	4~5	4~5	4~5	4
最大骨料粒径/mm		8~10	25	25	25	25
骨料过筛尺寸/mm			20×20	20×20	20×20	20×20
压缩空气压力/(kg/cm^3)		2.5	1~6	1.5~6	1.5~5.5	1.5~5.5
耗气量/(m^3/min)		3.5	6~8	9	6~8	4
最大水平输送距离/m			200	240		200
最大垂直输送距离/m			40			40
输送管内径/mm			50	50	50	50
给水压力/(kg/cm^2)		3.2		2		3
电动机	功率/kW	1.1	3	3	2.8	2.8
	转速/(r/min)	930		950	1420	1430
喂料器转速/(r/min)				15.3		
行走装置形式		铁轮	600或 900轨距	胶轮	铁轮	
外形尺寸	长/mm	1420	1500	1849	1650	2240
	宽/mm	885	830	970	1640	1660
	高/mm	1670	1470	1660	1250	1050
总重/kg		380	1000	1000		约800

表5-20　转子式混凝土喷射机的技术参数

项　目			型　号				
			HPZ2T HPZ2U	HPZ4T HPZ4U	HPZ6T HPZ6U	HPZ9T HPZ9U	HPZ13T HPZ13U
最大生产率		m^3/h	2	4	6	9	13
骨料粒径	最大	mm	20	25	30	30	
	常用	mm	<14	<16		<16	
最大垂直输送高度		m	40	60		60	
水平输送距离	最佳	m		20~40		20~40	
	最大	m		240		240	
配套电动机功率		kW	2.2	4.0~5.5	5.5~7.5	10.0	15.0
压缩空气耗量		m^3/min	—	5~8	8~10	12~14	18
输送软管内径		mm	38	50		65~85	

5.6 混凝土振动器

5.6.1 混凝土振动器的分类及其特点

混凝土振动器的分类及其特点见表5-21。

表5-21　混凝土振动器的分类及其特点

分　类	形　式	特　点	适用范围
插入式振动器	行星式、偏心式、软轴式、直联式	利用振动棒产生的振动波捣实混凝土，由于振动棒直接插入混凝土内振捣，故效率高、质量好	适用于大面积、大体积的混凝土基础和构件，如柱、梁、墙、板及预制构件的捣实
附着式振动器	用螺栓紧固在模板上为附着式	振动器固定在模板外侧，借助模板或其他物件将振动力传递到混凝土中，其振动作用深度为25cm	适用于振动钢筋较密、厚度较小及不宜使用插入式振动器的混凝土结构或构件
平板式振动器	振动器安装在钢平板或木平板上为平板式	振动器的振动力通过平板传递给混凝土，振动作用的深度较小	适用于面积大而平整的混凝土结构物，如平板、地面、屋面等构件
振动台	固定式	动力大、体积大，需要有牢固的基础	适用于混凝土制品厂震实批量生产的预制构件

5.6.2 混凝土振动器的型号

混凝土振动器的型号及表示方法见表5-22。

表5-22　混凝土振动器的型号及表示方法

类	组	型	特性	代号	代号含义	主参数 名称	主参数 单位表示法
混凝土机械	混凝土振动器Z（振）	内部振动式N（内）	—	ZN	电动软轴行星插入式混凝土振动器	棒头直径	mm
			P（偏）	ZPN	电动软轴偏心插入式混凝土振动器		
			D（电）	ZDN	电动机内装插入式混凝土振动器		
		外部振动式（外）	B（平）	ZB	平板式混凝土振动器	功率	Hz
			F（附）	ZF	附着式混凝土振动器		
			D（单）	ZFD	单向振动附着式混凝土振动器		
			J（架）	ZJ	台架式混凝土振动器		
	混凝土振动台ZT（振台）	—	—	ZT	混凝土振动台	载重量	t

5.6.3 混凝土振动器的构造组成

1. 附着式混凝土振动器

附着式混凝土振动器依靠其底部螺栓或其他锁紧装置固定在模板、滑槽、料斗和振动导管等的上面，间接将振动波传递给混凝土或其他被振实的物料，作为振动输送、振动给料或振动筛分之用。附着式混凝土振动器按动力及频率不同有多种规格，但其构造基本相同，都是由主机和振动装置组合而成的，如图 5-18 所示。

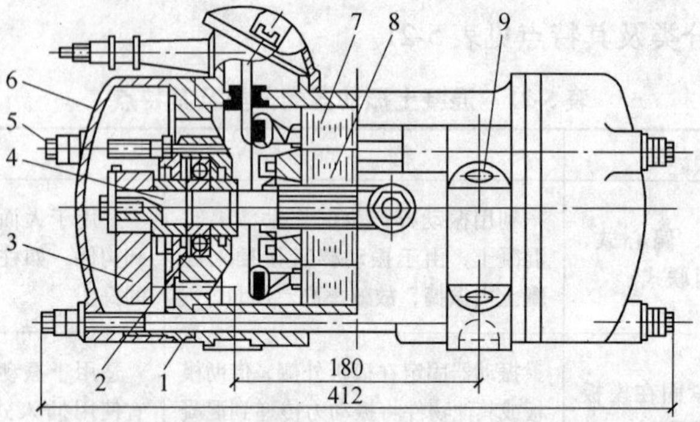

图 5-18　附着式混凝土振动器（单位：mm）

1—轴承座　2—轴承　3—偏心块　4—轴　5—螺栓　6—端盖　7—定子　8—转子　9—地脚螺栓

2. 平板式混凝土振动器

平板式混凝土振动器也称表面振动器，其直接浮放在混凝土表面，可移动地进行振捣作业。其构造与附着式相似，如图 5-19 所示。

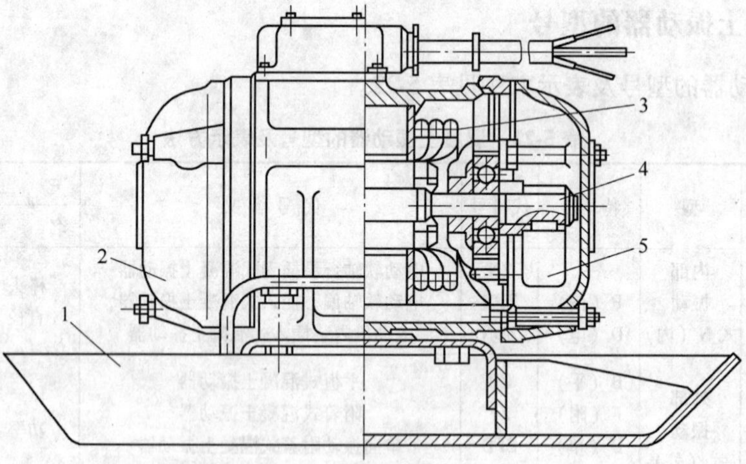

图 5-19　平板式混凝土振动器

1—底板　2—外壳　3—定子　4—转子轴　5—偏心振动子

3. 混凝土振动台

混凝土振动台又称台式振动器，是混凝土拌和料的振动成形机械。ZT3 型振动台由上部框架、下部框架、支承弹簧、电动机、齿轮同步器、振动子等组成，如图 5-20 所示。

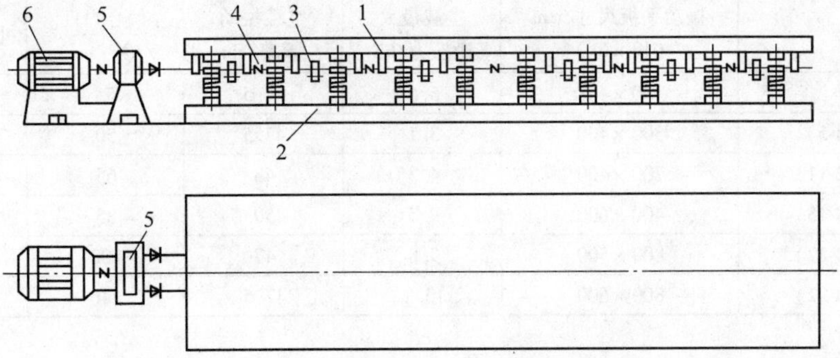

图 5-20　ZT3 型振动台

1—上部框架（台面）　2—下部框架　3—振动子　4—支承弹簧　5—齿轮同步器　6—电动机

5.6.4　混凝土振动器的技术参数

混凝土振动器的主要技术参数见表 5-23 ~ 表 5-26。

表 5-23　各种插入式（内部）混凝土振动器的主要技术参数

形式	型号	振动棒（器）					软轴软管		电动机	
		直径/mm	长度/mm	频率/(次/min)	振动力/kN	振幅/mm	软轴直径/mm	软管直径/mm	功率/kW	转速/(r/min)
电动软轴行星式	ZN25	26	370	15500	2.2	0.75	8	24	0.8	2850
	ZN35	36	422	13000 ~ 14000	2.5	0.8	10	30	0.8	2850
	ZN45	45	460	12000	3 ~ 4	1.2	10	30	1.1	2850
	ZN50	51	451	12000	5 ~ 6	1.15	13	36	1.1	2850
	ZN60	60	450	12000	7 ~ 8	1.2	13	36	1.5	2850
	ZN70	68	460	11000 ~ 12000	9 ~ 10	1.2	13	36	1.5	2850
电动软轴偏心式	ZPN18	18	250	17000		0.4			0.2	11000
	ZPN25	26	260	15000		0.5	8	30	0.8	15000
	ZPN35	36	240	14000		0.8	10	30	0.8	15000
	ZPN50	48	220	13000		1.1	10	30	0.8	15000
	ZPN70	71	400	6200		2.25	13	36	2.2	2850
电动直联式	ZDN80	80	436	11500	6.6	0.8		0.8	11500	
	ZDN100	100	520	8500	13	1.6		1.5	8500	
	ZDN130	130	520	8400	20	2		2.5	8400	
风动偏心式	ZQ50	53	350	15000 ~ 18000	6	0.44				
	ZQ100	102	600	5500 ~ 6200	2	2.58				
	ZQ150	150	800	5000 ~ 6000		2.85				
内燃行星式	ZR35	36	425	14000	2.28	0.78	10	30	2.9	3000
	ZR50	51	452	12000	5.6	1.2	13	36	2.9	3000
	ZR70	68	480	12000 ~ 14000	9 ~ 10	1.8	13	36	2.9	3000

表 5-24　平板式混凝土振动器的主要技术参数

型　号	振动平板尺寸/mm（长×宽）	空载最大激振力/kN	空载振动频率/Hz	偏心力矩/(N·cm)	电动机功率/kW
ZB55-50	780×468	5.5	47.5	55	0.55
ZB75-50（B-5）	500×400	3.1	47.5	50	0.75
ZB110-50（B-11）	700×400	4.3	48	65	1.1
ZB150-50（B-15）	400×600	9.5	50	85	1.5
ZB220-50（B-22）	800×500	9.8	47	100	2.2
ZB300-50（B-22）	800×600	13.2	47.5	146	3.0

表 5-25　附着式混凝土振动器的主要技术参数

型　号	附着台面尺寸/mm（长×宽）	空载最大激振力/kN	空载振动频率/Hz	偏心力矩/(N·cm)	电动机功率/kW
ZF18-50（ZF1）	215×175	1.0	47.5	10	0.18
ZF55-50	600×400	5	50	—	0.55
ZF80-50（ZW-3）	336×195	6.3	47.5	70	0.8
ZF100-50（ZW-13）	700×500	—	50	—	1.1
ZF150-50（ZW-10）	600×400	5~10	50	50~100	1.5
ZF180-50	560×360	8~10	48.2	170	1.8
ZF220-50（ZW-20）	400×700	10~18	47.3	100~200	2.2
ZF300-50（YZF-3）	650×410	10~20	46.5	220	3

表 5-26　振动台的主要技术参数

型　号	载重量/t	振动台面尺寸/mm	空载最大激振力/kN	空载振动频率/Hz	电动机功率/kW
ZT0.3（ZT0610）	0.3	600×1000	9	49	1.5
ZT1.0（ZT1020）	1.0	1000×2000	14.3~30.1	49	7.5
ZT2（ZT1040）	2.0	1000×4000	22.34~48.4	49	7.5
ZT2.5（ZT1540）	2.5	1500×4000	62.48~56.1	49	18.5
ZT3（ZT1560）	3.0	1500×6000	83.3~127.4	49	22
ZT5（ZT2462）	3.5	2400×6200	147~225	49	55

5.6.5　混凝土振动器的保养与维护

插入式混凝土振动器的润滑表见表 5-27。

表 5-27　插入式混凝土振动器润滑表

润 滑 部 位	周期（工作小时）/h	润滑油牌号	
		夏　季	冬　季
电动机轴承	600	2 号钙钠基脂	1 号钙基脂
软轴振动器的传动轴承	300	4 号钙基脂	2 号钙基脂

（续）

润 滑 部 位	周期（工作小时）/h	润滑油牌号	
		夏　季	冬　季
齿轮箱	300	32 号机械油	46 号机械油
振动棒轴承	300	4 号钙基脂	2 号钙基脂
软轴	300	4 号钙基脂	2 号钙基脂
回转底盘	300	4 号钙基脂	2 号钙基脂
各部销轴	300	32 号机械油	46 号机械油

5.6.6　混凝土振动器的常见故障及其排除方法

插入式混凝土振动器的常见故障及其排除方法见表 5-28。

表 5-28　插入式混凝土振动器的常见故障及其排除方法

故 障 现 象	故 障 原 因	排 除 方 法
电动机正转时软轴不转	防逆机构失灵	修理或更换摆轴、推块
	软管伸长	截去一定长度的软管
	软轴接头松脱	将软管与软轴接头压牢
振动棒轴承太热	轴承润滑脂过多或过少	相应增减润滑剂
	轴承型号不对，游隙过小	更换符合要求的大间隙轴承
	轴承外圈配合松动	更换套管
振动棒不启振	电动机反转	对换任意两相电源接线
	尖头或软管接头处螺纹渗水	擦干水迹，螺纹处涂油后拧紧
	棒内有油	擦净棒内油迹，用汽油洗净后晾干
	油封损坏	更换油封
振动无力	轴承型号不对，游隙过小	更换符合要求的大间隙轴承
	尖头或软管接头处螺纹渗水	擦干棒内水迹，螺纹处涂油后拧紧
	棒内有油	擦净棒内油迹，用汽油洗净后晾干
有尖叫杂音	棒内有杂物	清除杂物
	振动棒轴承损坏	更换轴承
软管剧烈振动	软管损坏或软管压扁	更换软轴或软管

6 压实机械

6.1 静作用压路机

6.1.1 静作用压路机的构造组成

1. 光轮压路机

光轮压路机的工作装置由几个钢板卷成或用铸钢铸成的圆柱形中空滚轮组成，如图6-1所示。

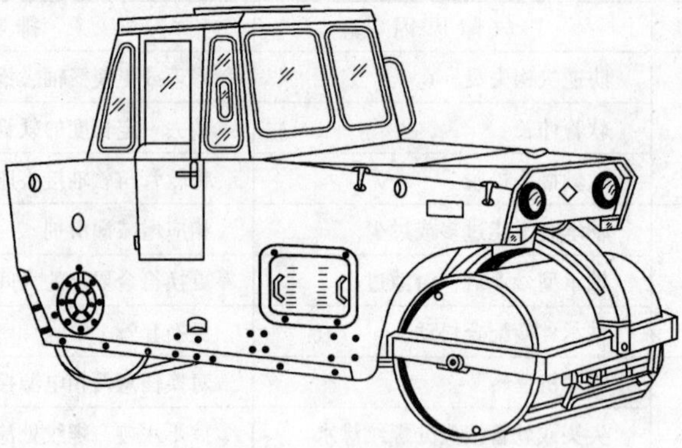

图6-1 光轮压路机

2. 轮胎压路机

轮胎压路机的轮胎前后错开排列，一般前轮为转向轮，后轮为驱动轮，前、后轮胎的轨迹有重叠部分，使之不致漏压，如图6-2所示。

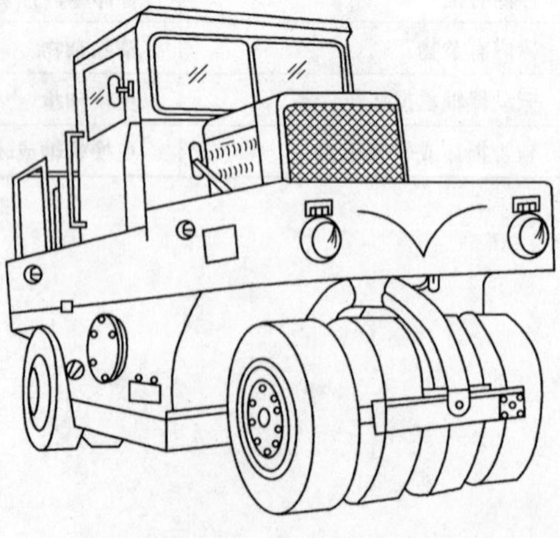

图6-2 轮胎压路机

3. 羊脚碾

羊脚碾可分为拖式和自行式两种。常用的羊脚碾多为拖式单滚羊脚碾，如图6-3所示。

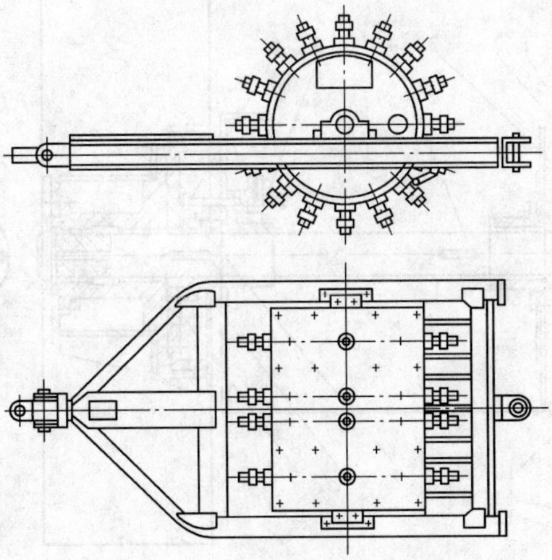

图6-3 拖式单滚羊脚碾

6.1.2 静力光轮压路机的主要结构

1. 工作装置

图6-4所示为3Y12/15型压路机无框架式方向轮结构简图，它是由滚轮、轮轴、Π形架和转向立轴等组成的。

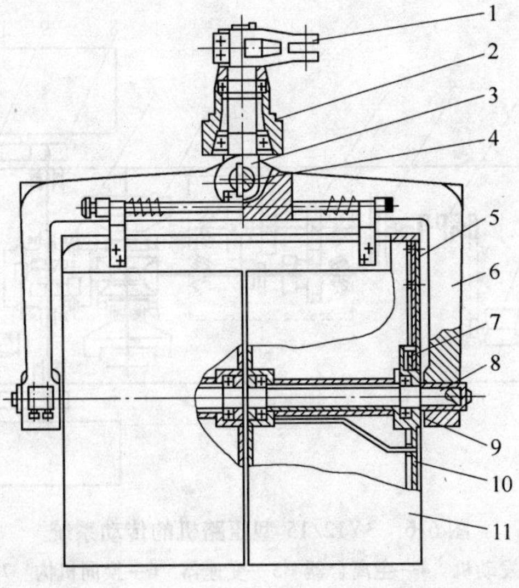

图6-4 3Y12/15型压路机无框架式方向轮

1—转向臂 2—转向立轴轴承座 3—立轴 4—横销 5—滚轮 6—Π形架 7—油管 8—轮轴 9—挡环 10—轮辐 11—轮圈

如图 6-5 所示的 3Y12/15 型压路机的驱动轮由轮圈、内轮辐、外轮辐、轮毂及齿圈等组成。

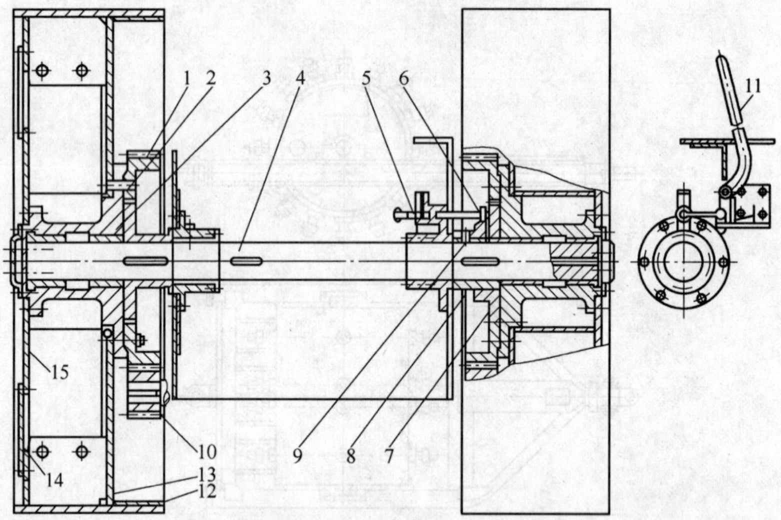

图 6-5　3Y12/15 型压路机的驱动轮

1—末级传动大齿圈　2—轮毂　3—连接齿轮　4—驱动轮轴　5—拨叉轴　6—拨叉　7—锁定齿轮　8—轴套　9—滑键　10—末级传动小齿轮　11—差速锁操纵手柄　12—轮圈　13—内轮辐　14—盖板　15—外轮辐

2. 传动系统

图 6-6 所示为 3Y12/15 型压路机的传动系统，主要由主离合器、变速机构、换向机构、差速机构和末级传动机构等组成，具有变速、换向和差速三种作用。

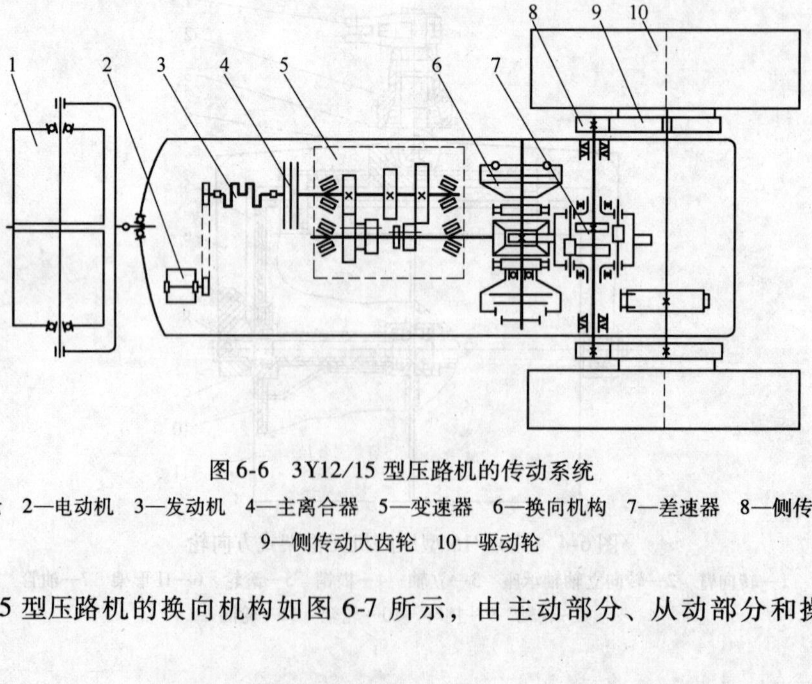

图 6-6　3Y12/15 型压路机的传动系统

1—方向轮　2—电动机　3—发动机　4—主离合器　5—变速器　6—换向机构　7—差速器　8—侧传动小齿轮　9—侧传动大齿轮　10—驱动轮

3Y12/15 型压路机的换向机构如图 6-7 所示，由主动部分、从动部分和操纵机构等组成。

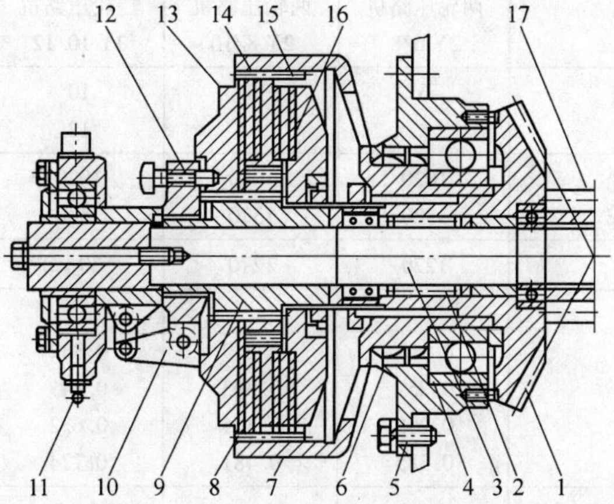

图 6-7 3Y12/15 型压路机的换向机构

1—从动锥齿轮 2—滚柱轴承 3—横轴 4—滚珠轴承 5—端盖 6—油封 7—离合器外壳 8—离合器主动片 9—离合器轴套 10—压抓 11—离合器分离轴承 12—压抓架 13—活动后压盘 14—中间压盘 15—固定压盘 16—分离弹簧 17—圆柱小驱动齿轮

3. 转向系统

如图 6-8 所示的 3Y12/15 压路机的转向系统采用全液压转向，由摆线式全液压转向器、液压泵、转向液压缸和过滤器等组成。

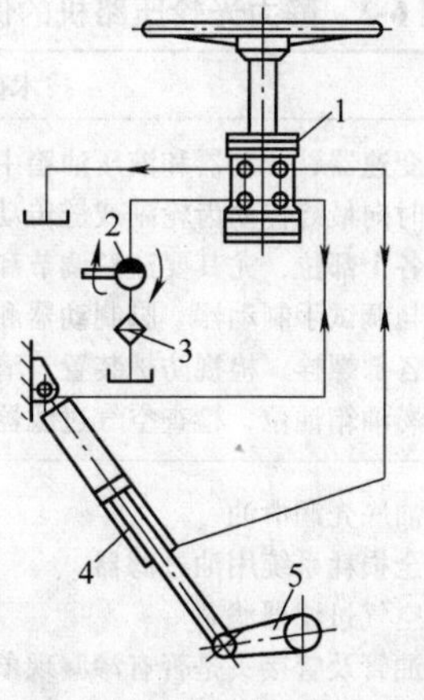

图 6-8 3Y12/15 型压路机的转向系统

1—摆线式全液压转向器 2—液压泵 3—过滤器 4—转向液压缸 5—转向臂

6.1.3 静作用压路机的技术参数

静作用压路机的主要技术参数见表 6-1。

表 6-1 静作用压路机的主要技术参数

项目		型号				
		两轮压路机 2Y 6/8	两轮压路机 2Y 8/10	三轮压路机 3Y 10/12	三轮压路机 3Y 12/15	三轮压路机 3Y 15/18
质量/t	不加载 加载后	6 8	8 10	10 12	12 15	15 18
压轮直径/mm	前轮 后轮	1020 1320	1020 1320	1020 1500	1120 1750	1170 1800
压轮宽度/mm		1270	1270	530×2	530×2	530×2
单位压力/(kN/cm) 前轮：不加载 加载后 后轮：不加载 加载后		 0.192 0.259 0.290 0.385	 0.259 0.393 0.385 0.481	 0.332 0.445 0.632 0.724	 0.346 0.470 0.801 0.930	 0.402 0.481 0.503 1.150
行走速度/(km/h) 最小转弯半径/m 爬坡能力（%） 牵引功率/kW 转速/(r/min)		2~4 6.2~6.5 14 29.4 1500	2~4 6.2~6.5 14 29.4 1500	1.6~5.4 7.3 20 29.4 1500	2.2~7.5 7.5 20 58.9 1500	2.3~7.7 7.5 20 73.6 1500
外形尺寸 （长/mm×宽/mm×高/mm）		4440×1610 ×2620	4440×1610 ×2620	4920×2260 ×2115	5275×2260 ×2115	5300×2260 ×2140

6.1.4 静力光轮压路机的保养

静力光轮压路机的保养见表 6-2。

表 6-2 静力光轮压路机的保养

项目	技术要求及说明
日保养（运转 8~10h）	1）检查变速器、分动器和液压油箱中的油位及油质，必要时加油 2）必要时向最终传动齿轮副或链传动装置加注润滑油或润滑脂 3）清洁各个部位，尤其要注意调节和清洁刮泥板 4）检查与调试手制动器、脚制动器和转向机构 5）紧固各部螺栓，检视防护装置，清洁机体 6）检查燃油箱油位，检查空气过滤器集尘指示器
周保养（运转 50h）	1）更换油底壳润滑油 2）更换全损耗系统用油过滤器 3）清洗空气过滤器滤芯 4）检查油管及管接头是否有渗漏现象 5）检查蓄电池 6）检查变速器和分动器油位 7）润滑传动轴十字节及轴头，主离合器分离轴承滑套及踏板轴支座，侧传动齿轮副及中间齿轮轴承，换向离合器压紧轴承，制动铰接点、踏板、踏板轴支座和变速拉杆座
半月保养（运转 100h）	清洗柴油机散热器表面，清洗液压油冷却器表面

（续）

项　　目	技术要求及说明
月保养（运转200h）	1）更换液压油过滤器滤芯，更换油底壳油和全损耗系统用油过滤器 2）清洗空气过滤器的集尘器 3）检查风扇和发电机V带的张紧力 4）检查并调整制动系统的各部间隙及制动液压缸的油平面 5）检查并调整换向离合器的间隙 6）检查变速器、分动器、中央传动及行星齿轮式最终传动中的油平面 7）清除液压油箱中的冷凝水 8）对全机各个轴承点加注润滑油 9）检查各油管接头处有否漏油
季保养（运转500h）	调整柴油机气门间隙，更换液压油箱过滤器的滤芯
半年保养（运转1000h）	更换柴油过滤器的滤芯，清洗柴油箱，清洗柴油机供油泵中的粗滤器
年保养（运转2000h）	更换液压油，更换变速器、分动器、主传动和末端传动中的润滑油

6.2 振动压路机

6.2.1 振动压路机的构造组成

振动压路机由动力装置、传动系统、振动装置、行走装置和驾驶操纵等部分组成。

1. 传动系统

振动压路机的传动系统分为机械传动和液压传动两大类。采用机械传动的压路机，其发动机动力通过离合器、变速器、差速器、轮边减速器，最后到达驱动轮。图6-9所示为

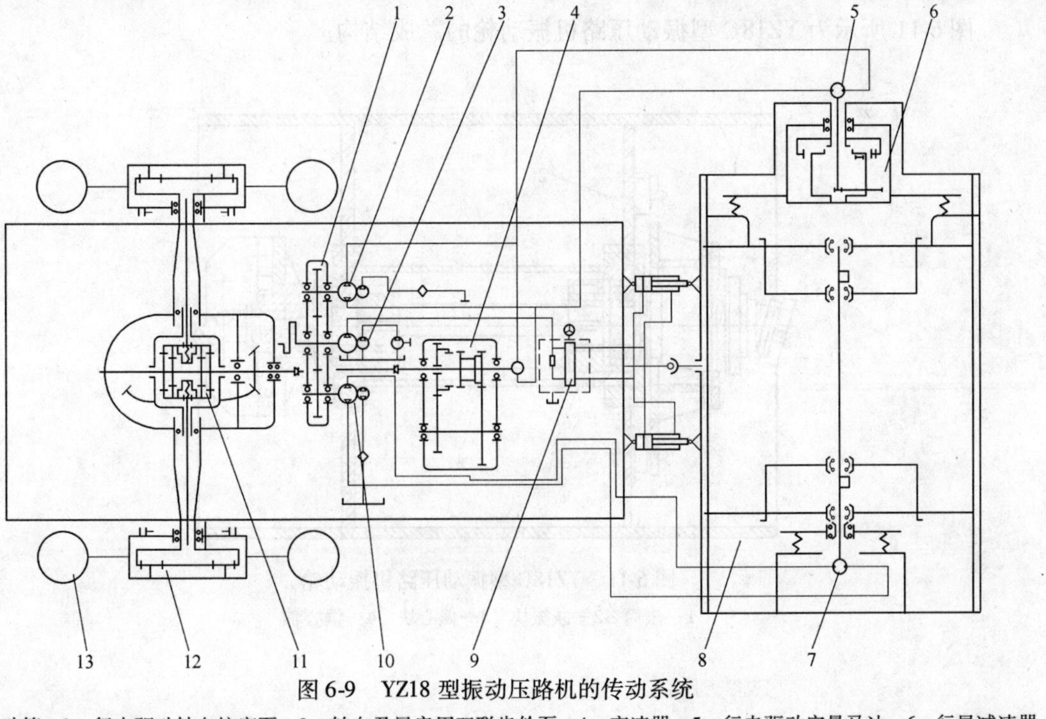

图6-9　YZ18型振动压路机的传动系统

1—分动箱　2—行走驱动轴向柱塞泵　3—转向及风扇用双联齿轮泵　4—变速器　5—行走驱动定量马达　6—行星减速器　7—振动驱动定量马达　8—振动轮　9—液压转向器　10—振动驱动变量泵　11—驱动桥　12—轮边行星减速器　13—轮胎

YZ18 型振动压路机的传动系统。

2. 液压系统

图 6-10 所示是 YZ18 型振动压路机的液压系统图。

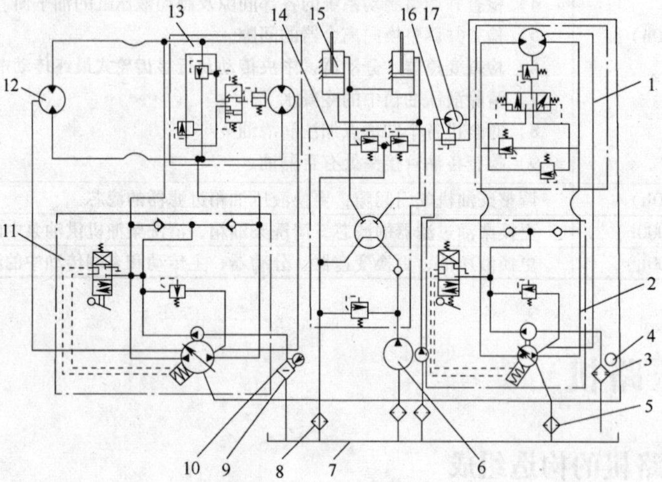

图 6-10 YZ18 型振动压路机的液压系统图

1—振动定量马达 2—振动变量泵 4、10—过滤器 3、9—真空表 5—冷却器 6—双联齿轮泵 7—油箱 8—冷却器 11—行走变量泵 12—定量马达 13—行走定量马达 14—全液压转向器 15—转向缸 16—溢流阀 17—风扇马达

3. 振动轮

图 6-11 所示为 YZ18C 型振动压路机振动轮的总成结构。

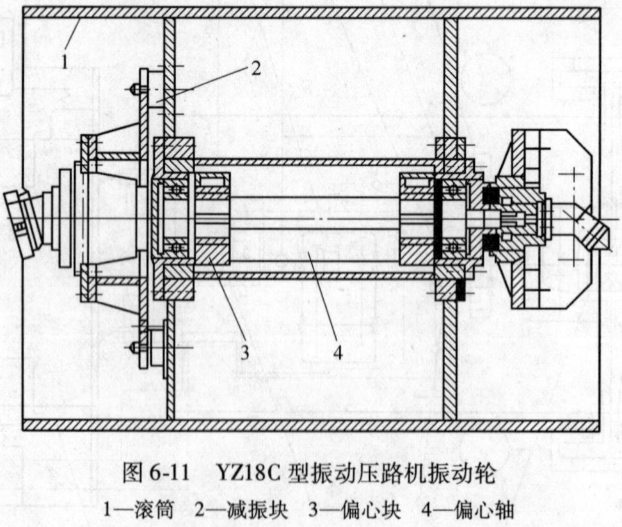

图 6-11 YZ18C 型振动压路机振动轮

1—滚筒 2—减振块 3—偏心块 4—偏心轴

6.2.2 振动压路机的保养

振动压路机的保养见表6-3。

表6-3 振动压路机的保养

项目	技术要求
日保养（运行10h）	1）侧传动齿轮加油 2）对主离合器和手制动器进行调试 3）调节刮泥板 4）洒水箱加水 5）检查操纵连接杆
周保养（运行50h）	1）紧固侧传动齿轮 2）对驱动链条加油 3）液压油箱加油 4）轮胎补气 5）紧固轮辋螺母和减振器螺栓 6）检查橡胶减振器 7）对主离合器轴承、铰接架轴承、转向液压缸支座、联轴器轴承和摇摆铰销进行加油
半月保养（运行100h）	1）给振动轮减速器和激振器油室加油 2）对侧传动齿轮、液压油冷却器和主离合器进行清污 3）调节离合器分离杆 4）调整脚制动器 5）对液压驱动进行加油 6）气压驱动排水、排气 7）清洗水过滤器 8）润滑操纵连接件 9）对仪表进行擦洗
月保养（运行200h）	1）对分动箱、变速器、驱动桥、侧传动轴承、驱动轮轴承、转向轮轴承和转向轴承进行加油 2）张紧驱动链条 3）液压油箱排水 4）更换液压油过滤器
三个月（运行500h）	更换油箱空气过滤器
六个月（运行1000h）	对振动轮减速器和激振器油室进行换油
年保养（运行2000h）	对分动箱、变速器、驱动桥和液压油箱进行换油

6.3 蛙式打夯机

6.3.1 蛙式打夯机的构造组成

图6-12所示为蛙式打夯机，主要由夯架与夯头装置、前轴装置、传动轴装置、底盘、扶手及电气设备等构成。

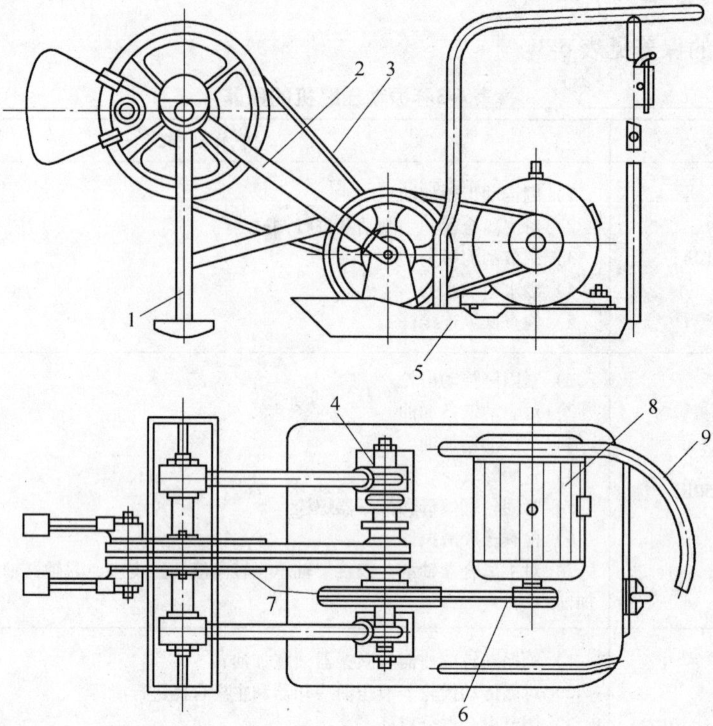

图 6-12　蛙式打夯机

1—夯头　2—夯架　3、6—三角胶带　4—传动轴架　5—底盘　7—三角胶带轮　8—电动机　9—扶手

6.3.2　蛙式打夯机的技术参数

蛙式打夯机的主要技术参数见表 6-4。

表 6-4　蛙式打夯机的主要技术参数

机　　型		HW20	HW20A	HW25	HW60	HW70
机重/kg		125	130	151	280	140
夯头总重/kg					124.5	
偏心块重/kg			23 ±0.0025		38	
夯板尺寸	长/mm	500	500	500	650	500
	宽/mm	90	80	110	120	80
夯击次数/(n/min)		140 ~ 150	140 ~ 142	145 ~ 156	140 ~ 150	140 ~ 145
跳起高度/mm		145	100 ~ 170	100 ~ 170	200 ~ 260	150
前进速度/(m/min)		8 ~ 10	8 ~ 10	8 ~ 10	8 ~ 13	8 ~ 13
最小转弯半径/mm		700	700	700	800	800
冲击能量/N · m		200	200 ~ 250	200 ~ 250	620	680
生产率/(m^3/台班)		~100	~100	100 ~ 120	200	50

（续）

机型			HW20	HW20A	HW25	HW60	HW70
外形尺寸		长（L）/mm	1006	1000	1560	1283.1	1120
		宽（B）/mm	500	500	520	650	650
		高（H）/mm	900	850	900	748	850
电动机	功率/kW		1.5	1或1.1	1.5~2.2	2.8	1
	转速/（r/min）		1420	1420	1420	1430	1420

6.3.3 蛙式打夯机的保养

蛙式打夯机的保养内容见表6-5。

表6-5 蛙式打夯机的保养

保养级别（工作时间）	工作内容	备注
一级保养（60~300h）	1）全面清洗外部 2）检查传动轴轴承、大带轮轴承的磨损程度，必要时拆卸修理或更换 3）检查偏心块的连接是否牢固 4）检查大带轮及固定套是否有严重的轴向窜动 5）检查动力线是否发生折损和破裂 6）调整V带的松紧度 7）全面润滑	轴承松动不及时修理或更换会使传动轴摇摆不稳；动力线发生折损和破裂容易发生漏电
二级保养（400h）	1）进行一级保养的全部工作内容 2）拆检电动机、传动轴、前轴，并对轴承、轴套进行清洗和换油 3）检查夯架、拖盘、操纵手柄、前轴、偏心套等是否有变形、裂纹和严重磨损 4）检查电动机和电器开关的绝缘程度，更换破损的导线	轴承磨损过甚时，须修理或更换；对发现的各种缺陷应及时修好

6.3.4 蛙式打夯机的常见故障及其排除方法

蛙式打夯机的常见故障及其排除方法见表6-6。

表6-6 蛙式打夯机的常见故障及其排除方法

故障现象	产生原因	排除方法
夯击次数减少、夯头抬起高度降低、夯击力下降	V带松弛	张紧调整
轴承过热	缺少润滑油（脂）	及时补充润滑油（脂）
拖盘行走不顺利、不稳定，夯机摆动	拖盘底部沾带泥土过多	清理
拖盘前进距离不准确	V带松弛	张紧调整
夯机工作中有杂音	螺栓松动，弹簧垫片折断	旋紧螺母，更换垫片

（续）

故障现象	产生原因	排除方法
前轴左右窜动	轴的定位挡套磨损或轴连接松动	更换磨损件，紧固前轴
夯机向一侧偏斜	设计不佳，夯机质量左右不均	重新安装电动机（左右调整位置，更换机座）

6.4　内燃式打夯机

6.4.1　内燃式打夯机的构造组成

内燃式打夯机由燃料供给系统、点火系统、配气机构、夯身、夯头及操纵机构等部分构成，如图 6-13 所示。

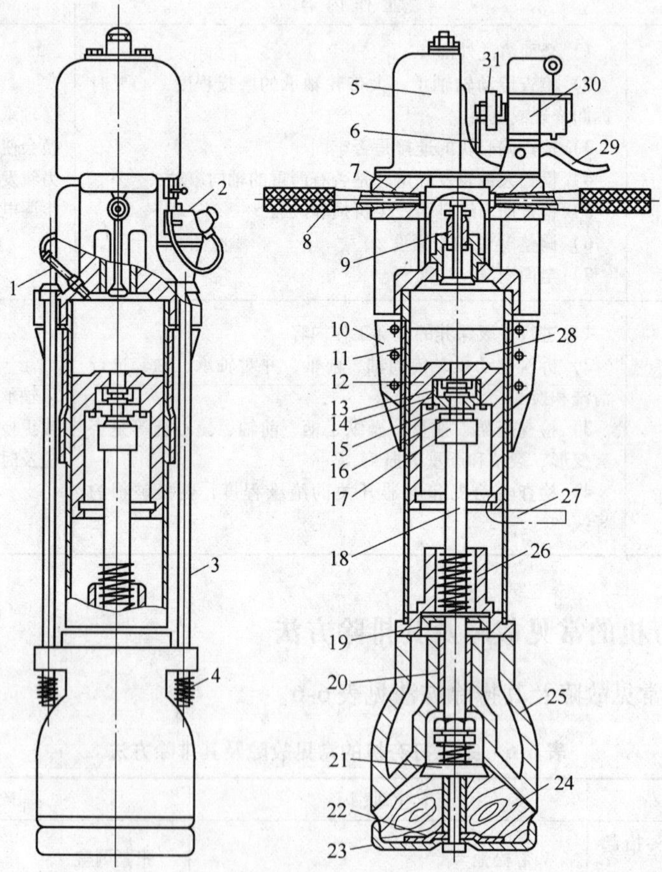

图 6-13　HB80 型内燃式打夯机的构造

1—火花塞　2—化油器　3—拉杆螺栓　4—拉杆弹簧　5—油箱　6、18—连杆　7—气缸盖　8—操纵手柄　9—进气门　10—散热片　11—气缸套　12—活塞　13—阀片　14—上阀门　15—下阀门　16—锁片　17—卡圈　19—密封圈　20—夯锤衬套　21—夯上座　22—夯底座　23—夯板　24—夯足　25—夯锤　26—内部弹簧　27—起动手柄　28—气缸　29—点火手柄　30—磁电机　31—磁电机凸轮

6.4.2 内燃式打夯机的技术参数

内燃式打夯机的主要技术参数见表6-7。

表6-7 内燃式打夯机的主要技术参数

性　能	HB80型（HN80、H7-80）	HB120型（HN120、H7-120）
机重/kg	85	120
夯机能量/N·m	300	
夯头面积/m^2	0．042	0．051
夯头直径/mm		265
夯击次数/min^{-1}	60	60~70
跳起高度/mm	300~500	300~500
气缸直径/mm		146
生产率/(m^2/h)	55~83	
外形尺寸（高/mm×宽/mm）	1230~554	1180×380（410）
燃料配比（汽油：全损耗系统用油）	90号汽油；40号全损耗系统用油（16：1）	90号汽油；40号全损耗系统用油（16：1~20：1）
燃料消耗量/(mL/h)	汽油664 全损耗系统用油41．5	
油箱容积/L	1．7	2
润滑方式	全损耗系统用油混入汽油	全损耗系统用油混入汽油

6.4.3 内燃式打夯机的保养

内燃式打夯机除日常保养外，还可安排一级、二级定期保养和周期性大修，见表6-8。

表6-8 内燃式打夯机的保养

保修类型（工作小时）	工作内容	备　注
一级保养（200h）	全面清洗外部	更换损坏件；因混合气是未经压缩的，点火性较差，为使火花塞有足够的电流击穿强度，其电极间隙应保持为1.5~2mm，否则会使起动困难；活塞环比较脆弱，注意勿使其折断；使用耐高温的润滑脂
	拆卸、清洗并检查缸盖、缸套、活塞、连杆、夯锤、夯足和各部联接螺栓、螺母等	
	清除活塞和火花塞上的积炭，调整火花塞的电极间隙至1.5~2mm	
	调整活塞环的开口位置，使开口交错排列，以保证气缸有一定的气密性	
	调整磁电机白金触头的间隙，使其为0.35~0.4mm	
	检查化油器的密封性，以防使用中漏油	
	润滑缸套内壁和内部滑动与转动部分，然后组装	

（续）

保修类型（工作小时）	工作内容	备　注
二级保养（400h）	进行一级保养中的全部工作内容	当密封装置磨损和衬套与连杆之间的间隙超过1mm时，会使活塞下部的空气漏失，降低气压，使夯足跳起高度下降，并影响废气的排除
	检查内弹簧的弹力，必要时应予以更换	
	检查缸内法兰盘上的密封装置和夯锤衬套的磨损情况，必要时应予以更换	
周期性大修（2400h）	全面拆检打夯机，更换磨损件	—

6.4.4　内燃式打夯机的常见故障及其排除方法

内燃式打夯机的常见故障及其排除方法见表6-9。

表6-9　内燃式打夯机的常见故障及其排除方法

故障现象	产生原因	排除方法
不能起动或起动困难	化油器供油过少或过多	将针阀调整合适并排除缸内残油
	燃油开关或化油器针阀堵塞	清洗油箱和开关并疏通油路
	磁电机触头污损	将触头修磨光滑平整并调整间隙至0.35～0.4mm
	油路中有空气	按下化油器阀门，使空气自针阀前的小孔放出
	高压导线接触不良	接牢导线
	火花塞有积炭，绝缘不良或间隙不合适	清除积炭，更换火花塞，调整间隙至1.5～2mm
	拉簧较软，弓形架回升不到原位，导致磁电机凸轮不转动	更换弹簧
	点火过早或过迟	调整凸轮至适当位置，或调整磁电机内的微调装置
不能连续工作	燃油配合比不对，机油过少，使活塞移动阻滞	按规定调配燃油
	活塞上的阀门堵塞	拆检、清洗阀门
	火花塞或磁电机触头间隙不当	调整间隙至合适
	活塞下部气缸漏气	更换密封装置或夯锤衬套
	下阀门因端面磨损而关闭不严	铰或磨阀门端面，必要时更换
打夯机跳起高度降低	化油器供油不足	检修化油器使之正常供油
	活塞上下不灵活，阀门密封不严	清洗阀片与阀门，磨损过大时进行更换
	活塞环磨损严重致使密封不良	更换活塞环
	支承拉杆螺栓松动，使气缸漏气	按规定拧紧螺栓
爆发时排气冒黑烟或出火	排气门密封不严	研磨主排气门阀座
	机油量过多，使燃油雾化不良，燃烧不完全	按比例配制燃油
	缸内废气未排尽，使燃料燃烧不完全	修理或更换磨损件，使活塞能很好地排出废气

6.5 振动打夯机

6.5.1 振动打夯机的构造组成

图6-14所示为HZ380A型电动振动式打夯机的构造，它主要由电动机、传动胶带、振动体、支承板和操纵手柄等构成。

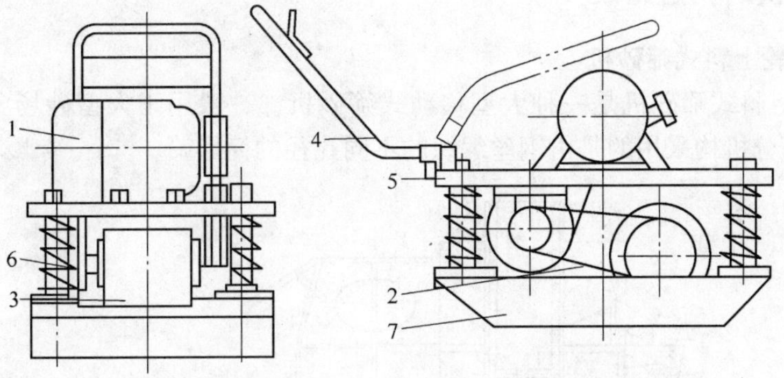

图6-14 HZ380A型电动振动式打夯机的构造

1—电动机 2—传动胶带 3—振动体 4—操纵手柄 5—支承板 6—弹簧 7—夯板

6.5.2 振动打夯机的技术参数

电动振动式打夯机的主要技术参数和工作性能见表6-10。

表6-10 电动振动式打夯机的主要技术参数和工作性能

机型		HZ380A型
机重/kg		380
夯板面积/m^2		0.28
振动频率/(次/min)		1100~1200
前行速度/(m/min)		10~16
振动影响深度/mm		300
振动后土壤密实度		0.85~0.9
压实效果		相当于十几吨静作用压路机
生产率/(m^2/min)		3.36
配套电动机	型号	YQ232-2
	功率/kW	4
	转速/(r/min)	2870

7 装修机械

7.1 筛砂机

7.1.1 筛砂机的构造组成

1. 螺旋叶轮上料式筛砂机

螺旋叶轮上料式筛砂机是一种大型移动式筛砂机，一般用于大型砂场。其基本结构如图7-1所示，筛分机构采用的是由钢丝编织的不同孔径的筒形筛。

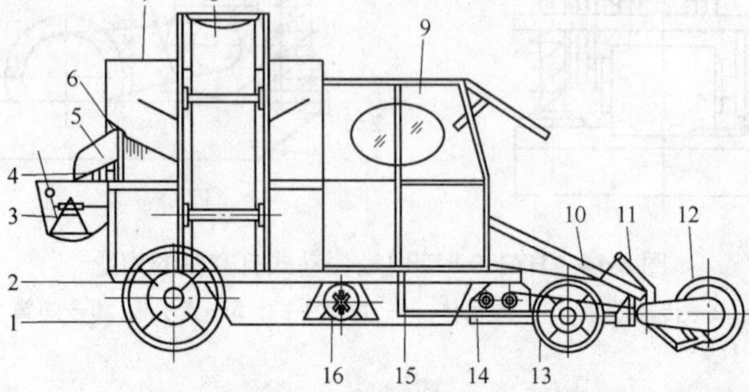

图7-1 螺旋叶轮上料式筛砂机的基本结构

1—驱动轮 2—机架 3—储渣斗 4—托轮 5—出渣槽 6—筒形筛 7—外壳 8—卸料输送带 9—操纵室 10—上料输送带 11—升降机构 12—螺旋叶轮 13—转向轮 14—减速器 15—转向连杆机构 16—行走电动机

2. 锥形旋转上料式筛砂机

锥形旋转上料式筛砂机是一种大型回转式筛砂机，由于装砂半径较大，主要适用于大型砂场。这种筛砂机采用平面振动筛，其基本结构如图7-2所示。

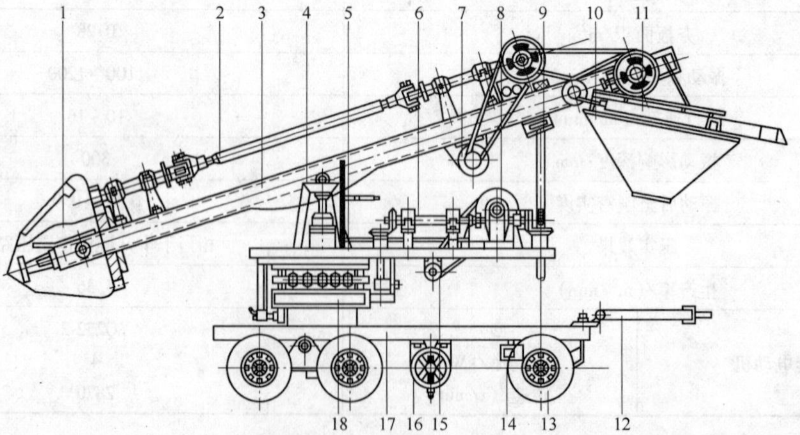

图7-2 锥形旋转上料式筛砂机的构造与传动示意图

1—锥形上料斗 2—上料传动机构 3—胶带输送机 4—回转支架 5—回转平台 6—回转传动机构 7—上料及筛砂电动机 8—减速机构 9—升降丝杠 10—筛斗 11—振动筛 12—拖挂架 13—行走轮 14—转向电动机 15—回转及升降电动机 16—行走电动机 17—底盘架 18—回转机构

3. 蟹爪上料式筛砂机

蟹爪上料式筛砂机如图 7-3 所示。

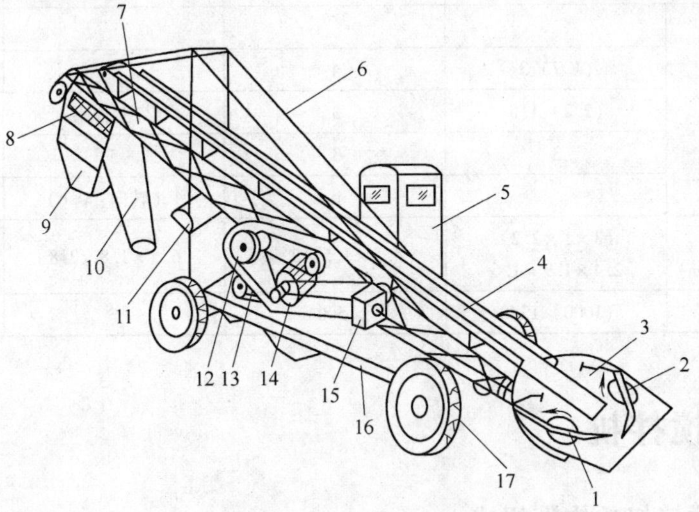

图 7-3 蟹爪上料式筛砂机

1—蟹爪机构 2—扇齿偏心轮 3—上料斗 4—胶带输送机 5—操纵室 6—支架 7—底架 8—筒形筛 9—储渣筒 10—卸料斗 11—电缆卷筒 12—输送机传动机构 13—行走电动机 14—上料电动机 15—扇形齿轮传动机构 16—底盘 17—行走轮

7.1.2 筛砂机的技术参数

筛砂机的主要技术参数见表 7-1。

表 7-1 筛砂机的主要技术参数

性能＼形式	链斗式	螺旋叶轮式	锥形旋转式	蟹爪式
生产率/(m^3/h)	(6) 10~15	12.5~15	20	20
筛子尺寸/mm	1000×580, 1585×478			
筛子振动次数/(次/min)	(240) 1100			
上料装置转速/(r/min)		100	56~69	
上料带速度/(m/s)	6	13		
出料带速度/(m/s)		15		
抛砂距离/m	4			

（续）

形式 性能	链斗式	螺旋叶轮式	锥形旋转式	蟹爪式
电动机功率/kW				
上料电动机	（1.7）3	4	5	7.5
筛砂电动机	（2.2）1.5	3	与上合用	与上合用
行走电动机	3	3	5	4.5
回转电动机			4（转向：0.6）	
外形尺寸 （长/m×宽/m×高/m）	（3×1×2.2） 2.4×1.9×1.6	4.5×1.5×2.1	6.5×1.8×2.8	6×1.5×2.5
自重/kg	（1000）1240	1500		

7.2　砂浆搅拌机

7.2.1　砂浆搅拌机的构造组成

1. 活门卸料式砂浆搅拌机

活门卸料式砂浆搅拌机如图 7-4 所示。

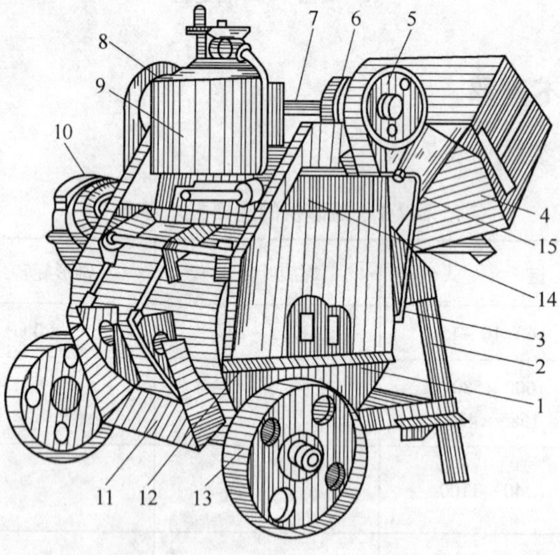

图 7-4　活门卸料式砂浆搅拌机

1—装料筒　2—机架　3—料斗升降手柄　4—进料斗　5—制动轮　6—卷筒　7—上轴　8—离合器　9—量水器　10—电动机　11—卸料门　12—卸料手柄　13—行走轮　14—三通阀　15—给水手柄

2. 倾翻卸料式砂浆搅拌机

倾翻卸料式砂浆搅拌机的常用规格为 200L（装料容量），有固定式和移动式两种，均不配备量水器和进料斗，加料和给水由人工进行。卸料时摇动手柄，手柄轴端的小齿轮即推动装在筒侧的扇形齿条使装料筒倾倒，筒内砂浆由筒边的倾斜凹口排出。倾翻卸料式砂浆搅拌机的结构如图 7-5 所示。

3. 立式砂浆搅拌机

立式砂浆搅拌机是一种较为特殊的砂浆机，如图 7-6 所示。

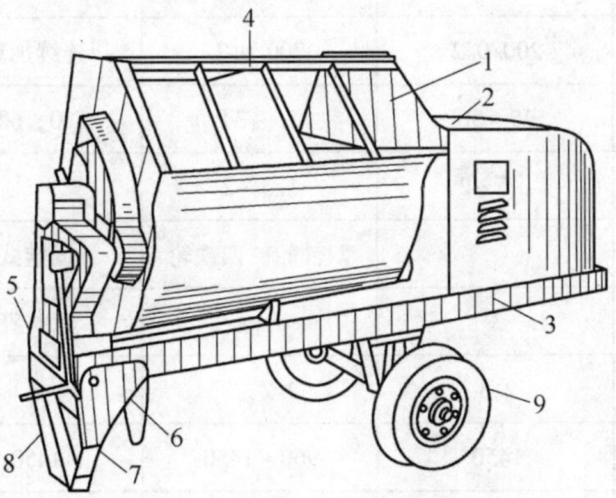

图 7-5 倾翻卸料式砂浆搅拌机

1—装料筒 2—电动机与传动装置 3—机架 4—搅拌叶 5—卸料手柄 6—固定插销 7—支承架 8—销轴 9—支承轮

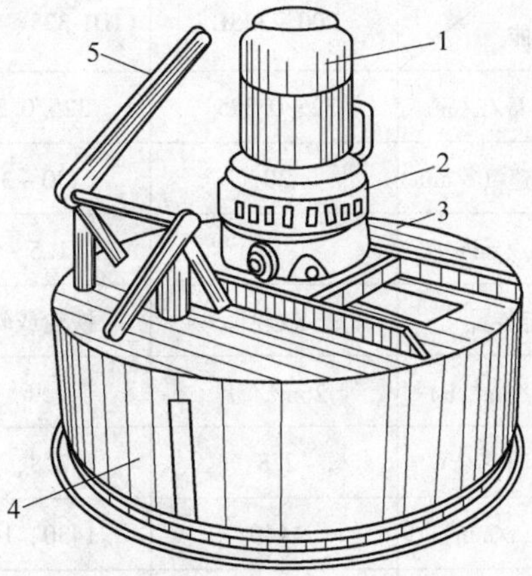

图 7-6 立式砂浆搅拌机

1—电动机 2—行星摆线针轮减速器 3—搅拌筒 4—出料活门 5—活门启闭手柄

4. 纤维质灰浆搅拌机

纤维质灰浆搅拌机用来拌和建筑抹灰工程所用的各种纤维灰浆（如纸筋、麻刀灰浆等），如图 7-7 所示。

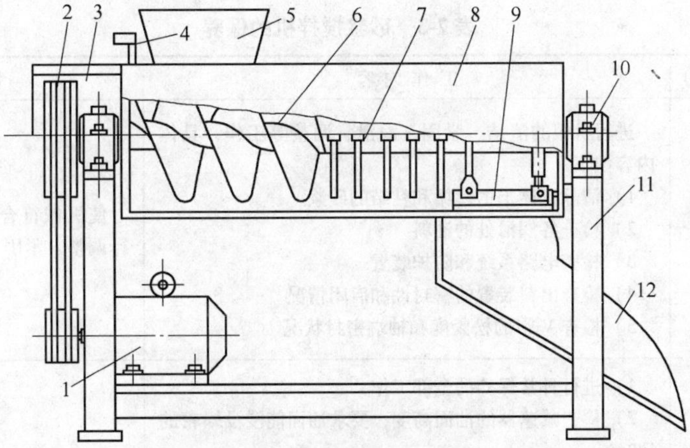

图 7-7 纤维质灰浆搅拌机

1—电动机 2—带传动装置 3—护罩 4—加水管 5—进料斗 6—螺旋叶片 7—打灰板 8—装料筒 9—刮料板 10—轴承 11—机架 12—卸料斗

7.2.2 砂浆搅拌机的技术参数

砂（灰）浆搅拌机的主要技术参数见表 7-2。

表 7-2　砂（灰）浆搅拌机的主要技术参数

形式 / 性能	活门卸料		倾翻卸料		纤维质灰浆搅拌机 2MB10 等型
	全装备 200～325L	UJZ325 型（HJ1-325、UJ600）	固定式 200L	JZ200、UJZ200B 型（HJ1-200、200B、UJZ300）	
额定容量/L/m^3	325/0.325	325/0.325	200/0.2	200/0.2	连续加料
搅拌轴转速/（r/min）	30	30～32	25～30	25～34	500，600
搅拌时间/（min/次）		1.5～2	1.5～2	1.5～2	
行走装置	铁轮	铁轮或轮胎		双铁轮，四铁轮	固定式
生产率/（m^3/h）	26m^3/班	6	3	3 4 6	10t/班
电动机功率/kW	2.8	2.8，3	2.8	2.2，3	3
转速/（r/min）	1440	1430，1450	1450	960～1450	1450
外形尺寸（长/cm×宽/cm×高/cm）	170×182×192	270×170×135 312×166×172 275×171×149	228×110×100	（137～228）×（81～116）×（117～133）	130×70×105、188×70×105
质量/kg	1200	760	500	370～685	210～250

7.2.3　砂浆搅拌机的保养

砂浆搅拌机的保养见表 7-3。

表 7-3　砂浆搅拌机的保养

保养类型（工作小时）	工作内容	备注
日常保养（每班）	进行机械的清洁、紧固、润滑、调整等工作，具体内容如下 1）清除机体上的污垢和粘结的砂浆 2）检查各润滑处的油料 3）检查电路系统和防护装置 4）检查出料装置的密封性和启闭情况 5）检查 V 带的松紧度和轴端密封状况	使机械符合使用要求，必要时进行调整、紧固或修理
一级保养（100h）	1）进行日常保养的全部工作 2）检查减速器的油面高度，要求油面能浸没蜗轮的1/3 3）检查并调整叶片与筒壁的间隙，以 3～6mm 为宜，否则会因刮料不净而影响拌和质量，并给清洗工作增加困难 4）检查并紧固各部螺栓、螺母 5）检查行走轮是否转动灵活 6）检修各部的密封装置，必要时更换密封盘根、毡垫或胶圈等	过小易造成卡塞

（续）

保养类型（工作小时）	工作内容	备注
二级保养（700h）	1）进行一级保养的全部工作 2）拆检和清洗减速器、传动轴承，并补加或更换润滑油 3）检查、校正出料装置、拌叶和行走机构 4）检修卸料门，使其不漏浆和能灵活启闭 5）拆检电动机并检测绝缘电阻，在运行温度下，电阻值不应低于0.3MΩ	滑动轴承间隙最大不应超过0.3mm；采用轴瓦时，其间隙增大后可加垫调整，使间隙为0.04~0.09mm
周期性大修（5600h）	1）进行二级保养的全部工作 2）更换全部密封装置和润滑油 3）更换磨损的轴承、轴套或轴瓦 4）更换卸料门橡胶垫 5）修理或补焊搅拌叶片或其他断裂处 6）重新油漆外表	大修后应能恢复机械原有的技术性能

7.2.4 砂浆搅拌机的常见故障及其排除方法

砂浆搅拌机的常见故障及其排除方法。

表7-4 砂浆搅拌机的常见故障及其排除方法

故障现象	产生原因	排除方法
拌叶和筒壁摩擦甚至碰撞	拌叶和筒壁的间隙过小	调整间隙
	螺栓松动	紧固螺栓
刮不净砂浆	拌叶与筒壁间隙过大	调整间隙至3~6mm
主轴转速不够或不转	V带松弛	调整电动机底座螺栓
传动不平稳	蜗轮蜗杆或齿轮啮合间隙不当	修换或调整中心距、垂直度与平行度
	传动键松动	修、换键
	轴承磨损	更换轴承
拌筒两侧轴孔漏浆	密封盘根不紧	旋紧压盖螺栓，压紧盘根
	密封盘根失效	更换盘根
主轴承过热或有杂音	渗入砂浆颗粒	拆卸、清洗并加注新油（脂）
	发生干磨	补加润滑油（脂）
减速器过热或有杂音	齿轮（或蜗轮）啮合不良	拆卸调整，必要时加垫或更换
	齿轮损坏	修换
	发生干磨	补加润滑油至规定高度

7.3 灰浆泵

7.3.1 灰浆泵的分类

灰浆泵按结构可分为柱塞式和挤压式等。

1. 柱塞式灰浆泵的主要结构

柱塞式灰浆泵靠柱塞的往复运动和吸入阀、排出阀的交替启闭将灰浆吸入或排出。工作时，柱塞在工作缸中与灰浆直接接触，构造简单，但柱塞与缸口磨损严重，影响泵送效率。单柱塞式灰浆泵的结构如图 7-8 所示。

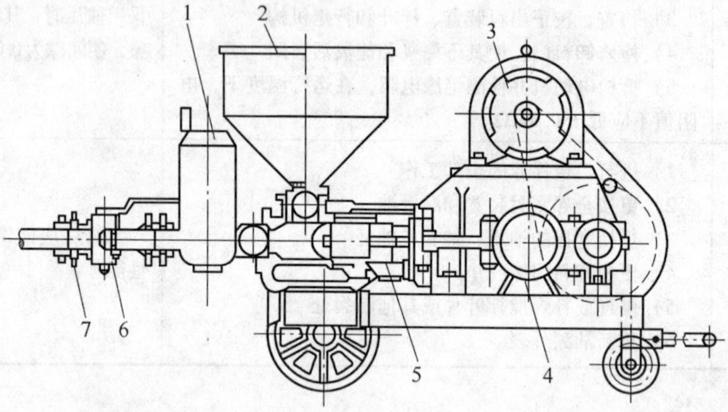

图 7-8　单柱塞式灰浆泵

1—气缸　2—料斗　3—电动机　4—减速箱　5—曲柄连杆机构　6—柱塞缸　7—吸入阀

隔膜式灰浆泵是一种间接作用灰浆泵，其结构和工作原理如图 7-9 所示。柱塞的往复运动通过隔膜的弹性变形实现吸入阀和排出阀的交替工作，将灰浆吸入泵室，通过隔膜压送出来。由于柱塞不接触灰浆，因此能延长使用寿命。

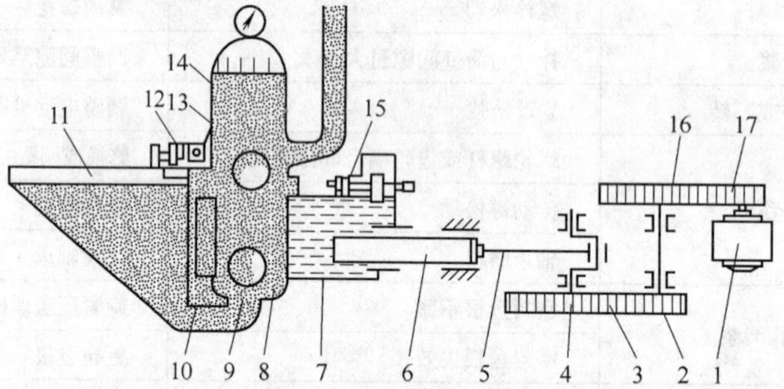

图 7-9　隔膜式灰浆泵

1—电动机　2、3、16、17—齿轮减速箱　4—曲轴　5—连杆　6—活塞　7—泵室　8—隔膜　9、13—球形阀门　10—吸入支管　11—料斗　12—回浆阀　14—气罐　15—安全阀

2. 挤压式灰浆泵的主要结构

挤压式灰浆泵无柱塞和阀门，它靠挤压滚轮连续挤压胶管来实现泵送灰浆。在扁圆的泵壳和滚轮之间安装有挤压滚轮，当轮架以箭头方向开始回转时，进料口处被滚轮挤扁，管中空气被压，从长出料口排入大气，随之转来的调整轮把橡胶管整形复原，并出现瞬时的真空；料斗中的灰浆在大气的作用下，由灰浆斗流向管口，滚轮开始挤压灰浆，使灰浆进入管道并流向出料口。这样周而复始就达到了泵送灰浆的目的。挤压式灰浆泵结构简单、维修方便，但挤压胶管因折弯而容易损坏。各型挤压泵的结构相似，如图 7-10 所示。

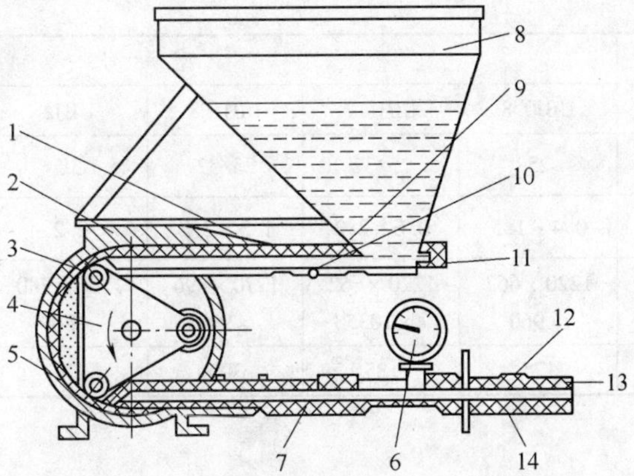

图 7-10 挤压式灰浆泵结构示意图

1—胶管 2—泵体 3—滚轮 4—轮架 5、7—胶管 6—压力表 8—料斗 9—进料管 10—连接夹 11—堵塞 12—卡头 13—输浆管 14—支架

7.3.2 灰浆泵的技术参数

柱塞式灰浆泵的主要技术参数见表 7-5。

表 7-5 柱塞式灰浆泵的主要技术参数

形 式	立 式	卧 式		双 缸	
型号	HB6-3	HP-013	HK3.5-74	UB3	8P80
泵送排量/(m^3/h)	3	3	3.5	3	1.8~4.8
垂直泵送高度/m	40	40	25	40	>80
水平泵送距离/m	150	150	150	150	400
工作压力/MPa	1.5	1.5	2.0	0.6	5.0
电动机功率/kW	4	7	5.5	4	16
进料胶管内径/mm	64		62	64	62
排料胶管内径/mm	51	50	51	50	
质量/kg	220	260	293	250	1337
外形尺寸（长/mm×宽/mm×高/mm）	1033×474×890	1825×610×1075	550×720×1500	1033×474×940	2194×1600×1560

挤压式灰浆泵的主要技术参数见表 7-6。

表 7-6 挤压式灰浆泵的主要技术参数

技术参数		型 号					
		UBJ0.8	UBJ1.2	UBJ1.8	UBJ2	SJ-1.8	JHP-2
泵送排量/(m^3/h)		0.2、0.4、0.8	0.3~1.5	0.3、0.9、1.8	2	0.8~1.8	2
泵送距离	垂直/m	25	25	30	20	30	30
	水平/m	80	80	80	80	100	100
工作压力/MPa		1.0	1.2	1.5			
挤压胶管内径/mm		32	32	38	1.5	0.4~1.5	

（续）

技术参数	型号					
	UBJ0.8	UBJ1.2	UBJ1.8	UBJ2	SJ-1.8	JHP-2
输送管内径/mm	25	25/32	25/32	38	38/50	
功率/kW	0.4～1.5	0.6～2.2	1.3～2.2	2.2	2.2	3.7
外形尺寸（长/mm×宽/mm×高/mm）	1220×662×960	1220×662×1035	1270×896×990	1200×780×800	800×500×800	
整机自重/kg	175	185	300	270	340	500

7.3.3 灰浆泵的保养

柱塞式灰浆泵可在五次二级保养之后安排一次大修，平时检修可进行一、二级保养，保养内容见表7-7。

表7-7 柱塞式灰浆泵的保养

类型和级别（工作时间）	工作内容	备注
日常保养（每班）	检查输送管道、管道接头、各部螺栓的密封和联接情况，要求联接紧固、不渗浆、不渗气	
	调整好V带的松紧度，保持机械有良好的润滑	
	班后应用石灰膏将管内砂浆顶出，并清洗机体	
	如停机超过五天，除倒空管内和泵内砂浆外，还须用水彻底冲洗	
一级保养（200h）	进行日常保养的全部工作	保养后，要进行全机润滑，并拆卸泵体进行检查
	更换破裂、断层和严重磨损的V带	
	调整带轮，使其保持在同一平面内	
	检查曲轴、连杆、活塞的连接情况，必要时进行修理和更换	
	检查减速器齿轮的完好情况，必要时更换齿轮，并清洗减速器	
	检查球阀的磨损情况，并更换磨损的隔膜、密封盘根等	
二级保养（600h）	进行一级保养的全部工作	否则会出现传动不稳、有振动和噪声现象
	拆检减速器，清洗箱体、齿轮、轴、轴承、销、油道等，并检查齿面、连杆轴瓦和连杆铜套的磨损程度，必要时进行更换；其齿轮侧隙不能大于1.2mm，齿厚磨损不能大于20%；连杆轴瓦间隙应为0.04～0.08mm，连杆铜套间隙不超过0.13～0.3mm，否则应予以修理或更换新零件	
	拆检泵室、气罐和电动机，检查密封盘根、隔膜、进出球阀和阀座等处的磨损情况，球阀和三通阀必须保证密合，磨损过甚应予以研磨；电动机内不应有摩擦声，其轴承在清洗后须加注新的润滑脂测试电动机的绝缘电阻，校验气罐压力表的灵敏度，并对性能和负荷进行试验	
大修（3600h）	全面清洗机械内、外部，拆检所有零件，更换所有磨损件，并对机械进行润滑和外表油漆	恢复到原有的技术性能

7.3.4 灰浆泵的常见故障及其排除方法

柱塞式灰浆泵的常见故障及其排除方法见表7-8。

表7-8 柱塞式灰浆泵的常见故障及其排除方法

故障现象	产生原因	排除方法
输送管道堵塞	砂浆过稠或搅拌不均	当输浆管路发生阻塞时，可用木锤敲击使其通畅，如敲击无效，须拆开弯管、直管和三通阀并进行清洗；同时也须清洗泵体内部，然后安装好，放入清水，用泵自行冲刷整个管路。冲刷时可先将出口阀关闭，待压力达到0.5MPa时开放，使管路中的砂浆能在压力水的作用下冲刷出来
	砂浆不纯，夹有干砂、硬物	
	泵体或管路堵塞	
	胶管发生硬弯	
	停机时间过长	
	开始工作时未用稀浆循环润滑管道	
缸体及球阀堵塞	料斗内混入较大石子或杂物	拆开泵体取出杂物，装料时注意不要混入石子、杂物等
	砂浆沉淀并堆积在吸入阀口处	及时搅拌料斗内的砂浆不使其沉淀，并拆洗球阀
	泵体合口处或盘根漏浆	重新密封
压力表指针不动	球阀处堵塞	拆下球阀并清洗
	压力表损坏	更换压力表
出浆减少或停止	输浆管道和球阀堵塞	用上述疏通方法排除
	吸入或压出球阀关闭不严	拆卸检查，清洗球阀。必要时修理或更换阀座、球等，检查时注意不能损坏或拆掉拦球钢丝网
泵缸与活塞接触间隙处漏水	密封盘根磨损	更换盘根
	密封没有压紧	旋进压盖螺栓
	活塞磨损过甚	更换活塞
压力表指针剧烈跳动	压出球堵塞或磨损过大	将压力减到零，检查和清洗球阀或更换球座和球
	压力表接头间隙过大	旋紧接头或加一层密封材料后再旋紧接头
压力突然降低	输浆管破裂	立即停机修理或更换管道
泵缸发热	密封盘根压得太紧	酌情放松压盖，以不漏浆为准

挤压式灰浆泵的常见故障及其排除方法见表7-9。

表7-9 挤压式灰浆泵的常见故障及其排除方法

故障现象	产生原因	排除方法
压力表指针不动	挤压滚轮与鼓筒壁间隙大	缩小间隙，使其为挤压胶管壁厚的2倍
	料斗灰浆缺少，泵吸入空气	泵反转排出空气，加灰浆
	料斗吸料管密封不好	将料斗吸料管重新夹紧排净空气
	压力表堵塞或隔膜破裂	排除异物或更换瓣膜
压力表压力值突然上升	喷枪的喷嘴被异物堵塞或管路堵塞	泵反转，卸压停机，检查并排除异物
泵机不转	电气故障或电动机损坏	及时排除故障；如超过1h，应拆去管道，排除灰浆，并用水清洗干净

（续）

故障现象	产生原因	排除方法
压力表的压力下降或出灰量减少	挤压胶管破裂	更换新挤压胶管
	压力表已损坏	拆修、更换压力表
	阀体堵塞	拆下阀体，清洗干净
	泵体内空气较多	向泵室内加水

7.4 喷浆机

7.4.1 喷浆机的构造组成

1. 电动喷浆机

电动喷浆机如图 7-11 所示，其喷浆原理与手动喷浆机相同，不同的是柱塞的往复运动是由电动机经蜗杆减速器和曲柄连杆机构（或偏心轮连杆）来驱动的。

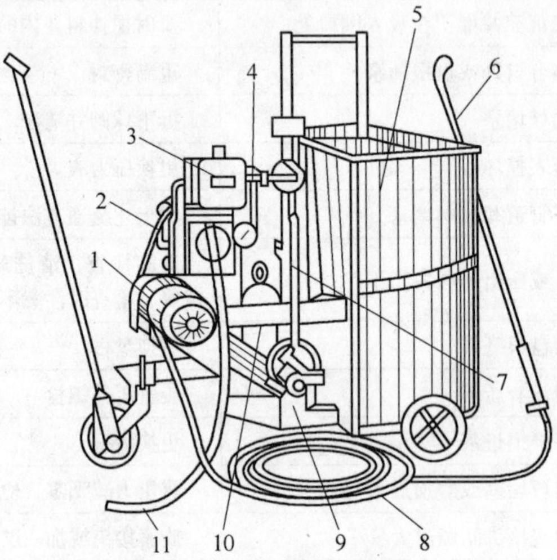

图 7-11　电动喷浆机

1—电动机　2—V 带传动装置　3—电控箱和开关盒　4—偏心轮-连杆机构　5—料筒　6—喷杆　7—摇杆　8—输浆胶管　9—泵体　10—稳压罐　11—电力导线

图 7-12 所示为另一种电动喷浆机，即离心式电动喷浆泵，它依靠转轮的旋转离心力，将进入转轮孔道中心的色浆液甩出，产生压力后由喷雾头喷出。

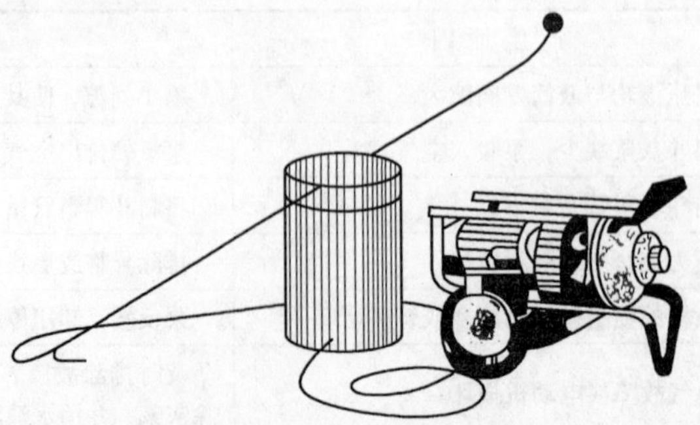

图 7-12　离心式电动喷浆泵

这种喷浆机的工作原理与离心喷浆泵（图 7-13）相似，不同的是简化了结构，提高了转速。

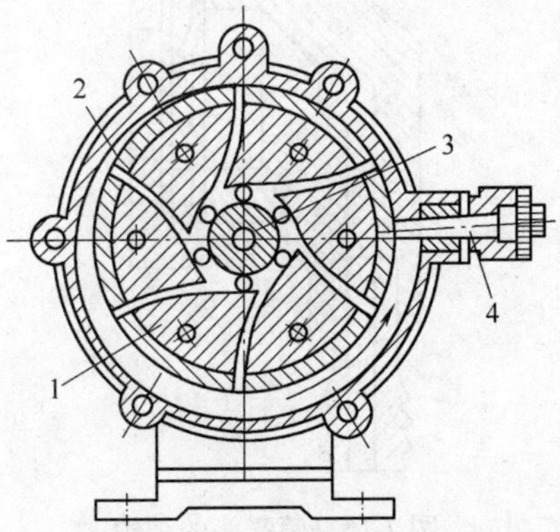

图 7-13　离心式喷浆泵的工作原理

1—转轮　2—出浆孔道　3—进浆孔道　4—出浆接管

2. 手动喷浆机

手动喷浆机的体积小，可由一人搬移位置。使用时，一人反复推压摇杆，另一人手持喷杆来喷浆，因不需要动力装置，故具有较大的机动性。其工作原理如图 7-14 所示。

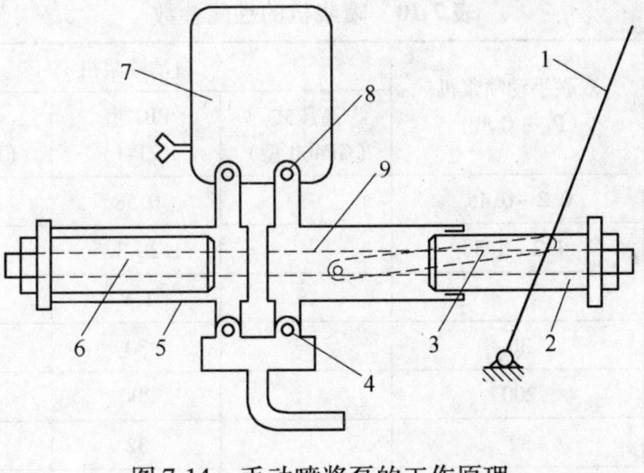

图 7-14　手动喷浆泵的工作原理

1—摇杆　2、6—左、右柱塞　3—连杆　4—进浆阀　5—泵体　7—稳压罐　8—出浆阀　9—框架

3. 喷杆

如图 7-15 所示，喷杆由气阀、输浆胶管、中间管和喷雾头等组成。其中，喷雾头的结构如图 7-16 所示，它由喷头体、喷头芯和喷头片等组成。

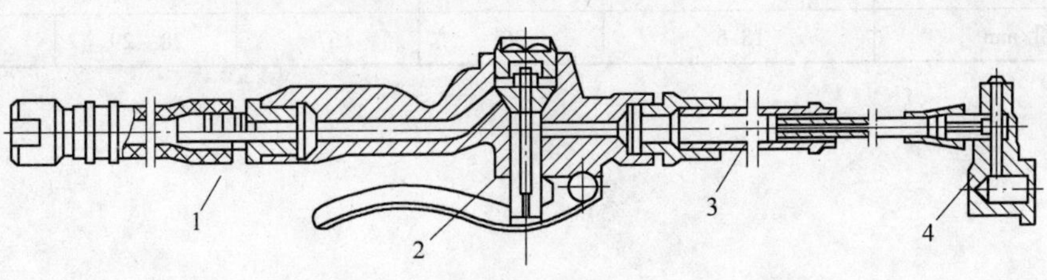

图 7-15　喷杆

1—气阀　2—输浆胶管　3—中间管　4—喷雾头

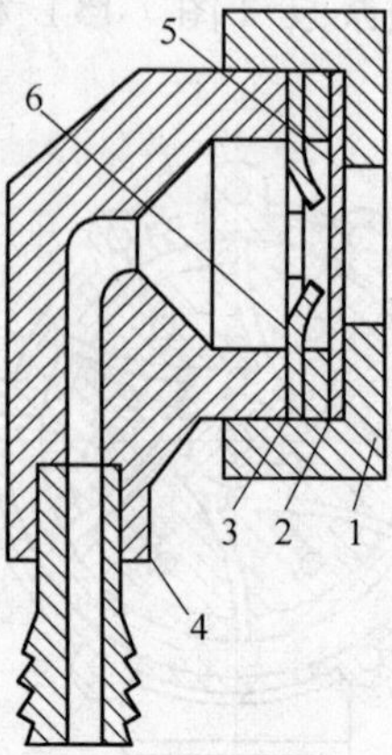

图 7-16　喷雾头的结构
1—喷头盖　2—喷头片　3—喷头芯　4—喷头体　5—旋涡室　6—橡胶垫

7.4.2　喷浆机的性能参数

喷浆机的性能参数见表 7-10。

表 7-10　喷浆机的性能参数

形式型号 性能	双联手动喷浆机 （P_B—C 型）	自动喷浆机 高压式 （GP400 型）	自动喷浆机 PB1 型 （ZP-1）	自动喷浆机 回转式 （HPB 型）	内燃式喷雾机 （WFB-18A 型）
生产率/（m³/h）	0.2～0.45		0.58		
工作压力/MPa	1.2～1.5		1.2～1.5	6～8	
最大压力/MPa		18	1.8		
最大工作高度/m	30		30	20	7 左右
最大工作半径/m	200		200		10 左右
活塞直径/mm	32		32		
活塞往复次数/（1/min）	30～50		75		
动力形式 功率/kW 转速/（r/min）	人力	电动 0.4	电动 1.0 2890	电动 0.55	1E40FP 型汽油机 1.18 5000
外形尺寸 （长/mm×宽/mm×高/mm）	1100×400×1080		816×498×890	530×350×350	360×555×680
质量/mm	18.6	30	67	28～29	14.5

8 高层建筑施工机械

8.1 深层搅拌机

8.1.1 中心喷浆式

中心喷浆式的水泥浆由两根搅拌轴其中的一根喷出。中心喷浆式的特点是：可采用不同的固化剂，并且不会影响搅拌的均匀程度。图 8-1 所示为采用中心喷浆式的 SJB1 型深层搅拌机，与其配套的是 HB6-3 型灰浆泵。

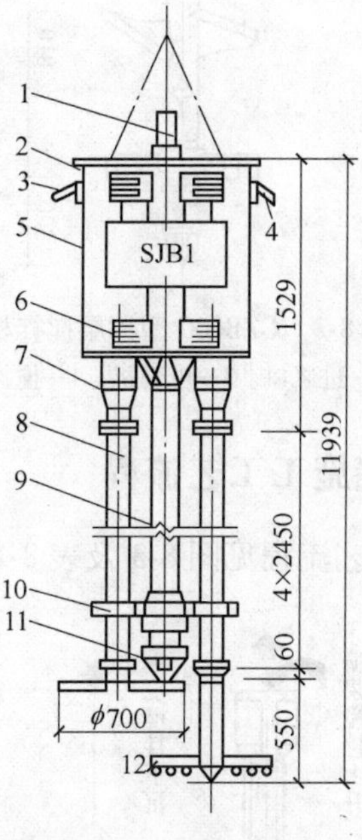

图 8-1 SJB1 型深层搅拌机（单位：mm）

1—输浆管 2—外壳 3—出水口 4—进水口 5—电动机 6—导向滑块 7—减速器 8—搅拌轴 9—中心管 10—横向系统 11—球形阀 12—搅拌头

8.1.2 叶片喷浆式

叶片喷浆式的特点是：适应于大直径叶片和连续搅拌，但因喷孔小易被堵塞，所以只能使用纯水泥浆而不能采用固化剂。图 8-2 所示为采用叶片喷浆式的 GZB600 型深层搅拌机，与其配套的是 PA-15B 型灰浆泵。

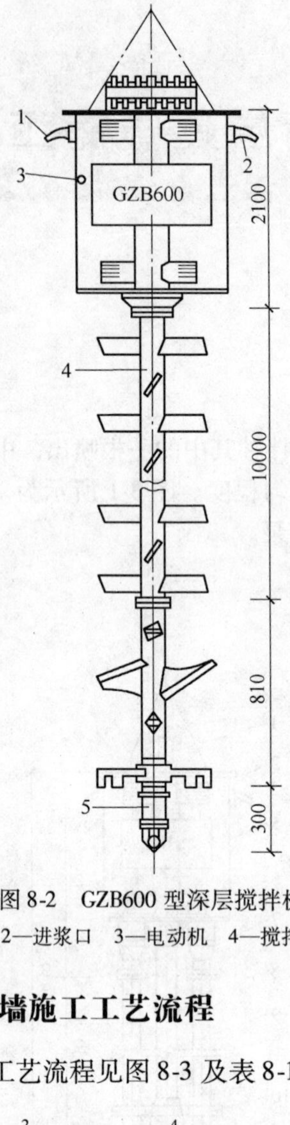

图 8-2　GZB600 型深层搅拌机

1—电缆接头　2—进浆口　3—电动机　4—搅拌轴　5—搅拌头

8.1.3　深层搅拌机水泥桩挡墙施工工艺流程

深层搅拌机水泥桩挡墙施工工艺流程见图 8-3 及表 8-1。

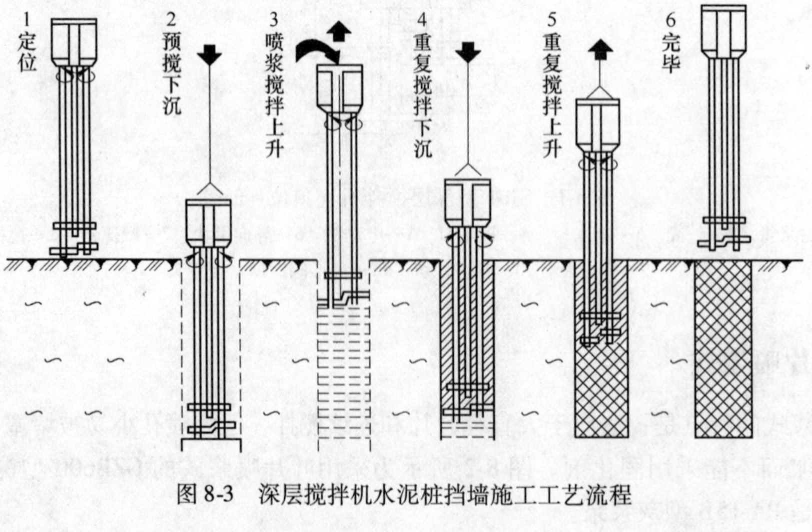

图 8-3　深层搅拌机水泥桩挡墙施工工艺流程

表 8-1 深层搅拌机水泥桩挡墙施工工艺流程

工艺流程	内容
定位	起重机或塔架悬吊搅拌机到达指定位置，对准桩位。当地面起伏不平时，应使起吊设备工作台保持水平
预搅下沉	待搅拌机冷却水正常后起动搅拌机，并放松起重钢丝绳，使搅拌机沿导向架搅拌切土下沉，下沉速度可由电流表监控，一般工作电流不应大于70A。如果下沉太慢，可从输浆系统补给清水以利于钻进
制备水泥浆	待搅拌机下沉到一定深度时，应开始按设计确定的配合比拌制水泥浆，并将拌好的水泥浆待压浆前倒入集料斗中
喷浆搅拌上升	搅拌机下沉到设计深度后，开启灰浆泵将水泥浆压入地基中，边喷浆边旋转搅拌轴，并提升搅拌机。提升搅拌机时应注意按设计确定的提升速度严格控制搅拌机的提升
重复上、下搅拌	搅拌机提升到设计加固深度的顶面高程时，集料斗中的水泥浆应正好排空。为使软土和水泥浆搅拌均匀，可再次将搅拌机轴多次边旋转边沉入土中，至设计加固深度后再将搅拌机提升出地面
清洗	向集料斗内注入适量清水，开启灰浆泵，清洗全部管路内残存的水泥浆，直至基本干净，并将粘附在搅拌头上的软土清洗干净
移位	重复以上步骤，进行下一根水泥土桩的施工。由于水泥土桩顶部和上部结构的基础或承台接触部分受力较大，因此，通常还可以在距离桩顶1～1.5m长度范围内再增加一次输浆，以提高其强度

8.2 地下连续墙

8.2.1 地下连续墙的施工过程

地下连续墙的施工过程，是利用专用的挖槽机械在泥浆护壁下开挖一定长度（一个单元槽段），挖至设计深度并清除沉渣后插入接头管，再将在地面上加工好的钢筋笼用起重机吊入充满泥浆的沟槽内，最后用导管浇筑混凝土，待混凝土初凝后拔出接头管，一个单元槽段即施工完毕（图 8-4）。如此逐段施工，即形成地下连续的钢筋混凝土墙。

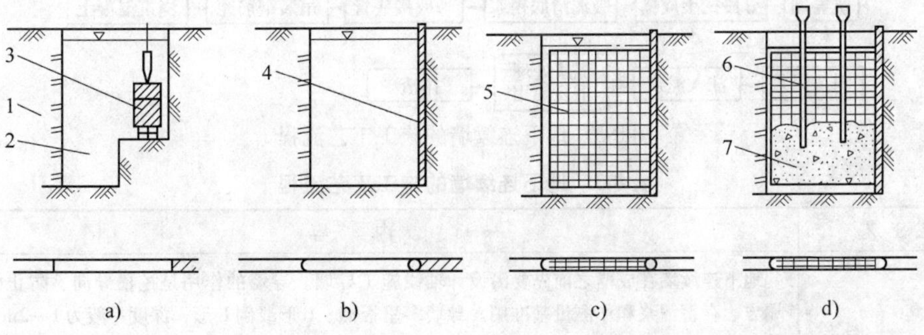

图 8-4 地下连续墙施工过程示意图

a）成槽 b）插入接头管 c）放入钢筋笼 d）浇筑混凝土

1—已完成的单元槽段 2—泥浆 3—成槽机 4—接头管 5—钢筋笼 6—导管 7—浇筑的混凝土

8.2.2　地下连续墙的施工设备配置

地下连续墙的主要施工设备配置见表 8-2。

表 8-2　地下连续墙的主要施工设备配置

序　号	项　目	设备名称	单　位	数　量	规格型号	主要工作性能指标
1	支护工程施工设备	抓斗挖槽机	台	1	7080GS	强风化岩
		冲击钻机	台	3～4	CZ22	100m
2	起重设备	履带起重机	台	1	QUY80A	80t
3	钢筋、混凝土施工设备	钢筋弯曲机	台	1	H400	$\phi6\sim\phi40$mm
		钢筋切断机	台	1	D400	$\phi6\sim\phi40$mm
		直流电焊机	台	2	ZX5-400	24kV
		交流电焊机	台	4	BXI315	220kV · A
		水下混凝土导管	套	2	自制	—
4	监测设备	全站仪	台	1	Cmsf5	—
		测距仪	台	1	DCH2	—
		经纬仪	台	1	DJ2	—
		水准仪	台	1	DZS3	—
5	其他设备	泥浆泵	台	6		—
		轴流水泵	台	1	100D16	
		乙炔气割机	台	1		—
		接木机	台	1		—

8.2.3　地下连续墙的施工工艺流程

地下连续墙的施工工艺流程见图 8-5 及表 8-3。

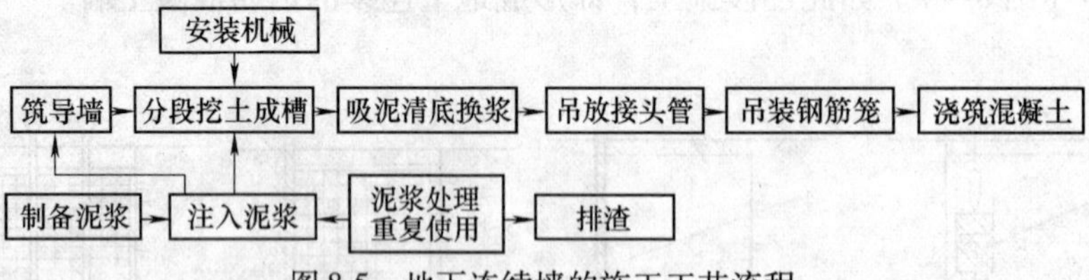

图 8-5　地下连续墙的施工工艺流程

表 8-3　地下连续墙的施工工艺流程

施工工艺	内　容
筑导墙	地下连续墙在成槽之前先要沿设计轴线施工导墙。导墙的作用是挖槽导向、防止槽段上口塌方、存蓄泥浆和作测量基准用。导墙多呈板槽、L形或倒L形，深度一般为1～2m；其顶面应为水平，且高出施工地面，以防止地面水流入槽段，内墙面应垂直；内、外导墙墙面的间距为地下墙设计厚度加施工余量（40～60mm）。导墙多为现浇钢筋混凝土，它筑于密实的黏性土地基上，墙背侧用黏性土回填并夯实，以防止漏浆。导墙拆模后，应立即在墙间加设支承，混凝土养护期间，起重机等不应在导墙附近作业或停置，以防导墙开裂和位移

（续）

施工工艺	内容
挖土成槽	挖槽是地下连续墙施工中的主要工序。槽宽取决于设计墙厚，一般为600mm、800mm和1000mm。挖槽在泥浆中进行，挖槽按单元槽段进行，挖至设计高程后要进行清孔（清除沉于槽底的沉渣），然后尽快下放接头管和钢筋笼，并立即浇筑混凝土，以防槽段塌方。有时在下放钢筋笼后要进行第二次清孔。挖掘深槽时，要严格控制槽的垂直度和偏斜度。尤其是地面至地下10m左右的初始成槽精度，对整槽壁精度的影响很大，必须慢速、均匀钻进。对有承压水及渗漏水的地层，应加强对泥浆的调整和管理，以防止大量水进入槽内稀释泥浆，危及槽内安全
划分单元槽段	地下连续墙的施工是沿墙体长度方向分段施工，该分段长度既是挖掘长度，也是一次浇筑混凝土的长度。单元槽段越长，墙体接头就越少。槽段长度的确定，主要以槽壁的稳定性为前提，一般单元槽的长度为4～8m，当地层软、沙土层易液化，相邻建筑物压力较大，砾石层塌陷性较大，泥浆会急剧流失，以及遇到拐角或具有复杂形状的部位时，应限制单元槽段的长度
用泥浆护壁	在地下连续墙成槽过程中，为保持开挖槽段土壁的稳定，通常采用泥浆护壁。我国常用的膨润土泥浆由膨润土、掺合物和水组成，掺合物有多种，视需要掺加。泥浆对相对密度、黏度、含砂量、失水量和泥皮厚度、pH值、静切力、稳定性和胶体率等指标都有一定的要求，应经常进行检验和调整。泥浆采用泥浆搅拌机进行搅拌，拌好的泥浆一般在储浆池内静止24h以上，最低不得少于3h。通过沟槽循环或浇筑混凝土置换排出的泥浆必须经过净化处理才能继续使用，泥浆的净化处理有化学处理和物理处理两类方法。当泥浆中混入大量土渣时，采用沉淀池或机械振动，或通过水力旋流器在离心力的作用下使土渣分离出来；当泥浆中的阳离子较多时，应加入分散剂进行化学处理
吊装钢筋笼	钢筋笼的宽度应按单元槽段组装成一个整体，如需在长度方向上分节接长，则分节制作的钢筋笼应在制作台上预先进行装配。组装钢筋笼时，必须预先确定插入浇筑混凝土导管的位置。由于钢筋笼是整体吊装的，为了保证钢筋笼在吊装中有足够的刚度，应在钢筋笼内设置2～4榀纵向钢筋桁架及主筋平面的斜向拉杆。钢筋笼应在清槽换浆3～4h内吊放完毕，放入槽内时应对准中心，以防其左右摆动而损坏槽壁表面。放到设计高程后，可将2～3根槽钢横向搁置在导墙上，再进行混凝土浇筑
浇筑混凝土	地下连续墙混凝土的浇筑是水下浇筑混凝土的导管法，考虑采用导管在泥浆中浇筑的特点，配合比的设计应比设计强度高5MPa。混凝土骨料的最大粒径小于导管内径的1/6和钢筋最小净距的1/4，且不大于40mm；所使用碎石的粒径宜为0.5～20mm，采用中粗砂。混凝土应具有良好的和易性，施工坍落度宜为18～20cm，并有一定的流动性和保持率。混凝土初凝时间应满足浇筑和接头施工工艺的要求，一般应低于3～4h
接头施工	浇筑地下连续墙混凝土时，连接两相邻单元槽段的地下连续墙接头最常用接头管方式，接头钢管在钢筋笼吊放前用起重机吊放入槽段内。管子外径等于槽宽，起到侧模的作用，接着吊入钢筋笼并浇筑混凝土。为使接头管能顺利拔出，在槽段混凝土初凝前，应用千斤顶或卷扬机在转动接头管的同时提升接头管，以防接头管与混凝土粘接。一般在混凝土浇筑后2～4h，先每次拔0.1m左右，拔到0.5～1.0m，直至将接头管拔出

图表索引

（续）

（续）

（续）

（续）

(续)

（续）

(续)

（续）

参考文献

[1] 钟汉华，张智涌．施工机械［M］. 北京：中国水利水电出版社，2007.
[2] 刘庆山，刘屹立，刘翌杰．机械设备安装工程［M］. 北京：中国建筑工业出版社，2007.
[3] 华玉洁．起重机械与吊装［M］. 北京：化学工业出版社，2006.
[4] 成凯，吴守强，李相锋．推土机与平地机［M］. 北京：化学工业出版社，2007.

建设工程常用图表手册系列
JIANSHE GONGCHENG CHANGYONG TUBIAO SHOUCE XILIE

地址：北京市百万庄大街22号
邮政编码：100037
电话服务
社服务中心：010-88361066
销售一部：010-68326294
销售二部：010-88379649
读者购书热线：010-88379203
网络服务
教材网：http://www.cmpedu.com
机工官网：http://www.cmpbook.com
机工官博：http://weibo.com/cmp1952
封面无防伪标均为盗版

上架指导 建筑机械
ISBN 978-7-111-42646-2
策划编辑◎闫云霞／封面设计◎张静

ISBN 978-7-111-42646-2
9 787111 426462 >
定价：36.00元